Heitz/Henkhaus/Rahmel

Korrosionskunde im Experiment

E. Heitz/R. Henkhaus/A. Rahmel

Korrosionskunde im Experiment

Untersuchungsverfahren – Meßtechnik – Aussagen

Erweiterte Fassung eines Experimentalkurses der DECHEMA

Weinheim
Deerfield Beach, Florida
Basel

Prof. Dr. Ewald Heitz
Dr.-Ing. Rolf Henkhaus
Prof. Dr. Alfred Rahmel
Dechema-Institut
Theodor-Heuss-Allee 25
D-6000 Frankfurt 97

Heitz, Ewald:
Korrosionskunde im Experiment : Untersuchungsverfahren - Messtechnik - Aussagen ; Erw. Fassung e. Experimentalkurses d. DECHEMA / E. Heitz ; R. Henkhaus ; A. Rahmel. - Weinheim ; Deerfield Beach, Florida ; Basel : Verlag Chemie, 1983.
ISBN 3-527-26070-6
NE: Henkhaus, Rolf:; Rahmel, Alfred:

Dieses Buch enthält 102 Abbildungen und 18 Tabellen.

Umschlaggestaltung: Klaus Grögerchen, D-6901 Lampenhain
Druck und Bindung: Bitsch K.G., D-6943 Birkenau
Printed in the Federal Republic of Germany.

Vorwort

Die Korrosionskunde hat sich in den letzten Jahren immer stärker zu einem eigenständigen Wissenschaftsgebiet entwickelt. Sie behandelt die grundlegenden Mechanismen der Korrosion ebenso wie die Techniken des Korrosionsschutzes. Wie viele andere moderne Fachgebiete hat die Korrosionskunde ihre Wurzeln in mehreren klassischen Wissenschaften wie der Metallkunde und der Physikalischen Chemie — und hier insbesondere der Elektrochemie. Heute bezieht sie weitere starke Impulse aus den Werkstoffwissenschaften, der Polymerchemie und der Oberflächenphysik. Wegen dieser interdisziplinären Stellung bereitet die Korrosionskunde keinen leichten Einstieg und erschwert insbesondere die Umsetzung der Kenntnisse in die Praxis.

Die naturwissenschaftliche und technische Ausbildung basiert gerade in Deutschland stark auf dem Experiment. Schließlich muß das Experiment jedes theoretische Modell bestätigen. Umgekehrt wird die Theorie durch das Experiment einsichtiger. Aus dieser Erkenntnis heraus führt die DECHEMA Deutsche Gesellschaft für chemisches Apparatewesen e.V. schon seit etwa zwei Jahrzehnten Experimentalkurse zum Thema Korrosion und Korrosionsschutz für Naturwissenschaftler, Ingenieure und Techniker durch. Sie wenden sich nicht nur an die fortgeschrittenen Studenten, sondern zunehmend an Mitarbeiter aus Industrie und Forschungsinstitutionen, die entweder einen Einstieg in die Korrosionskunde suchen oder ihre Kenntnisse auffrischen und vertiefen möchten.

In den letzten Jahren ist dieser Kursus durch zahlreiche Experimente und genormte Prüfungen erweitert worden. Dadurch wurde eine Stufe erreicht, die es wünschenswert erscheinen ließ, die Experimente und ihre Ergebnisse einem breiten Interessentenkreis zugänglich zu machen.

Der Schwerpunkt dieses Buches liegt auf dem Experiment. Theorie wird nur insoweit behandelt, wie sie für das Verständnis des Experiments notwendig ist. Unsere langjährige Erfahrung zeigt, daß dem Ingenieur besonders die Elektrochemie und ihre Meßtechnik, dem Chemiker und Physiker wiederum die Werkstoffkunde und -prüfung Verständnisschwierigkeiten bereitet. Deshalb wurden die Grundlagen dieser Gebiete in dem Einleitungskapitel kurz dargelegt. Danach folgen Kapitel über die wichtigsten Korrosionsarten und Anwendungen des Korrosionsschutzes. Die Ergebnisse der Experimente mit Erläuterungen zu den Fragestellungen sind im Anhang zusammengefaßt. Damit wird demjenigen, der die Experimente im eigenen Labor nachvollziehen möchte, die Möglichkeit gegeben, seine Ergebnisse zu kontrollieren.

In Verbindung mit der angegebenen weiterführenden Literatur versetzt das Buch den Experimentator in die Lage, Untersuchungen und Prüfungen nach dem Stand der Kenntnisse und unter Berücksichtigung einschlägiger Normen und Regelwerke durchzuführen.

An der Ausarbeitung der Experimente und dem Aufbau der Versuchsanordnungen haben über viele Jahre zahlreiche Mitarbeiter des Dechema-Instituts mitgewirkt. Ihre tatkräftige und ideenreiche Mitarbeit war die Voraussetzung für dieses Buch. Unser besonderer Dank gilt Herrn Prof. Dr.-Ing. H.-E. Bühler, Wiesbaden, für die Mitarbeit bei der Konzeption des Buches, Herrn Dr.-Ing. M. Schütze, Frankfurt am Main, für die Ausarbeitung des Abschnittes 1.2.4, Herrn K.-O. Cavalar, Leverkusen, für die Erarbeitung des Kapitels 7 und Herrn Professor Dr. H. Zitter, Leoben, für die Überlassung der Unterlagen zur Aufgabe 1.1. Zahlreiche wertvolle Anregungen und die kritische Durchsicht des Manuskripts verdanken wir Herrn Priv.-Doz. Dr. W. Schwenk, Duisburg. Frau M. Schorr war uns eine gleichermaßen fachkundige wie kritische Mitarbeiterin bei der gesamten Texterstellung. Frau B. Proest sei für die Herstellung des vervielfältigungsreifen Manuskripts gedankt.

Für den Aufbau der Experimente stellten Industriefirmen und Forschungsinstitute Apparate, Geräte und praktische Erfahrungen zur Verfügung. Stellvertretend für alle seien das Mannesmann Forschungsinstitut, Duisburg, und die Firma G. Bank, Göttingen, genannt.

Frankfurt am Main, im Juli 1983

E. Heitz
R. Henkhaus
A. Rahmel

Inhalt

Aufgabenverzeichnis

Liste der Symbole

Anhang

Aufgabenverzeichnis

Schwingungsrißkorrosion

Korrosion in heißen Gasen

Korrosion von Kunststoffen

Elektrochemische Schutzverfahren

Inhibition

Organische Beschichtungen

Liste der Symbole

Für die im Buch verwendeten Größen werden als Dimensionen im Symbolverzeichnis die Grundeinheiten bzw. die zugelassenen abgeleiteten Einheiten des Internationalen Einheiten-Systems (SI-System) angegeben. Auch im Text wird generell das SI-System benutzt, wobei jedoch im Interesse der Anpassung an eingeführte Größenordnungen gelegentlich Bruchteile oder Vielfache der Grundeinheiten verwendet werden.

Symbol	Bedeutung	Dimension
a	Rißlänge	m
A	Oberfläche	m^2
A	Bruchdehnung	1
b	Probenbreite	m
B	Konstante der Stearn-Geary-Gleichung	V
c	Stoffmengenkonzentration	$mol\ m^{-3}$
d	Durchmesser, Abstand	m
D	Diffusionskoeffizient	m^2s^{-1}
E	Elastizitätsmodul	$N\ m^{-2}$
f	Formfaktor des Risses	1
f_{CR}	chemischer Resistenzfaktor	1
F	Faradayzahl	$A\ s\ mol^{-1}$
F	Kraft	N
h	Probendicke	m
i	Stromdichte	$A\ m^{-2}$
i_{Korr}	Korrosionsstromdichte	$A\ m^{-2}$
I	Stromstärke	A
k"	parabolische Zunderkonstante	$kg^2m^{-4}s^{-1}$
K_I	Spannungsintensitätsfaktor	$N\ m^{-1,5}$
L	Länge	m
L	Löslichkeit	$mol\ m^{-3}$
m	Masse	kg
Δm	Massenänderung	kg
M	molare Masse	$kg\ mol^{-1}$
M_w	Mittleres Molekulargewicht	$kg\ mol^{-1}$
M_{bG}	Grenzbiegemoment	N m

Symbol	Bedeutung	Dimension
n	Molzahl	mol
p	Druck	bar
q	Leiterquerschnitt	m^2
Q	Elektrizitätsmenge	A s
R	ohmscher Widerstand	Ω
R_{El}	Elektrolytwiderstand	$\Omega\,m^{-1}$
R_m	Zugfestigkeit, Zeitstandsfestigkeit	$N\,m^{-2}$
R_p	Dehngrenze	$N\,m^{-2}$
R_p	Polarisationswiderstand	$\Omega\,m^2$
S	Querschnitt	m^2
t	Zeit	s
T	Temperatur	K
u	Strömungsgeschwindigkeit	$m\,s^{-1}$
U	Drehzahl	s^{-1}
U	Spannung, Potential	V
U_H	Potential, bezogen auf die Standardwasserstoffelektrode	V
v	Potentialvorschubgeschwindigkeit	$V\,s^{-1}$
v	flächenbezogene Massenverlustrate	$kg\,m^{-2}s^{-1}$
V	Volumen	m^3
V_A	Abzugsgeschwindigkeit	$m\,s^{-1}$
w	Abtragsrate	$m\,s^{-1}$
W	Verformungsarbeit	N m
W_b	Biegewiderstandsmoment	m^3
x	Schichtdicke	m
z	Ladungszahl	1
Z	Brucheinschnürung	1
Z	Schutzwirkung	1
ε	Dehnung	1
δ	Temperatur	°C
κ	spezifische Leitfähigkeit	$\Omega^{-1}m^{-1}$
γ	kinematische Viskosität	m^2s^{-1}

Symbol	Bedeutung	Dimension
ϱ	Dichte	$kg\ m^{-3}$
σ	Spannung	$N\ m^{-2}$
τ	Schubspannung	$N\ m^{-2}$
ω	Winkelgeschwindigkeit	s^{-1}

1 Einführung und Grundlagen

1.1 Untersuchungskonzepte

Literatur:

DIN 50900, Teil 3: Begriffe der Korrosionsuntersuchung

VDEh: Prüfung und Untersuchung der Korrosionsbeständigkeit von Stählen Verlag Stahleisen, 1973

E. Heitz: Prinzipien der Korrosionsuntersuchung in 1. Korrosionum "Die Bedeutung der Korrosion für Planung, Bau und Betrieb von Anlagen der chemischen und petrochemischen Technik sowie in der Mineralölindustrie" (Herausgeber: H.Gräfen, F.Kahl und A. Rahmel) Verlag Chemie, 1974

Korrosionsuntersuchungen dienen der Aufklärung von Eigenschaften des Korrosionssystems Werkstoff/Medium unter gegebenen Bedingungen. Sie können grundlagen- oder anwendungsorientiert sein und haben im allgemeinen folgende Ziele:

- die Aufklärung von Korrosionsreaktionen und Korrosionsmechanismen
- die Erarbeitung von Kenndaten des Korrosionssystems unter den Bedingungen der Praxis
- die Auswahl geeigneter Korrosionsschutzmaßnahmen.

Zur Aufklärung von Korrosionsreaktionen gehört die Bestimmung der Art und Geschwindigkeit der Reaktion sowie deren Abhängigkeit von den wichtigsten Einflußgrößen. Im Vordergrund stehen dabei die für das Verständnis des Korrosionsablaufs maßgeblichen Reaktionen. Bei der Aufklärung eines Korrosionsmechanismus wird hingegen angestrebt, eine lückenlose Folge von chemischen und physikalischen Teilschritten aufzustellen, die insgesamt die zu untersuchende Bruttoreaktion ergeben und alle Eigenschaften des Korrosionssystems erklären.

Zu den Kenndaten eines Korrosionssystems unter Bedingungen der Praxis, d.h. bei Einwirkung bestimmter Medien unter gegebenen physikalisch-chemischen Bedingungen, gehören Korrosionsgrößen wie z.B. Massenverlustrate, Lochtiefe, Rißlänge. Hieraus ergeben sich beispielsweise Folgerungen für eine optimale Werkstoffwahl.

Ist ein Korrosionssystem definiert und sind dessen Eigenschaften bekannt, so lassen sich geeignete Korrosionsschutzmaßnahmen ergreifen. Diese können aus Maßnahmen am Werkstoff (Oberflächenschutz),Veränderungen des Mediums oder der Reaktionsbedingungen bestehen. Eine wichtige Rolle spielt dabei auch die Aufklärung von Schadensfällen und die daraus resultierenden Folgerungen für den Korrosionsschutz.

Je nach Fragestellung ergibt sich ein mehr oder weniger umfangreiches Untersuchungsprogramm, dessen Konzeption und Durchführung sorgfältige Vorüberlegungen erfordert. Dabei haben Randbedingungen, wie z.B. verfügbare Zeit und Geld sowie experimentelle Erfahrung, verfügbares Instrumentarium an Meßgeräten und Versuchseinrichtungen, einen maßgebenden Einfluß. Wesentlich für den Erfolg sind ausreichende Kenntnisse der Korrosionskunde und folgerichtiges Vorgehen.

Da viele Korrosionssysteme zumindest teilweise in der Literatur beschrieben sind, steht am Beginn jeder Korrosionsuntersuchung das Studium der einschlägigen Literatur. Sorgfältige Literaturarbeiten werden zwar nur in wenigen Fällen Experimentalarbeiten überflüssig machen, sie können aber den Untersuchungsumfang erheblich einschränken und helfen, den Arbeitsplan zu präzisieren. Nach Beendigung der Experimentalarbeiten ergibt sich die Aufgabe einer geeigneten Darstellung der Ergebnisse.

1.1.1 Literaturarbeiten

Literaturarbeiten dienen dem Ziel,

- durch ständiges Verfolgen der wichtigsten Literatur den Fachmann auf dem Laufenden zu halten
- durch spezielles Literaturstudium Korrosionsprobleme am Schreibtisch ohne weitere Experimentalarbeiten zu lösen und Schutzverfahren zu planen
- durch entsprechende Literaturrecherchen vor den notwendigen Experimentalarbeiten ein optimales Versuchsprogramm zu konzipieren.

Das Literaturstudium über Korrosions- und Korrosionsschutzfragen ist schwierig, da die Informationen wegen ihres interdisziplinären Charakters breit gestreut und international nicht einheitlich formuliert sind. Im folgenden sollen deshalb einige Hinweise für die zweckmäßige Durchführung von Literaturrecherchen gegeben werden.

Für Fragen nach Korrosionsvorgängen oder Korrosionsmechanismen wird zweckmäßigerweise die Primärliteratur (Originalarbeiten) hinzugezogen. Periodika oder Monographien aus den Fachgebieten Korrosion, Physikalische Chemie, Elektrochemie zusammen mit Metallkunde und Werkstoffkunde enthalten vielfältiges Material. Wichtige Quellen sind:

Periodika:

Werkstoffe und Korrosion, Verlag Chemie, Weinheim

Corrosion, NACE, Houston, USA

Corrosion Science, Pergamon Press, Oxford

Oxidation of Metals, Plenum Press, New York

British Corrosion Journal, The Metals Society, London

Advances in Corrosion Science and Technology, Plenum Press, New York

Electrochimica Acta, Journal of the Electrochemical Society, The Electrochemical Society, Princeton, N.J., USA

Zeitschrift für Metallkunde, Deutsche Gesellschaft für Metallkunde, Oberursel

Archiv für das Eisenhüttenwesen, Verlag Stahleisen, Düsseldorf

Metalloberfläche, C. Hanser Verlag, München

Oberfläche/Surface, Forster Verlag, CH-Küsnacht

Praktische Metallographie, Dr. Riederer-Verlag, Stuttgart

Metall, Metall-Verlag, Berlin

Zeitschrift für Werkstofftechnik, Verlag Chemie, Weinheim

Elektrokhimiya (Elektrochemie, russ.), Akad. d. Wissenschaften, Moskau

Monographien:

A. Rahmel, W. Schwenk, Korrosion und Korrosionsschutz von Stählen, Verlag Chemie, Weinheim, 1977

H. Kaesche, Die Korrosion der Metalle, Springer-Verlag, Berlin, 1979

L.L. Shreir, Corrosion, Vol. 1+2, Newnes-Butterworths, London, 1976

U.R. Evans, The Corrosion and Oxidation of Metals, 1960, First Suppl. Vol 1968, Sec. Suppl. Vol 1976, Edward Arnold, London

G. Herbsleb, Korrosionsschutz von Stahl, Verlag Stahleisen, Düsseldorf, 1979

H.E. Hömig, Metall + Wasser, Vulkan-Verlag, Essen, 1978

K. Hauffe, Oxidation von Metallen und Metallegierungen, Springer-Verlag, Berlin, 1956

P. Kofstad, High-Temperature Oxidation of Metals, John Wiley, New York, 1966

K. Barton, Schutz gegen atmosphärische Korrosion, Verlag Chemie, Weinheim, 1973

Ch. Hamann, W. Vielstich, Elektrochemie I und II, Verlag Chemie, Weinheim, 1975 und 1980

K.J. Vetter, Elektrochemische Kinetik, Springer-Verlag, Berlin, 1961

J. O'M. Bockris, A.K.N. Reddy, Modern Electrochemistry, Vol. 1 and 2, Plenum Press, New York, 1979

E. Heitz, G. Kreysa, Grundlagen der Technischen Elektrochemie, Verlag Chemie, Weinheim, 1978

B. Doležel, Die Beständigkeit von Kunststoffen und Gummi, C. Hanser Verlag, München, 1978

Handbücher:

Encyclopedia of Electrochemistry of the Elements, Marcel Dekker, New York, ab 1973

Kenndaten von Korrosionssystemen, insbesondere Beständigkeitsangaben über Werkstoffe und Korrosionsgeschwindigkeiten von gegebenen Kombinationen Werkstoff/Medien sind in aufbereiteter Form in Tabellenwerken (Tertiärliteratur) zusammengefaßt. Bei den immer wieder auftretenden Fragen nach einer optimalen Werkstoffwahl kann in zwei Stufen vorgegangen werden:

a) Es wird eine vorläufige Auswahl getroffen, die bestimmte Werkstoffgruppen umfaßt, aber noch keine endgültige Lösung erlaubt (screening).

b) Die in Frage kommenden Werkstoffe werden hinsichtlich der spezifischen Beanspruchungen weiter eingeengt, und es werden endgültige Lösungen vorgeschlagen.

Für Stufe a) eignet sich folgende Literatur:

Corrosion Data Survey, Metals section 1974, Nonmetals section 1978, NACE, Houston, USA

E. Rabald, Corrosion Guide, Elsevier, Amsterdam, 1968

Corrosion Abstracts, NACE, Houston, USA

Für endgültige Lösungen b) kommen Tabellenwerke und Originalarbeiten in Frage. Bei letzteren können die Informationen allerdings breit gestreut sein, da Werkstoffangaben in der Regel nur bei den einzelnen Verfahrens-, Anlagen- und Apparatebeschreibungen in vielen Literaturquellen - wenn überhaupt - zu finden sind.

Für Stufe b) lassen sich auswerten

Dechema-Werkstofftabelle, DECHEMA, Frankfurt

Selecting Materials for Process Equipment, Chemical Engineering, McGraw-Hill, New York, 1980

Materials Performance, NACE, Houston, USA

Zashchita Metallov, (Metallschutz, russ.) Ministerium f. Chem. Ind., Moskau

und je nach Fragestellung können Recherchen durchgeführt werden in

Anticorrosion. Methods and Materials, Sawell Publications, London

Chemical Engineering Progress, American Institute of Chemical Engineers, New York

Metallurgical Transactions, A, American Society for Metals, Metals Park, USA

Khim. Promyshlennost. (Chem. Ind., russ.), Moskau

VGB-Kraftwerkstechnik, Mittlg. der VGB, Essen

Zeitschrift f. Werkstofftechnik, Verlag Chemie, Weinheim

Kunststoffe, Carl Hanser-Verlag, München

Dechema-Monographien, DECHEMA, Frankfurt

Merkblätter der Stahlberatungsstelle, Düsseldorf

Firmenschriften der Werkstoffhersteller.

Als Literatur über die Grundlagen der Werkstoffkunde, die dem Nicht-Werkstofffachmann einen Einstieg ermöglicht, eignen sich

E. Hornbogen, Werkstoffe, Springer-Verlag, Berlin, 1979

H. Gräfen u.a., Kleine Stahlkunde für den Chemieapparatebau, VDI-Verlag, Düsseldorf, 1978.

Literatur zum Korrosionsschutz findet sich in Originalliteratur und großenteils in der oben aufgeführten Literatur zur Werkstoffwahl. Die wichtigsten Monographien und Periodika sind:

H. Gräfen u.a., Die Praxis des Korrosionsschutzes, Expert-Verlag, Grafenau, 1981

L.L. Shreir, Corrosion, Vol. 2, Newnes-Butterworths, London, 1976

W. v. Baeckmann, W. Schwenk, Handbuch des kathodischen Korrosionsschutzes, Verlag Chemie, Weinheim, 1980

Materials Performance, NACE, Houston USA

Anticorrosion. Methods and Materials, Sawell Publications, London

Farbe + Lack, C. Vincentz-Verlag, Hannover

Metalloberfläche, Carl Hanser Verlag, München

Galvanotechnik, E. Leuze Verlag, Saulgau

3 R International, Vulkan-Verlag, Essen

Zashchita Metallov (Metallschutz, russ.), Akad. d. Wissenschaften, Moskau

Für umfassende und vollständige Literaturrecherchen empfiehlt sich vorab die Auswertung von Sekundärliteratur, d.h. von Referatediensten. Hier bieten sich an

Werkstoffe und Korrosion, Referateteil, Verlag Chemie, Weinheim

Chemical Abstracts, Am. Chem. Soc., Columbus/Ohio, USA

Corrosion Abstracts, NACE, Houston, USA

Referativnyi Zhurnal (Referate-Zeitschrift Korrosion und Korrosionsschutz, russ.) Akad. d. Wissensch., Moskau

Das Konzentrat, DECHEMA, Frankfurt

Die Auswertung muß allerdings meist noch "von Hand" vorgenommen werden, da On-line Computer Recherchen z.Z. nur bis max. 1969 zurück durchgeführt werden können.

Die in dieser Übersicht zitierte Literatur erhebt keinen Anspruch auf Vollständigkeit. Sie soll jedoch den Einstieg in das Fachgebiet erleichtern und Ansatzpunkte für das Auffinden spezieller Literatur geben.

In der Übersicht nicht behandelt ist die Literatur über Korrosionsuntersuchungen und Korrosionsprüfung, da diese in den weiteren Buchabschnitten ausführlich zitiert wird. Dies gilt vor allem auch für technische Regelwerke und Normen insbesondere die DIN-Normen.

1.1.2 Experimentalarbeiten

Korrosionsversuche werden aus grundsätzlichen Erwägungen in Korrosionsprüfungen (Korrosionstests) und Korrosionsuntersuchungen unterteilt. Bei Korrosionsprüfungen ist das Korrosionsmedium praxisfremd und allein darauf ausgerichtet, eine spezifische Korrosionsart zu erzeugen. Dagegen ist bei Korrosionsuntersuchungen das Medium praxisnah; hier geht es um die Untersuchung des Korrosionssystems.

Bei Korrosionsprüfungen sind Durchführung und Auswertung der Versuche durch Normen, Prüfblätter, Vereinbarungen usw. festgelegt. Hierzu gehören insbesondere die Medien, Probengröße, Prüfbedingungen und Prüfdauer. Korrosionsprüfungen dienen im wesentlichen der Qualitätskontrolle von Werkstoffen nach Herstellung und Weiterverarbeitung sowie der Prüfung von Korrosionsschutzmitteln.

Bei Korrosionsuntersuchungen allgemeiner Art sind weder Probengröße noch Medium, Bedingungen oder Laufzeit von vorneherein festgelegt, sondern müssen der jeweiligen Fragestellung angepaßt werden. Dies gilt vor allem für die Laufzeit und den Größenmaßstab der Untersuchung, die als besonders kostenintensive Faktoren einer sorgfältigen Analyse bedürfen.

Je nach Dauer der Versuche wird unterschieden in:

- Langzeitkorrosionsversuche
- Kurzzeitkorrosionsversuche
- Schnellkorrosionsversuche.

Bei Langzeitkorrosionsversuchen wird die Laufzeit der betrieblichen Belastung angenähert. Sie ergeben die sicherste Vorhersage über das betriebliche Verhalten des Korrosionssystems. Langzeitkorrosionsversuche eignen sich dagegen wenig für mechanistische Grundlagenuntersuchungen, da die hierfür notwendigen Parameterstudien einen viel zu großen Zeitaufwand erfordern würden.

Bei Kurzzeitkorrosionsversuchen wird durch Verschärfung der Korrosionsbelastung die Laufzeit verkürzt. Kurzzeitkorrosionsversuche finden vielfach Anwendung bei der Aufklärung von Korrosionsreaktionen und Korrosionsmechanismen, da sie innerhalb vertretbarer Versuchszeiten zu verwertbaren Aussagen führen. Dabei ist wichtig, daß durch die Verschärfung der Korrosionsbelastung keine Änderung des Mechanismus stattfindet. Wenn der Korrosionsmechanismus von dem bei der Belastung in der Praxis vorliegenden abweicht, können Schwierigkeiten bei der Übertragung auf das Langzeitverhalten auftreten (Scaling up in time).

Bei Schnellkorrosionsversuchen wird die Laufzeit durch entsprechende Wahl der Medien extrem verkürzt. Schnellkorrosionsversuche eignen sich nur als Vergleichsversuche für bestimmte Werkstoffeigenschaften, wie z.B. Beständigkeit gegen interkristalline Korrosion und Spannungsrißkorrosion. Diesen sind im allgemeinen die Korrosionsprüfungen zuzuordnen.

Je nach Größe der Proben bzw. Versuchsanordnungen wird unterschieden in:

- Laboratoriumsversuche
- Technikumsversuche
- Betriebs- und Naturversuche (Feldversuche).

Bei den Laboratoriumsversuchen wird angestrebt, die durch die Praxis vorgegebene Korrosionsbelastung an nicht zu großen Proben modellmäßig nachzubilden (Modellversuch). Dabei muß je nach Korrosionssystem ein bestimmtes Verhältnis Probengröße/ Mediumvolumen gewählt werden. Bei gleichmäßiger Flächenkorrosion, Fehlen von Kanteneffekten und bei konstanter Korrosionsbelastung hat die Probengröße keinen Einfluß auf die Korrosionsgeschwindigkeit. Die Probengröße ist jedoch von Bedeutung bei der Kontaktkorrosion, Lochkorrosion, Spaltkorrosion und bei den mechanisch-chemischen Korrosionsarten wie Spannungsriß-, Schwingungsriß- und strömungsabhängiger Korrosion. Maßstabsänderungen können somit zu Änderungen in der Korrosionsphänomenologie führen und damit der Korrosionsgeschwindigkeit bzw. der Korrosionsgrößen (Probleme des geometrischen 'Scaling up' und 'Scaling down').

Technikumsversuche werden im halbtechnischen Maßstab durchgeführt und dienen besonders der Realisierung von Betriebsbedingungen. Sie finden hauptsächlich Anwendung, wenn sich bestimmte Versuchsparameter im Laboratoriumsmaßstab nicht mehr einstellen lassen, wie z.B. hohe Strömungsgeschwindigkeiten, hohe Drücke, oder wenn komplexe Medien, etwa Prozessgase bei hohen Temperaturen, einwirken. Technikumsversuche werden in der Regel als Modellversuche konzipiert, bei denen die Korrosionsbelastung der Großausführung einer Anlage, Maschine oder eines Apparates entspricht. Aufgrund ihres Größenmaßstabes und des Aufwandes für den Betrieb sind Technikumsversuche sehr kostenintensiv. Bei richtiger Konzeption ist jedoch der praktische Wert der erarbeiteten Ergebnisse sehr groß.

Auch die bei der Entwicklung von Prozessen üblichen Technikumsversuche, die der Optimierung verfahrens- und reaktionstechnischer Betriebsdaten dienen, können zur Erarbeitung von Korrosionsdaten dienen. Auf diese Weise lassen sich Fragen der Werkstoffwahl schon im Stadium der Prozessentwicklung lösen.

Betriebsversuche und Naturversuche (Feldversuche) werden direkt in laufenden Anlagen oder in natürlicher Umgebung durchgeführt. Sie sind immer dann notwendig, wenn die Korrosionsbelastung weder im Laboratoriums- noch im Technikumsversuch simuliert werden kann. Ein Beispiel für einen Betriebsversuch ist die Exposition von sog. Coupons oder von Bügelproben in Anlagenteilen etwa bei der Erdöl- oder Erdgasgewinnung. Beispiele für Naturversuche sind Auslagerungsversuche in Wässern (z.B. Meerwasser), aggressiven Atmosphären oder in Erdböden.

Die in den folgenden einzelnen Abschnitten beschriebenen Versuche sind in der Hauptsache Laboratoriumsversuche mit verkürzter Laufzeit, da sie für einen Experimentalkursus mit begrenzter Zeit konzipiert wurden. Dies schränkt jedoch die hauptsächlich auf das Methodische und Prinzipielle ausgerichteten Ziele und Aussagen der einzelnen Experimente nicht ein. Es wird jeweils auf die Zeitverkürzung durch Verschärfung der Korrosionsbelastung verwiesen.

1.1.3 Untersuchungs- und Prüfberichte

Untersuchungen und Prüfungen werden in der Regel durch einen Bericht abgeschlossen. Erfolgte die Prüfung nach einem genormten Verfahren, so enthält diese Norm meist auch Richtlinien für die Abfassung des Prüfberichtes. Allgemein sollten Berichte eindeutige Angaben zu folgenden Punkten enthalten:

Werkstoffdaten
Dazu gehören z.B. Werkstoff-Nr., chemische Zusammensetzung, Erschmelzungsart, Lieferzustand (warm- oder kaltgewalzt, geglüht, gehärtet usw.), Oberflächenzustand.

Verarbeitungsdaten
Dazu gehören z.B. Vor- und Nachwärmebehandlung, Richten, Umformungen, Beizen, Nahtvorbereitung, Fügeart, Zusatzwerkstoff.

Probenentnahme
Hier sind Angaben zu machen z.B. über Lage der Proben im Werkstück (Skizze), Lage der Proben zur Walzrichtung, Lage einer Schweißnaht, Art der Probenentnahme.

Probenvorbehandlung
Dazu gehören z.B. zusätzliche Wärmebehandlungen, Oberflächenbearbeitung.

Versuchsanordnung
Diese läßt sich am besten durch eine Skizze verdeutlichen, es sei denn, es handelt sich um genormte Prüfmethoden und -apparaturen. Die Art der Probenbefestigung sollte angegeben werden sowie das Verhältnis Probenoberfläche zu Mediumvolumen.

Untersuchungs- bzw. Prüfmedien und Versuchsparameter
Hier sind Angaben zu machen über
- Medium mit Konzentrationen gelöster Stoffe und Gase, pH-Wert, Druck, Phasenzustand
- Temperatur und Wärmefluß
- Strömungszustand
- Kontakte mit anderen Werkstoffen, Potential bzw. Strom
- Mechanische Belastung wie Spannung, Dehngeschwindigkeit, Verformung.

Untersuchungsprogramm und -bedingungen
Hier ist die Durchführung der Versuche mit Prüfdauer, Zahl der Proben, Prüfparametern und ggf. deren zeitliche Änderung genau zu beschreiben.

Meßergebnisse

Hier sind möglichst quantitative Angaben über die ermittelten Korrosionsgrößen und ihre Abhängigkeit von Versuchsparametern (Zeit, Temperatur, Strömung, Potential etc.) zu machen.

Nachuntersuchungen

Hier sind Art und Umfang der Nachuntersuchungen darzustellen wie metallographische Untersuchungen, Lage der Schliffebene in der Probe, Gefügeentwicklung, rasterelektronenmikroskopische und mikroanalytische Untersuchungen, mechanische Prüfungen.

Schlußfolgerungen

Die Untersuchungs- oder Prüfergebnisse sind im Hinblick auf die Fragestellung zu diskutieren und daraus Schlußfolgerungen abzuleiten. Stehen die Untersuchungen im Zusammenhang mit einem Schadensfall, so sind Maßnahmen zur Vermeidung solcher Schäden vorzuschlagen.

Bei der Abfassung des Berichtes ist zu berücksichtigen, wer durch den Bericht informiert werden soll. Die Empfänger sind zwar in der Regel technisch und wissenschaftlich geschulte Fachleute, aber meist keine Korrosionsfachleute. Deshalb ist der Bericht technisch so allgemein verständlich wie möglich abzufassen. Auch komplizierte Sachverhalte können so formuliert werden, daß Fachleuten anderer Arbeitsrichtungen das Ergebnis verstehen. Nur so kann der in der Technik notwendige Informationsfluß über die Grenzen von Spezialgebieten hinaus erreicht werden.

1.2 Untersuchungsverfahren und Meßtechnik

Literatur:	DIN 50905, Teil 1 bis 4	Korrosion der Metalle; Chemische Korrosionsuntersuchungen
	A. Rahmel, W. Schwenk:	Korrosion und Korrosionsschutz von Metallen; Verlag Chemie, 1977
	VDEh:	Prüfung und Untersuchung der Korrosionsbeständigkeit von Stählen; Verlag Stahleisen, 1973

Die Durchführung von Labor-, Technikums- und Betriebs-(Feld)versuchen erfordert die Kenntnisse der jeweilig notwendigen Meßtechnik. Es stehen vielfältige Meßverfahren zur Verfügung, die je nach Fragestellung eingesetzt werden können und deren Aussagemöglichkeiten sich unterscheiden und ergänzen. Da das Gesamtgebiet sehr umfangreich ist, kann im folgenden nur eine kurze Charakterisierung der Durchführung und der Anwendungsbereiche der wichtigsten Methoden gegeben werden, während die theoretischen Grundlagen der Verfahren weitgehend aus der angegebenen Literatur zu entnehmen sind.

Alle Untersuchungsverfahren dienen der Charakterisierung des Korrosionssystems Werkstoff/Medium oder der Ermittlung von Korrosionsgrößen. Aus DIN 50905, Teil 2 und 3 geht hervor, daß die relevanten Korrosionsgrößen sich stark nach der Korrosionsart richten. Das macht verständlich, warum je nach Korrosionsart unterschiedliche Meß- und Untersuchungsverfahren zur Charakterisierung des Systems und zur Bestimmung der Korrosionsgrößen eingesetzt werden müssen.

1.2.1 Probenvorbehandlung

Als Grenzflächenvorgang kann der Korrosionsprozeß auch sehr vom Zustand der Probenoberfläche abhängen. Dementsprechend wichtig ist die Probenvorbehandlung bei der Durchführung der einzelnen Experimente.

Die Probenvorbehandlung muß der Aufgabenstellung angepaßt werden, woraus zwangsläufig folgt, daß es keinen allgemein gültigen, standardisierten Oberflächenzustand gibt.

Im folgenden werden einige Prinzipien der Probenvorbehandlung für Metalle und

Kunststoffe dargelegt, die später bei den einzelnen Aufgaben durch spezielle Angaben ergänzt werden.

Die Probenvorbehandlung umfaßt die Wärmebehandlung des Werkstoffes und die Oberflächenbehandlung der Proben.

Wärmebehandlung

Im allgemeinen kann davon ausgegangen werden, daß der Werkstoffhersteller eine für den Werkstoff vereinbarte Schlußwärmebehandlung vorgenommen hat. Soll der Einfluß unterschiedlicher Wärmebehandlungen untersucht werden, so ist eine gesonderte Behandlung notwendig.

Oberflächenbehandlung

Als Grundprinzip jeder Probenvorbehandlung gilt: so sauber wie notwendig und so praxisnah wie möglich. Beispielsweise wird bei der Durchführung der in den Abschn. 1 und 2 beschriebenen Experimente mit möglichst sauberen Proben gearbeitet, da Grundlagenversuche mit einer möglichst guten Reproduzierbarkeit durchgeführt werden. Dies geschieht bei Metallen in der Regel durch

- nasses Schleifen (Wasser) mit Siliciumcarbidpulver oder -papier bestimmter Körnung (z.B. 150 oder feiner)
- und anschließendes Entfetten in einem organischen Lösungsmittel bzw. in einem wäßrigen Entfettungsbad.

Das Schleifen als mechanisches Reinigungsverfahren hat allerdings den Nachteil, daß sehr reaktionsfreudige Metalloberflächen erzeugt werden, die sich im 'frischen' Zustand oft anders als im 'gealterten' Zustand verhalten. Unterschiede zwischen 'frisch' und 'gealtert' ergeben sich besonders für Korrosionssysteme mit relativ langsamen Korrosionsgeschwindigkeiten (z.B. bei Sauerstoffkorrosion mit Deckschichtbildung), während bei den schnell korrodierenden Systemen (z.B. bei Säurekorrosion) der stationäre Zustand in kurzer Zeit erreicht ist. Dies ist bei Versuchen kurzer Dauer von Bedeutung.

Bei der Probenfertigung (Schneiden, Schleifen usw.) können Eigenspannungen in die Oberflächen eingebracht werden. Kommt es auf eigenspannungsfreie Oberflächen an, wie z.B. bei einigen der in Abschn. 3 aufgeführten Experimente, so gibt es dafür zwei Möglichkeiten:

1. Nach der Probenfertigung wird eine erneute Wärmebehandlung durchgeführt und anschließend die Oxidschicht durch Beizen entfernt.

2. Nach der Probenfertigung wird die kaltverformte Oberflächenschicht durch Elektropolieren oder starkes Beizen abgetragen.

Dienen die Versuche dazu, bestimmte Praxisverhältnisse im Laboratorium zu simulieren, so muß so praxisnah wie möglich gearbeitet werden. Dabei kann es notwendig sein, das Probenmaterial in dem Zustand zu prüfen, in dem es später zum Einsatz kommt, also z.B. im Anlieferungszustand. Wichtig ist auch, Verbindungsstellen, wie beispielsweise Schweißnähte, in die Prüfung mit einzubeziehen. Ebenso sind Beizvorgänge zur Reinigung von Bauteilen und Apparaten vor Inbetriebnahme bei der Probenvorbehandlung zu berücksichtigen. Beim Beizen ist eine Kontamination der Oberfläche durch Bestandteile des Beizmittels (z.B. Chloride) möglich, worauf ggf. zu achten ist.

Weitere Informationen zur Probenvorbereitung der Metalle enthält DIN 50905, Teil 1.

Für die Probenvorbehandlung bei Kunststoffen gilt ebenfalls der Grundsatz: so sauber wie notwendig, so praxisnah wie möglich. Für Grundlagenuntersuchungen werden in der Regel Probekörper aus der Formmasse (Granulat, Pulver) durch Pressen, Spritzgießen oder Gießen hergestellt, die dann in sauberem Zustand meist ohne weitere Vorbehandlung untersucht werden.

Bei praxisnahen Fragestellungen werden die Proben aus dem Fertigteil oder dem Halbzeug (z.B. Rohr, Platte) durch spanende Bearbeitung parallel und/oder quer zur fertigungsbedingten Vorzugsrichtung entnommen. Die Schnittflächen müssen glatt sein und dürfen keine Risse haben. Beim mechanischen Bearbeiten dürfen sich die Probekörper nicht merklich erwärmen. Verunreinigungen der Oberfläche sind mit einem Reinigungsmittel zu entfernen, das den Kunststoff nicht angreift. Gegebenenfalls ist eine Wärmebehandlung der Probekörper (Tempern) zur Erzielung eines stabilen Ausgangszustands vor der Prüfung zu vereinbaren.

1.2.2 Chemisch-analytische Untersuchungen

Literatur: Ullmanns Encyklopädie der technischen Chemie, Bd. 5, Analysen- und Meßverfahren, Verlag Chemie, 1980

Handbuch für das Eisenhütten-Laboratorium Bd. 1 und 2; Verlag Stahleisen, 1960 und 1966

Deutsche Einheitsverfahren zur Wasser-, Abwasser- und Schlammuntersuchung, Verlag Chemie, ab 1960

Standard Methods for the Examination of Water and Waste Water, Am. Publ. Health Ass., AWWA, WPCF, 15th. Ed., 1980

Chemisch-analytische Untersuchungen werden sowohl zur Charakterisierung des Korrosionssystems Werkstoff/Medium als auch zur Bestimmung von Korrosionsgrößen eingesetzt.

1.2.2.1 Charakterisierung des Korrosionssystems

Eine wichtige Größe für die Charakterisierung eines metallischen Werkstoffs ist seine chemische Zusammensetzung. Sie reicht zur Kennzeichnung jedoch nicht aus, sondern ist durch Angaben über Wärmebehandlung und Gefügezustand zu ergänzen. Zur Bestimmung des Gefügezustandes dienen licht- und elektronenoptische Verfahren, vgl. Abschn. 1.2.6. Für die chemische Analyse stehen eine Reihe klassischer und moderner Verfahren zur Verfügung. Da sie im allgemeinen in Speziallaboratorien ausgeführt wird, braucht hier auf Einzelheiten nicht eingegangen zu werden.

Die grundlegende Charakterisierung eines polymeren Werkstoffs (Kunststoff) erfolgt über die Struktur der Primärkette. Die mittlere Kettenlänge (Molekulargewicht) sowie die Anordnung der Strukturelemente in der Kette (linear, verzweigt, vernetzt) beeinflussen zusätzlich in starkem Maße das Gefüge. Weitere wichtige physikalische Kenngrößen sind Dichte und Kristallinitätsgrad. Ähnlich wie bei Metallen dient auch die Angabe über eine vorausgegangene Wärmebehandlung (Tempern) und über den inneren Spannungszustand der genauen Charakterisierung des Werkstoffs.

Das Angriffsmedium wird ebenfalls vorwiegend durch chemisch-analytische Untersuchungen charakterisiert. Hierzu gehört die qualitative und quantitative Bestimmung aller Komponenten des Mediums, wie Ionen, Lösungsmittel, gelöste Gase und Feststoffe. Insbesondere bei organischen Medien können zahlreiche Verbindungen und Verbindungsklassen vorliegen.

Häufig stellt sich auch die Frage nach korrosionsstimulierenden oder -inhibierenden Spurenbestandteilen. So können oft schon geringe Konzentrationen eines Elements entweder die Korrosionsgeschwindigkeit stark beschleunigen oder zusätzliche Korrosionsarten auslösen, z.B. Chloride Loch- und Spannungsrißkorrosion bei austenitischen Chrom-Nickel-Stählen.

Weitere wichtige Meßgrößen zur Kennzeichnung des Mediums bzw. des gesamten Korrosionssystems sind Temperatur, pH-Wert, elektrische Leitfähigkeit und Strömungszustand. Der Druck spielt eine Rolle bei Mehrphasensystemen mit einem Gas, da die Gaslöslichkeit in flüssigen Medien druckabhängig ist (z.B. Henrysches Gesetz). Manchmal lassen sich nur durch erhöhten Druck praxisnahe Werte für Temperatur und Konzentration einstellen. Auch die Löslichkeit von Korrosionsprodukten kann vom Druck einzelner Gase abhängen, z.B. die von Carbonaten vom CO_2-Druck. Andere Effekte sind die Druckabhängigkeit der Kavitationskorrosion oder die durch Druck ausgelöste Zugspannung bei Systemen, die durch Spannungsrißkorrosion gefährdet sind.

Bei der Aufklärung von Korrosionsmechanismen und Schadensfällen ist die Analyse von Korrosionsprodukten Bestandteil der Untersuchungen. Je nach Fragestellung sind aus der Vielzahl möglicher Untersuchungsverfahren geeignete Methoden auszuwählen. Eine Zusammenstellung der in verschiedenen Korrosionssystemen auftretenden festen Korrosionsprodukte ist in folgender Literatur beschrieben: R. Grauer, Werkst. u. Korr. 31, 837 (1980); ibid. 32, 113 (1981).

1.2.2.2 Ermittlung von Korrosionsgrößen

Die Grundsätze für die Durchführung chemischer Korrosionsuntersuchungen und für die Ermittlung der Korrosionsgrößen sind in DIN 50905 zusammengestellt. Wegen Einzelheiten kann deswegen auf diese grundlegende Norm verwiesen werden. Im Hinblick auf die im nachfolgenden beschriebenen Experimente seien hier jedoch einige wichtige Gesichtspunkte zusammengestellt.

Häufig wird die Korrosionsgeschwindigkeit aus der Massenänderung ermittelt. Diese Methode kann unabhängig vom Korrosionsmechanismus angewendet werden, ist aber nur bei gleichmäßiger Flächenkorrosion eindeutig in der Aussage. Schon bei Vorliegen von Muldenkorrosion gibt die Massenänderung nur die über die gesamte Fläche gemittelte Korrosionsgeschwindigkeit wieder. Technisch bedeutsamer ist aber die maximale Korrosionsgeschwindigkeit in den Mulden. Bei allen lokalen Korrosionsarten wie Lochkorrosion, interkristalline Korrosion und Korrosion mit Rißbildung geben Massenänderungen keine sinnvolle Aussage. Zudem ist die Massenänderung meist extrem klein. Hier sind andere Korrosionsgrößen von Interesse, die aus DIN 50905, Teil 3 zu entnehmen sind. Solche Größen sind z.B. Lochtiefe, Lochdichte, Eindringtiefe, Rißtiefe und deren zeitliche Abhängigkeit.

Korrosionsbedingte Massenänderungen lassen Aussagen über die Korrosionsgeschwindigkeit nur zu, wenn entweder alle Korrosionsprodukte auf der Oberfläche haften (Massenzunahme) und ihre chemische Zusammensetzung bekannt ist oder wenn alle Korrosionsprodukte entfernt sind (Massenabnahme).

Bei der Korrosion in flüssigen Medien ist in der Regel die Bestimmung einer Massenzunahme nicht möglich, da die Korrosionsprodukte selten vollständig auf der Werkstoffoberfläche haften. Meistens befindet sich ein wesentlicher Teil der Korrosionsprodukte im Medium, sei es in gelöster oder ungelöster Form. Deshalb wird hier vorwiegend der Massenverlust bestimmt.

Bei der Bestimmung des Massenverlusts sind in der Mehrzahl der Fälle am Ende des Versuchs anhaftende Korrosionsprodukte mechanisch oder chemisch zu entfernen. Besonders bei der chemischen Entfernung durch Beizen besteht die Gefahr, daß ein zusätzlicher Massenverlust eintritt, der das Ergebnis besonders bei kleinen Korrosionsgeschwindigkeiten stark verfälscht. Deshalb ist zur Kontrolle der Massenverlust einer Probe ohne Korrosionsprodukte (Blindwert) zu ermitteln. Darüber hinaus sollte beachtet werden, daß Korrosionsprodukte die Korrosionsgeschwindigkeit in der Beizlösung verändern können, und damit auch der Blindwert nicht immer die richtige Korrektur ermöglicht.

Bei Metall-Gas-Reaktionen wird die Korrosionsgeschwindigkeit häufig aus der Massenzunahme bestimmt, weil die Korrosionsprodukte meist vollständig an der Probe haften bleiben.

Technisch interessant ist aber nicht die Massenzunahme sondern die Massenabnahme bzw. der Dickenverlust oder die Abtragsrate des Metalls. Die Umrechnung der Massenzunahme in Dickenverlust setzt die Kenntnis des entstandenen Korrosionsproduktes voraus. Wegen Einzelheiten der Umrechnung sei z.B. auf die Monographie von Rahmel und Schwenk, S. 81 ff, verwiesen.

Statt die Massenänderung zu bestimmen, wird gelegentlich auch die in Lösung befindliche Metallionenkonzentration analysiert. Dieses Verfahren bietet die Möglichkeit, die Korrosionsgeschwindigkeit stetig zu verfolgen. Voraussetzung für die Anwendung dieses Verfahrens ist allerdings, daß sämtliche Korrosionsprodukte in der Lösung löslich sind, was in der Regel nur in sauren, bei einigen wenigen Metallen aber auch in basischen Lösungen der Fall ist. Bei Legierungen ist zu prüfen, ob wirklich alle Legierungskomponenten mit gleicher Geschwindigkeit in Lösung gehen, was nicht selbstverständlich ist. Es sei z.B. an die Entzinkung von Messing erinnert.

Unter bestimmten Voraussetzungen ist es auch möglich, den Verbrauch oder die Bildung von Gasen zu messen. In neutralen Medien erfolgt die Korrosion meist durch Sauerstoffreduktion. In solchen Fällen kann die Korrosion über den Sauerstoffverbrauch verfolgt werden. In stark sauren O_2-freien Medien erfolgt Wasserstoffentwicklung als Kathodenreaktion, so daß die entwickelte Wasserstoffmenge ein Maß der Korrosionsgeschwindigkeit ist. In allen diesen Fällen sollte aber durch Kontrollversuche über die Bestimmung des Massenverlustes sichergestellt werden, daß die gemachten Annahmen auch wirklich vorliegen, und eine eindeutige Korrelation zwischen Gasverbrauch oder Gasentwicklung und Korrosionsgeschwindigkeit besteht.

Man sollte es sich zur Regel machen, durch geeignete Verfahren, am besten durch einen metallographischen Querschliff, zu prüfen, ob wirklich ein reiner gleichmäßiger Flächenangriff vorliegt und dieser nicht von einem selektiven Angriff (Auflösen einzelner Legierungskomponenten, Korngrenzenangriff etc.) begleitet wird.

In Sonderfällen, insbesondere bei der Bestimmung sehr kleiner Korrosionsgeschwindigkeiten, können zur Messung auch radioaktive Isotope herangezogen werden. Möglichkeiten und Grenzen dieser Methode werden beschrieben in: J. Vehlow, Werkst. u. Korr. 26, 338 (1975).

Manchmal kann auch ein Medium durch Korrosionsprodukte verunreinigt werden. Wichtige Einflußgrößen sind Oberflächen/Volumen-Verhältnis, Stagnationsdauer bzw. Verweildauer. Zwischen Mediumkontamination und Massenverlust besteht in der Regel kein quantitativer Zusammenhang.

Ähnlich wie bei Metallen ist auch für Kunststoffe die Massenänderung des Werkstoffs über der Zeit eine wichtige Meßgröße. Während bei metallischen Werkstoffen bei niedrigen Temperaturen in der Regel nur eine Oberflächenreaktion mit dem Medium stattfindet, ist bei Kunststoffen eine Sorption und Diffusion über das gesamte Probenvolumen auch bei üblichen Anwendungstemperaturen möglich. Die Bestimmung der Massenänderung dient hier bevorzugt der Beschreibung des Sorptions- und Diffusionsverhaltens (z.B. Ficksche Gesetze bei Flüssigkeiten, Henrysches Gesetz bei Gasen und einigen Dämpfen), das eine wichtige Grundlage der chemischen Widerstandsfähigkeit darstellt.

Die Ermittlung von Korrosionsgrößen bei anorganisch nichtmetallischen Werkstoffen wie Beton, Zementmörtel, Glas, Email usw. geschieht nach den gleichen Prinzipien. Auch hier spielt die Bestimmung der Massenänderung eine maßgebende Rolle.

1.2.3 Elektrochemische Untersuchungen

Literatur:	DIN 50918	Elektrochemische Korrosionsuntersuchungen
	C.H. Hamann, W. Vielstich:	Elektrochemie I und II; Verlag Chemie, 1975 u. 1981
	A. Rahmel, W. Schwenk:	Korrosion und Korrosionsschutz von Stählen; Verlag Chemie, 1977
	H. Kaesche:	Die Korrosion der Metalle; Springer-Verlag, 1979
	E. Heitz, G. Kreysa:	Grundlagen der Technischen Elektrochemie; Verlag Chemie, 1980

Verläuft der Korrosionsprozeß nach einem elektrochemischen Mechanismus, dann können neben chemischen Methoden auch elektrochemische Untersuchungsverfahren herangezogen werden. Eine wichtige Aufgabe ist dabei die Aufklärung der Zusammenhänge zwischen Korrosionsreaktion und elektrochemischen Einflußgrößen.

Elektrochemische Korrosionsvorgänge bestehen zumindest aus je einer anodischen und kathodischen Teilreaktion, die über einen Elektronenstrom im Metall und über einen Ionenstrom im Elektrolyten miteinander gekoppelt sind. Sind die Teilvorgänge und damit die Teilstromdichten zeitlich und örtlich gleichmäßig über die Oberfläche verteilt, dann liegt eine homogene Mischelektrode und damit eine gleichmäßige Flächenkorrosion vor. Sind die anodischen und kathodischen Teilstromdichten örtlich unterschiedlich, dann bilden sich vorwiegend anodische und kathodische Bereiche aus. Solche Elektroden werden als heterogene Mischelektroden bezeichnet. Viele örtliche Korrosionserscheinungen sind auf heterogene Mischelektroden zurückzuführen, so etwa die Loch-, Spalt-, Kontakt-, Spannungsriß- und die Schwingungsrißkorrosion.

Das Prinzip der Mischelektrode gilt nur für freiwillig ablaufende Korrosionsvorgänge. Liegt eine Belastung durch äußere Ströme vor, dann können die kathodischen Teilvorgänge an der Probe fehlen und trotzdem Korrosionsprozesse ablaufen (vgl. Abschn. 1.2.3.3).

Zur Untersuchung von elektrochemischen Vorgängen werden nach DIN 50918 Potentialmessungen, Strommessungen und Korrosionsuntersuchungen mit äußerer Stromquelle (Polarisationsmessungen) herangezogen.

Eine ausführliche Zusammenstellung der elektrochemischen Begriffe gibt DIN 50900, Teil 2, eine Darstellung der Grundlagen die Monographien von Hamann und Vielstich.

1.2.3.1 Potentialmessungen

Die Durchführung von Messungen des Freien Korrosionspotentials ist in DIN 50918 ausführlich beschrieben. Dabei wird die Spannung zwischen der korrodierenden Arbeits-(Meß-)Elektrode und einer Bezugselektrode mit Hilfe eines Spannungsmeßinstrumentes (Voltmeter) mit hohem Eingangswiderstand gemessen. Der Eingangswiderstand richtet sich nach dem Meßkreis: bei Laboratoriumsuntersuchungen sollte er mindestens $10^{10}\,\Omega$ betragen; für Feldversuche (Objekt, Erdboden, $Cu/CuSO_4$-Elektrode) können schon $10^5\,\Omega$ genügen. Eine gebräuchliche Meßanordnung zeigt Abb. 1.1.

Bei homogenen Mischelektroden genügt das Eintauchen einer Bezugselektrode in das Medium. Bei heterogenen Mischelektroden wird eine dünne, mit Elektrolytlösung gefüllte Kapillare (Haber-Luggin-Kapillare) an die Metalloberfläche herangeführt, so daß der Abstand der Spitze 2d (d = äußerer Kapillarendurchmesser) beträgt. Die Kapillare führt zu einer mit Elektrolytlösung gefüllten Erweiterung, in die eine Bezugselektrode taucht. Mit dieser Anordnung kann das Potential lokal gemessen werden.

Der Standard aller Bezugselektroden ist die Standardwasserstoffelektrode. Doch wegen ihrer großen Empfindlichkeit in Bezug auf Verunreinigung und wegen der schlechteren Handhabung werden üblicherweise Bezugselektroden 2. Art, sogenannte Metall/Metallionen-Elektroden, in der Praxis verwendet. Die Potentiale dieser Bezugselektroden sollten immer wieder gegen eine geeichte Bezugselektrode, wie z.B. die

Standardwasserstoffelektrode, kontrolliert werden. Bei Elektroden 2. Art nimmt die Reproduzierbarkeit der Potentiale mit steigender Konzentration des Anions aus dem schwerlöslichen Metallsalz zu.

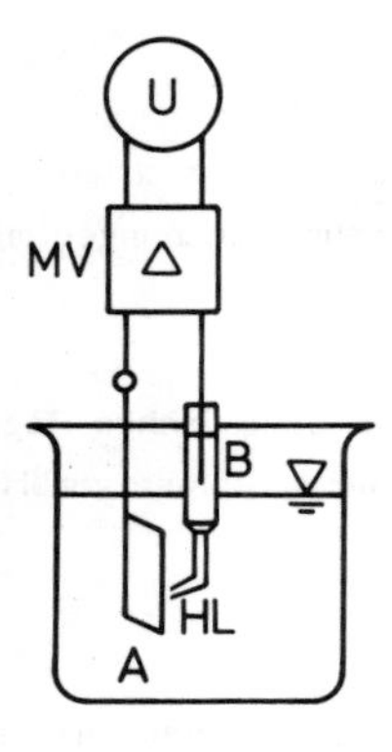

A Arbeitselektrode
B Bezugselektrode
HL Haber-Luggin-Kapillare
U Spannungsmesser
MV Meßverstärker

Abb. 1.1: Anordnung zur Messung von Elektrodenpotentialen bei heterogenen Mischelektroden

Eine Zusammenstellung der gebräuchlichsten Bezugselektroden und deren Potentiale U_{Bez} gegen die Standardwasserstoffelektrode U_H zeigt Tabelle 1.1.

Die Auswahl der Bezugselektroden richtet sich nach dem Medium und den Versuchsbedingungen. Soll eine Verunreinigung des Elektrolyten durch Chloride vermieden werden, verwendet man z.B. die Hg/Hg_2SO_4-Elektrode. Für alkalische Lösungen eignet sich die Hg/HgO-Elektrode. Einfach im Laboratorium herzustellen und robust für Feldversuche ist die $Cu/CuSO_4$-Elektrode (D. Ives, G. Janz: Reference Electrodes; Academic Press, 1961).

Ist Beständigkeit gegen hohe Temperaturen und Drücke gefordert, dann kommen spezielle Bezugselektroden, z.B. die Thalamid- oder Argentalelektrode sowie Spezialanfertigungen in Frage.

Tab. 1.1: Potentiale und Anwendungsbereiche gebräuchlicher Bezugselektroden

Halbzelle	Bezugselektrodenelektrolytlösung	U_{Bez} bezogen auf die Standardwasserstoffelektrode bei 25°C mV	Temperaturbereich °C	Temperaturkoeffizient mV/°C	Anwendungsbereich
$Hg/Hg_2Cl_2/Cl^-$ (Kalomel)	KCl ges	+242	0 bis 70	0,65	allgemein im Laboratorium u. Technikum
$Hg/Hg_2SO_4/SO_4^=$	K_2SO_4 ges	+710	0 bis 70	-	Sulfathaltg. Lsg.
$Hg/HgO/OH^-$	NaOH 1M	+140			Alkalische Lsg.
$Ag/AgCl/Cl^-$	KCl 3M	+207	-10 bis +80	1,00	Wässer
$Ag/AgCl/Cl^-$ (z.B. Argental)	KCl 3M	+207	0 bis 130	1,00	Wässer
HgTl/TlCl (z.B. Thalamid)	KCl 3,5M	-507	0 bis 150	0,1	heiße Medien
$Cu/CuSO_4$	$CuSO_4$ ges	+320		0,97	Böden, Wässer

Läßt sich aus versuchstechnischen Gründen eine geeignete Bezugselektrode nicht finden, die direkt in das System eingesetzt werden kann, so wird eine Bezugselektrode in einem separatem Elektrolytgefäß benutzt, das über eine Elektrolytbrücke mit der Meßzelle verbunden ist. Bei einer solchen Anordnung läßt sich eine Verunreinigung der Elektrolytlösung in beiden Systemen weitgehend vermeiden. Sollen Messungen in nichtwäßrigen Elektrolytlösungen, wie z.B. organischen oder anorganischen Lösungsmitteln oder in Salzschmelzen durchgeführt werden, dann versagen im allgemeinen die erwähnten Bezugselektroden. Es ist in solchen Fällen notwendig, auf Spezialliteratur zurückzugreifen oder eine geeignete Bezugselektrode gesondert zu entwickeln. Günstiger liegen die Verhältnisse bei Methanol- und Ethanollösungen, in denen häufig eine wäßrige Kalomelelektrode verwendet werden kann. Voraussetzung ist allerdings, daß die gegenseitige Diffusion von Wasser und Alkohol (Diffusionspotential) in Grenzen gehalten wird, z.B. durch Verwendung einer zusätzlichen Elektrolytbrücke. Hinweise für Bezugselektroden in Salzschmelzen finden sich in A.F. Alabyshev, M.F. Lantratov, A.G. Morachevskii: Reference Electrodes for Fused Salts; Sigma Press, 1965.

Die Umrechnung des mit einer Bezugselektrode gemessenen Arbeitselektrodenpotentials U_{Mess} auf die Standardwasserstoffelektrode U_H erfolgt nach der Beziehung

$$U_H = U_{Mess} + U_{Bez} \quad (1.1)$$

wobei U_{Bez} das auf die Standardwasserstoffelektrode bezogene Potential der Bezugselektrode ist.

Zu den wichtigsten Potentialmessungen gehört die Bestimmung des Ruhepotentials und des Freien Korrosionspotentials von beliebigen Systemen Werkstoff/Medium. Das Ruhepotential ist dabei ganz allgemein das Potential einer nicht durch Außenstrom belasteten ("ruhenden") Elektrode, das Freie Korrosionspotential ist das Potential einer korrodierenden Elektrode.

Im einzelnen zählen dazu:
- Potentialmessungen zur Bestimmung des Aktiv- oder Passivzustandes von Korrosionssystemen
- Bestimmung der Potentialverteilung an korrodierenden Oberflächen (heterogene Mischelektroden)
- "Monitoring" der Korrosion in technischen Anlagen durch Korrosionspotentialmessungen
- Ermittlung des Freien Korrosionspotentials als Voraussetzung für die Anwendung von elektrochemischen Schutzverfahren.

Neben der Messung des Ruhepotentials zählen hierzu auch Potentialmessungen bei Versuchen mit äußerer Stromquelle. In meßtechnischer Sicht gilt für solche Messungen dasselbe wie bei der Bestimmung des Ruhepotentials.

1.2.3.2 Strommessungen

Bei allen nach einem elektrolytischen Mechanismus verlaufenden Korrosionsprozessen ist der Stoffumsatz der betrachteten Teilreaktion über das Faradaysche Gesetz mit einem elektrischen Strom verknüpft

$$m = \frac{M}{z\ F}\ I\ t \qquad (1.2)$$

m	elektrochemisch umgesetzte Stoffmenge	(g)
M	molare Masse	($g\ mol^{-1}$)
F	Faradaysche Zahl 96487	($A\ s\ mol^{-1}$)
I	Strom	(A)
t	Zeit	(s)
z	Ladungszahl	(1)

Differentiation nach t führt zu

$$\frac{dm}{dt} = \frac{M}{z\ F}\ I \qquad (1.3)$$

Die chemische Umsatzgeschwindigkeit $\frac{dm}{dt}$ ist demnach proportional dem Strom I, und demgemäß entspricht die Korrosionsgeschwindigkeit einem Korrosionsstrom. Ein wichtiges Ziel der Korrosionsuntersuchungen ist deshalb die Bestimmung dieser Korrosionsströme.

Da eine korrodierende Metalloberfläche aus vielen kurzgeschlossenen Korrosionselementen besteht, ist die direkte Messung solcher Ströme schwierig. Dies ist für homogene Mischelektroden sofort verständlich, da die Korrosionselemente örtlich und zeitlich gleichmäßig verteilt sind. Bei einigen heterogenen Mischelektroden lassen sich jedoch experimentelle Anordnungen finden, bei denen ein Elementstrom meßbar wird. Eine solche Anordnung ist beispielsweise möglich, wenn bei zwei im Kontakt stehenden unterschiedlichen Metallen Anoden- und Kathodenvorgänge getrennt verlaufen. Durch Zwischenschalten eines niederohmigen Strommeßinstrumentes oder eines niederohmigen Meßwiderstandes läßt sich nach Abb. 1.2 der Elementstrom messen (DIN 50918).

Bei der Durchführung der Messungen muß der Widerstand der Strommeßvorrichtung gegenüber der Summe aller Widerstände des Korrosionselementes (Polarisationswiderstände, ohmsche Widerstände) klein sein. Ein Sonderfall ist die Nullwiderstands-Strommessung, die in Aufg. 2.5.2 näher beschrieben ist.

Der so gemessene Elementstrom ist nur dann gleich dem Korrosionsstrom, wenn Anoden- und Kathodenvorgänge völlig getrennt sind, d.h. wenn an keiner der Elektroden zusätzliche Elementströme fließen, die von der Außenschaltung nicht miterfaßt werden.

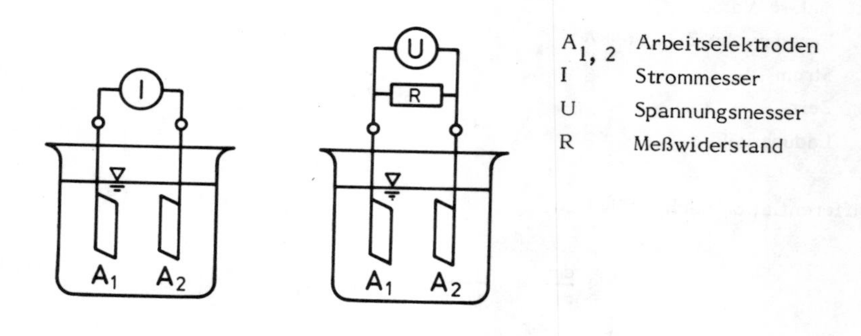

Abb. 1.2: Anordnung zur Messung von Strömen in einem Korrosionselement

Das Hauptanwendungsgebiet von Strommessungen bei Korrosionsvorgängen ist die Messung des Elementstromes bei der Kontaktkorrosion nach DIN 50919. Die Messungen können entweder in vereinfachter Form entsprechend Abb. 1.2 oder in einer Modellanordnung mit ähnlichen geometrischen Abmessungen wie das zu beurteilende praktische Objekt durchgeführt werden, wenn die beiden Kontaktwerkstoffe getrennt sind. Dabei ist wichtig, daß Elementstrommessungen mit chemischen Korrosionsuntersuchungen kombiniert werden, um die Äquivalenz zwischen Elementstrom und Korrosionsgeschwindigkeit beurteilen zu können (vgl. Aufgabe 2.5.2 und 2.5.3). Ist diese nicht gegeben, dann lassen sich nur halbquantitative Aussagen über das Korrosionssystem machen (Aufgabe 2.1.3).

Ist eine Trennung von Anode und Kathode nicht möglich (z.B. bei Kombinationen Schweißnaht - Grundwerkstoff), dann können Potential-Weg-Messungen im Bereich der Kontaktstelle zum Elementstrom führen. Dabei wird mittels einer Bezugselektrode mit Haber-Luggin-Kapillare die Potentialverteilung in der Elektrolytlösung gemessen und über die spezifische Leitfähigkeit ein Ionenstrom I errechnet. Für diesen Ionenstrom gilt das Faradaysche Gesetz, da der Ionenstrom in der Elektrolytlösung gleich dem Elektronenstrom zwischen den beiden Kontaktwerkstoffen und damit gleich dem Elementstrom ist.

In DIN 50919 werden weitere Details über Korrosionsuntersuchungen der Kontaktkorrosion beschrieben.

1.2.3.3 Korrosionsuntersuchungen mit äußerer Stromquelle (Polarisationsmessungen)

Schaltet man ein zu untersuchendes Metall als Elektrode, so bildet es zusammen mit einer Gegenelektrode, einer Bezugselektrode und der Elektrolytlösung eine elektrochemische Zelle. Mit einer äußeren Stromquelle kann die Strom-Potential-Kurve der Arbeitselektrode aufgenommen und es können gleichzeitig chemische Korrosionsuntersuchungen gemacht werden. Es zeigt sich, daß die über Massenverluste ermittelten Geschwindigkeiten von Korrosionsprozessen stark potentialabhängig sind und zwar insbesondere dann, wenn es sich um passivierbare Systeme handelt (Abb. 1.3).

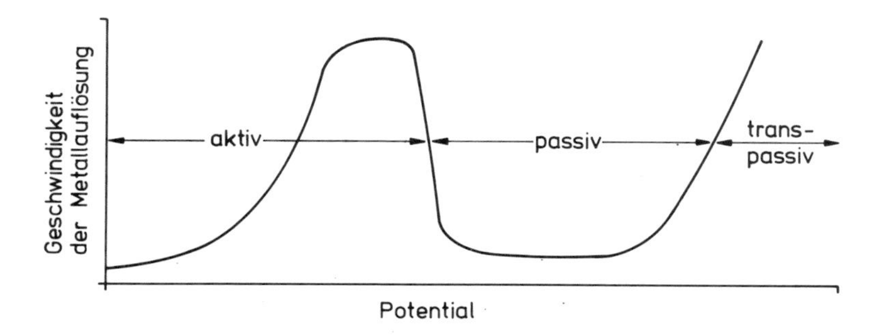

Abb. 1.3 Potentialabhängigkeit der Korrosionsgeschwindigkeit passivierbarer Systeme

Man unterscheidet dabei den aktiven, passiven und transpassiven Zustand, deren Potentialbereiche stark von Art und Zusammensetzung des Korrosionssystems abhängen.

Wird auf der Ordinate in Abb. 1.3 nicht die Korrosionsgeschwindigkeit sondern der gemessene Außenstrom aufgetragen, dann ergibt sich für aktiv korrodierende Systeme ein Kurvenverlauf entsprechend Abb. 1.4, Kurve 3. Diese Kurve kommt durch Überlagerung von potentialabhängigen Reaktionen zustande. Im einfachsten Fall bestehen diese aus der anodischen Metallauflösung (Kurve 1) und der kathodischen Reduktion eines Oxidationsmittels (Kurve 2), wobei die jeweiligen Gegenreaktionen vernachlässigt werden.

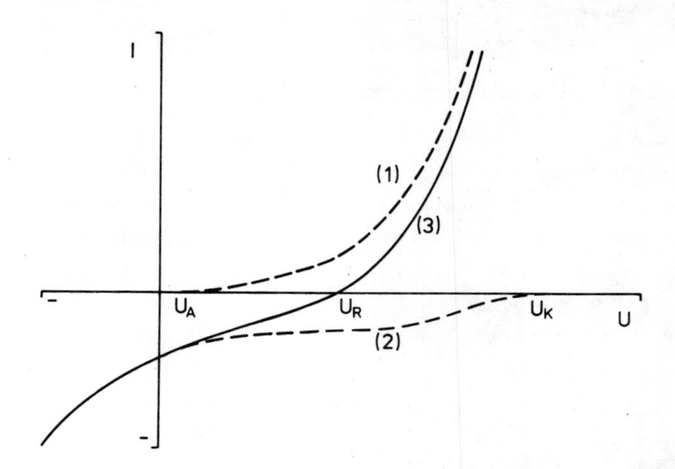

Abb. 1.4: Potentialabhängigkeit von Summen- und Teilströmen bei Korrosionsvorgängen

Nach der Theorie der Additivität der Teilvorgänge - Grundlage aller elektrolytisch verlaufenden Korrosionsprozesse - ist die Summenkurve (3) immer die Summe der Teilvorgänge (1) und (2):

$$i_{ges} = i_{anod} + i_{kath} \tag{1.4}$$

Diese Teilvorgänge können elektrochemisch nicht gemessen werden, sondern müssen chemisch-analytisch bestimmt werden, wobei das Potential konstant gehalten wird (vgl. Aufgabe 1.2.4).

Die für die Praxis wichtigste elektrische Polarisationsschaltung ist die Schaltung mit einem Potentiostaten zur Einregelung eines konstanten Elektrodenpotentials (Abb. 1.5).

Der Potentiostat regelt zwischen Arbeits- und Bezugselektrode ein konstantes, vorgegebenes Potential ein, wozu ein bestimmter Strom notwendig ist. Stromquelle, Meßverstärker, Spannungs- und Strommesser sind in dem Potentiostaten vereint.

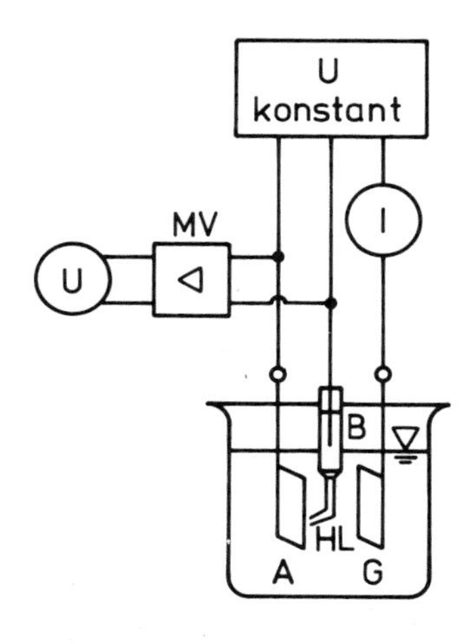

A Arbeitselektrode
B Bezugselektrode
G Gegenelektrode
HL Haber-Luggin-Kapillare
MV Meßverstärker
U Spannungsmesser
I Strommesser

Abb. 1.5: Potentiostatische Polarisationsschaltung

Als elektronisches Regelgerät ist der Potentiostat in der Lage, beliebige Potential-Zeit-Funktionen zu verwirklichen. Man unterscheidet demnach

- potentiostatische Halteversuche, bei denen das Potential über eine gegebene Versuchsdauer konstant gehalten wird,
- "potentiostatische" Versuche zur Einstellung quasistationärer Zustände, bei denen das Potential bis zur Einstellung eines konstanten Stromes festgehalten und dann weiter verändert wird (hierzu gehören z.B. die "von Hand" aufgenommenen Strom-Potential-Kurven in Aufgabe 1.2.2 und 1.2.3),
- potentiodynamische (potentiokinetische) Versuche mit einer linearen zeitlichen Potentialänderung (vgl. Aufgabe 2.3.2) und
- Einschalt-, Ausschalt- und Umschaltversuche mit sehr schnellen zeitlichen Potentialänderungen (vgl. Abschn. 1.2.2.5).

Die Potential-Zeit-Funktionen können mit entsprechenden elektronischen Sollspannungsgebern vorgegeben und die Strom-Zeit-Charakteristik mittels Schreiber, Oszillograph oder Transientenrecorder registriert werden.

Eine weitere für Korrosionsuntersuchungen wichtige Meßanordnung ist die galvanostatische Polarisationsschaltung. Bei dieser Schaltung wird der Summenstrom konstant gehalten und das Potential registriert. Das Prinzip der Schaltung ist in Abb. 1.6 dargestellt.

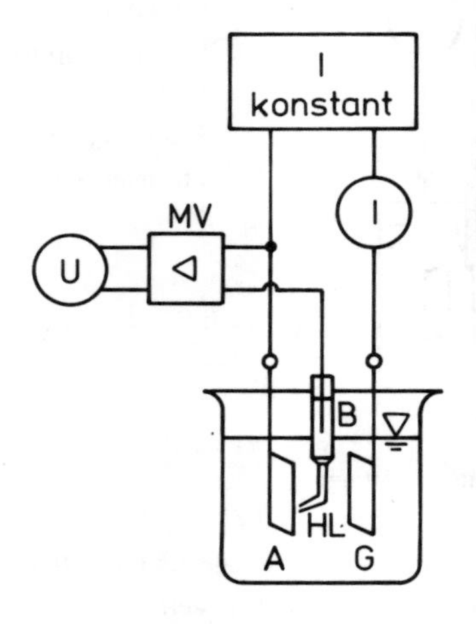

A Arbeitselektrode
B Bezugselektrode
G Gegenelektrode
HL Haber-Luggin-Kapillare
MV Meßverstärker
U Spannungsmesser
I Strommesser

Abb. 1.6: Galvanostatische Polarisationsschaltung

Als Konstantstromquelle dienen entweder entsprechende elektronische Geräte mit belastungsunabhängigem Stromausgang oder ein Gleichspannungsnetzgerät hoher Ausgangsspannung ($U > 100$ V) mit einem in Serie geschalteten hochohmigen Arbeitswiderstand. Für die Potentialmessungen gelten die früher in Abschn. 1.2.3.1 gemachten Ausführungen.

Eine besonders elegante galvanostatische Schaltung ist mit Hilfe eines Potentiostaten möglich (Abb. 1.7). Nach diesem Prinzip regelt ein Potentiostat (U = konstant) an einem Widerstand R eine konstante Spannung und damit einen konstanten Strom ein. In der zum Widerstand in Serie geschalteten elektrochemischen Meßzelle fließt der gewünschte konstante Strom.

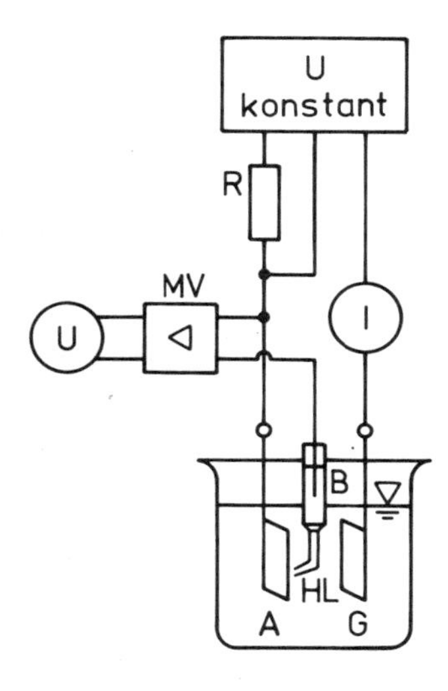

A Arbeitselektrode
B Bezugselektrode
G Gegenelektrode
HL Haber-Luggin-Kapillare
MV Meßverstärker
U Spannungsmesser
I Strommesser
R Widerstand

Abb. 1.7: Galvanostatische Polarisationsschaltung mit einem Potentiostaten

Analog der potentiostatischen Polarisationsschaltung können auch bei galvanostatischer Arbeitsweise beliebige Strom-Zeit-Funktionen vorgegeben werden. Neben galvanostatischen Halteversuchen (vgl. Aufgabe 2.3.3) und galvanostatischen Versuchen mit schrittweiser Stromänderung (vgl. Aufgabe 1.2.2) sind auch galvanostatische Ein-, Aus- und Umschaltversuche von praktischer Bedeutung.

1.2.3.4 Anwendungen stationärer Methoden

Unter stationären und quasistationären Methoden werden potentiostatische und galvanostatische Meßverfahren verstanden, bei denen das Potential bzw. der Strom konstant gehalten wird. Die hauptsächlichen Anwendungen sind:

- Charakterisierung der am Korrosionsprozeß beteiligten elektrochemischen Systeme (Metallelektroden- und Redoxsysteme, Systeme mit Aktiv- und Passivverhalten, Elektrodenkinetik usw.)

- Ermittlung der Potentialabhängigkeit von Korrosionsgrößen, insbesondere die Bestimmung kritischer Potentiale
- Bestimmung der Korrosionsgeschwindigkeit allein aus Strom-Potential-Kurven.

Die Anwendung elektrochemischer Methoden erfordert eine sorgfältige Beachtung der Einsatzgrenzen. Da es sich um indirekte Methoden handelt, die auf dem Faradayschen Gesetz beruhen, gibt ein gemessener Strom keine Information über die mit dem Strom verknüpfte chemische Reaktion. Ebensowenig sagt er etwas über die Ortsabhängigkeit der Korrosionsphänomene (Stromlinienverteilung) aus. Andererseits sind Strom- und Spannungsmessungen mit großer Genauigkeit und schnell durchzuführen, und sie lassen sich automatisieren.

Ein Nachteil elektrochemischer Methoden ist die Beeinflussung des Korrosionsprozesses durch die aufgebrachte Potential- oder Stromänderung. Hierdurch können mehr oder weniger irreversible Änderungen von wichtigen Systemparametern, wie z.B. des Oberflächenmikroprofils und der Oberflächenbedeckung (Adsorption und Chemisorption), verursacht werden, oder die entstehenden Produkte beeinflussen die zu untersuchenden Meßgrößen. Je nach Dauer und Höhe der erzwungenen Strom- und Potentialänderungen kann die Störung größer oder kleiner sein.

Bestimmung potentialabhängiger Korrosionsgrößen

Das Elektrodenpotential als maßgebende Einflußgröße elektrochemischer Korrosionsvorgänge wird bei einer Reihe von Untersuchungsverfahren konstant gehalten und der zeitliche Verlauf von Korrosionsgrößen festgestellt. Durch Variation des Potentials in jeweils gesonderten Versuchsreihen ergibt sich dann der gesuchte funktionelle Zusammenhang zwischen Korrosionsgröße und Potential.

Zu den wichtigsten Beispielen solcher Meßverfahren gehören die Bestimmung

- des Massenverlustes in Abhängigkeit vom Potential bei gleichmäßiger Flächenkorrosion,
- von Lochwachstumsgeschwindigkeit und Lochdichte in Abhängigkeit vom Potential bei der Lochkorrosion,
- der Potentialabhängigkeit von Standzeit und Rißwachstumsgeschwindigkeit bei Erscheinungsformen der Rißkorrosion,

- der Potentialabhängigkeit einer selektiven Korrosion von Gefügebestandteilen (interkristalline Korrosion) und
- der Potentialabhängigkeit von Korrosionsgeschwindigkeiten bei Anwendung kathodischer und anodischer Schutzverfahren.

Als Ergebnis der Messungen erhält man sog. kritische Potentiale (oder Potentialbereiche), bei deren Über- oder Unterschreiten bestimmte Korrosionsphänomene auftreten oder verschwinden. Als Beispiele seien erwähnt das Lochfraßpotential (Aufg. 2.3.1 bis 2.3.3), das Aktivierungspotential (Aufg. 2.6.1), das Grenzpotential der Spannungsrißkorrosion (Aufg. 3.1.2) und die Grenzpotentiale (Schutzpotentiale) des kathodischen und anodischen Schutzes (Aufg. 6.1.2 und 6.1.3).

Polarisationswiderstandsmessungen

Der Polarisationswiderstand wird durch die Tangente der Stromdichte-Potential-Kurve beim Korrosionspotential charakterisiert

$$R_p = \left(\frac{dU}{di}\right)_{U \longrightarrow U_{Korr}} \tag{1.5}$$

und steht mit der Korrosionsgeschwindigkeit in folgender Beziehung

$$i_{Korr} = B \frac{1}{R_p} \tag{1.6}$$

Damit läßt sich die Korrosionsgeschwindigkeit bei freier Korrosion aus elektrochemischen Daten errechnen (Stearn-Geary-Gleichung).

Die Proportionalitätskonstante B ist systemabhängig und muß durch gesonderte Messungen bestimmt werden. Die Messung des Polarisationswiderstands hat praktische Bedeutung, unterliegt jedoch folgenden Einschränkungen:

- Der Korrosionsangriff muß gleichförmig sein.
- Das Ruhepotential darf sich während der Meßzeit nicht störend ändern.
- Der Korrosionsmechanismus darf sich während der Meßzeit nicht ändern.
- Außer der Korrosionsreaktion dürfen keine anderen elektrochemischen Vorgänge ablaufen.
- Ohmsche Widerstände müssen gegenüber dem Polarisationswiderstand klein sein.

Theorie, Anwendung und Grenzen der Polarisationswiderstandsmessungen sind in folgenden Arbeiten behandelt: E. Heitz, W. Schwenk, Werkst. u. Korr. 27, 241 (1976) und P.R. Moreland, J.C. Rowlands, Werkst. u. Korr. 28, 249 (1977). Weitere Informationen enthalten die Versuchsbeschreibungen und Auswertungen der Aufg. 1.2.6 und 1.2.7.

Extrapolation der stationären Stromdichte-Potential-Kurve

Unter der Voraussetzung, daß anodische und kathodische Teilschritte der Korrosionsreaktion völlig unabhängig voneinander sind, ergibt die Extrapolation der anodischen und kathodischen Äste von durchtrittsbestimmten Korrosionsreaktionen zum Freien Korrosionspotential den Korrosionsstrom. Diese Methode hat den eingangs beschriebenen Nachteil der starken Beeinflussung der Elektrodenoberfläche während der Messung und findet nur wenig Anwendung.

1.2.3.5 Nichtstationäre Methoden

Da im stationären Zustand stets der langsamste Teilschritt die Gesamtgeschwindigkeit bestimmt, lassen stationäre Messungen naturgemäß nur Schlüsse über diesen geschwindigkeitsbestimmenden Schritt zu. Zur Aufklärung des gesamten Mechanismus und zur Untersuchung schnell verlaufender Teilreaktionen muß daher der zeitliche Verlauf bestimmter Systemvariablen ermittelt werden. Hierfür dienen nichtstationäre Methoden.

Sie werden mit potentiostatischer oder galvanostatischer Schaltung durchgeführt. Im folgenden werden die drei wichtigsten Methoden kurz beschrieben. Sie beruhen alle auf dem Prinzip, daß das System durch eine schnelle Änderung der Systemvariablen Potential oder Strom gestört und der zeitliche Verlauf anderer Systemvariablen Z verfolgt wird

$$Z = f(t) \tag{1.7}$$

Dabei kann Z ein Strom, eine Spannung oder eine Impedanz (Wechselstromwiderstand) sein.

Voltammetrie und cyclische Voltammetrie (Dreieckspannungsmethode)

Zur Voltammetrie zählt die Aufnahme potentiodynamischer Stromdichte-Potential-Kurven. Dabei wird an die Arbeitselektrode eine sich zeitlich linear ändernde Spannung potentiostatisch angelegt und der sich einstellende Strom registriert

$$I = f\left(U_{start} + \frac{dU}{dt}\, t\right) \qquad (1.8)$$

Hierin bedeuten U_{start} das Ausgangspotential, dU/dt die Potentialänderungsgeschwindigkeit und t die Laufzeit. Die Größe der Potentialänderungsgeschwindigkeit ist bei Korrosionsvorgängen von großer Bedeutung (vg. Aufg. 1.2.2).

Erfolgt die Potentialänderung sowohl in positiver als auch in negativer Richtung innerhalb vorgegebener Potentialgrenzen mit einem einmaligen oder mehrmaligen Durchlauf, dann spricht man von cyclischer Voltammetrie. Es treten Strompeaks auf, deren Potentiale und Stromdichten sowie deren Abhängigkeiten von der Potentialänderungsgeschwindigkeit zur Auswertung herangezogen werden können (H. Heitbaum, W. Vielstich, Angew. Chem. 86, 756 (1974)). Mit Hilfe dieser Methode lassen sich Aussagen über die Reversibilität von Durchtrittsreaktionen sowie über die Geschwindigkeit vor- oder nachgelagerter chemischer Reaktionsschritte machen. Ein typischer Meßplatz für cyclische Voltammetrie besteht aus einem Dreieckspannungsgenerator, einem Potentiostaten und einem x-y-Kompensationsschreiber oder Oszillographen.

Galvanostatische Rechteckimpulse

Zur Vermeidung von Störungen durch stationäre Strom- oder Spannungsbelastungen werden Methoden mit kleinen und/oder kurzzeitigen Änderungen der elektrochemischen Meßgrößen oft bevorzugt. (W.J. Lorenz, F. Mansfeld, Corr. Sci 21, 647 (1981)). Eine besondere Rolle spielen galvanostatische Rechteckimpulse.

Galvanostatische Rechteckimpulse werden als Einzelimpulsmessungen für die Aufnahme nichtstationärer Strom-Potential-Kurven verwendet, wenn z.B. bei stationären Messungen keine Tafel-Geraden erhalten werden. Ein typisches Beispiel ist die Inhibition von Eisen in sauren Lösungen, die nur mit Hilfe dieser Meßmethode Tafelgeraden ergibt (A.A. Aksüt, W.J. Lorenz, F. Mansfeld, Corr. Sci. 22, 611 (1982)).

Werden Rechteckimpulse mit hoher Wiederholungsfrequenz und kurzen Unterbrechungszeiten gewählt, so erhält man die galvanostatische Unterbrechermethode, die zur Untersuchung schneller Elektrodenvorgänge eingesetzt wird. Ein Sonderfall der Methode ist der einmalige Einschalt-, Ausschalt- oder Umschaltvorgang, der zur Eliminierung des ohmschen Potentialabfalls angewendet wird (vgl. Abschn. 1.2.3.6).

Impedanzmessungen

Bei Impedanzmessungen (Impedanzspektroskopie) wird die Polarisationsimpedanz (Wechselstromwiderstand) in Abhängigkeit von der Frequenz einer angelegten Wechselspannung bestimmt. Impedanzspektren geben im Prinzip Auskunft über die an einer Metallelektrode herrschende Elektrodenkinetik (H. Göhr, Ber. Bunsenges. Phys. Chem. 85, 274 (1981)). Eine wichtige Anwendung ist die Bestimmung des Polarisationswiderstandes R_p und damit der Korrosionsgeschwindigkeit in wenig leitfähigen Medien. Die Impedanzspektroskopie hat wegen des großen experimentellen Aufwandes und der Schwierigkeiten bei der Interpretation der Ergebnisse bislang wenig praktische Anwendung gefunden.

1.2.3.6 Eliminierung des ohmschen Spannungsabfalls

In einer stromdurchflossenen Zelle fällt über dem ohmschen Widerstand der Elektrolytlösung R_{Lsg} zwischen der Spitze der Haber-Luggin-Kapillare und der Arbeitselektrode eine zusätzliche Spannung ab (vgl. Abb. 1.8), die dem fließenden Strom proportional ist und sich zum Elektrodenpotential U_{El} addiert:

$$U_{Mess} = U_{El} + I \cdot R_{Lsg} \tag{1.9}$$

Es bedeuten U_{Mess} das gemessene Potential und $I \cdot R_{Lsg}$ der ohmsche Spannungsabfall.

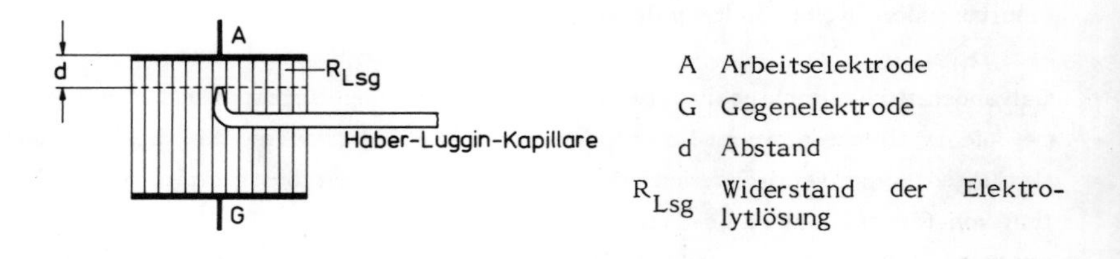

Abb. 1.8: Ohmscher Spannungsabfall zwischen Arbeits- und Gegenelektrode

Zur Korrektur bzw. Eliminierung dieses systematischen Fehlers, der sowohl bei potentiostatischer als auch bei galvanostatischer Arbeitsweise auftritt, können folgende stationäre und nichtstationäre Methoden angewandt werden:

Galvanostatische Arbeitsweise

Das Potential wird für verschiedene Abstände zwischen Haber-Luggin-Kapillare und Elektrode gemessen und graphisch auf den Abstand Null extrapoliert (Methode der Abstandsvariation vgl. Aufg. 1.2.5).

Potentiostatische Arbeitsweise

Bei der sogenannten IR-Kompensation wird in Reihe zur Meßzelle ein Widerstand geschaltet, dessen Größe möglichst gleich dem wirksamen Elektrolytwiderstand zwischen Haber-Luggin-Kapillare und Elektrodenoberfläche gewählt wird. Die über diesem Widerstand abfallende Spannung wird der Gesamtspannung zwischen Arbeits- und Bezugselektrode entgegengeschaltet, so daß nur deren Differenz, das tatsächliche Elektrodenpotential, den Reglereingang des Potentiostaten erreicht und konstant gehalten wird. Wegen leicht auftretender Instabilitäten des Reglers bei ungünstigen Werten des Kompensationswiderstandes können bei dieser Methode Probleme entstehen.

Eine weitere Methode besteht darin, daß der vom Potentiostaten gelieferte Strom mit einem elektronischen Unterbrecher kurzzeitig periodisch unterbrochen wird (Rechteckimpuls). Nur das während dieser Unterbrecherzeiten im stromlosen Zustand gemessene Potential wird als Istspannung zur Steuerung des Potentiostaten verwendet, so daß das Elektrodenpotential unabhängig vom ohmschen Spannungsabfall in der Elektrolytlösung konstant gehalten wird (B. Elsener, H. Böhni, Werkst. u. Korr. 33, 207 (1982)).

Grundsätzlich nicht eliminierbar sind hierbei die ohmschen Anteile infolge der Elementströme bei heterogenen Mischelektroden. Über den dadurch bedingten Fehler können Messungen der Potentialdifferenz im Medium Aufschluß geben (W.v. Baeckmann, H. Hildebrand, W. Prinz, W. Schwenk, Werkst. u. Korr. 34, 230 (1983)).

1.2.4 Mechanische Untersuchungen

Literatur:	DIN 50145	Zugversuch
	DIN 50118	Zeitstandversuch
	DIN 50100	Dauerschwingversuch
	H.-P. Stüwe:	Einführung in die Werkstoffkunde B.I.-Hochschultaschenbücher Band 467 Bibliographisches Institut, 1969

Das Verhalten eines Werkstoffs unter mechanischer Belastung stellt ein wesentliches Kriterium für die Beurteilung seiner Einsatzfähigkeit dar. Im praktischen Einsatz erfolgt diese Belastung über Zug-, Druck-, Biege-, Schub- und Torsionskräfte, die reversible elastische und irreversible plastische Formänderungen bewirken und im ungünstigsten Fall auch den Bruch herbeiführen können. Die Hauptziele der mechanischen Werkstoffprüfung sind daher zum einen die quantitative Erfassung des Zusammenhangs zwischen den Größen Kraft (Spannung) und Verformung (Dehnung) für den jeweiligen Werkstoff sowie zum anderen die Ermittlung der Belastungsgrenzen, bei denen der Bruch eintritt. Zu diesem Zweck wurden eine Reihe von Untersuchungsverfahren entwickelt, von denen die gängigsten im folgenden kurz beschrieben werden.

1.2.4.1 Zugversuch

Beim Zugversuch wird ein Probenstab (Form und Herstellung siehe DIN 50125) in einer Zugprüfmaschine mit konstanter Abzugsgeschwindigkeit einer stetigen Verlängerung unterworfen und die dazu notwendige Kraft F in Abhängigkeit von der Verlängerung ΔL gemessen. Um von den Abmessungen der Probe unabhängige Größen zu erhalten, werden die auf diese Weise gemessenen Kraft-Verlängerung-Diagramme (F-ΔL-Diagramme) in Spannung-Dehnung-Diagramme (σ-ε-Diagramme) umgerechnet:

$$\sigma = \frac{F}{S_o} \tag{1.10}$$

$$\varepsilon = \frac{\Delta L}{L_o} \qquad \text{mit } \Delta L = L - L_o \tag{1.11}$$

mit S_o Anfangsquerschnitt der Probe vor dem Versuch

L_o Anfangsmeßlänge " " " " "

L Meßlänge in jedem Augenblick des Zugversuchs

Eine schematische Darstellung eines solchen Spannung-Dehnung-Diagramms sowie die Bezeichnung der hieraus zu entnehmenden charakteristischen Größen erfolgt in Abb. 1.9.

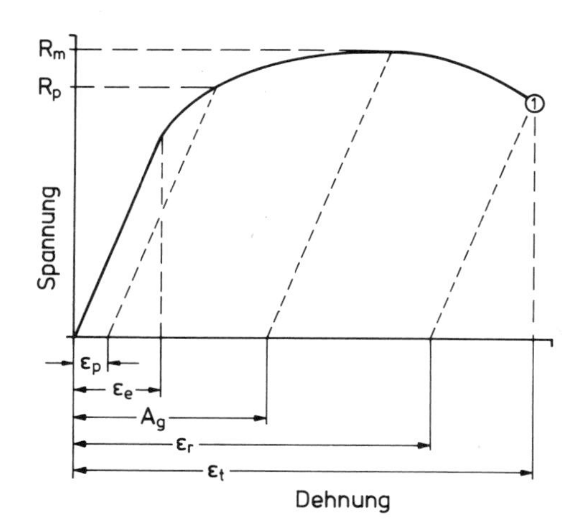

Abb. 1.9: Spannung-Dehnung-Diagramm

Es sind dies:

Elastische Dehnung ε_e

Im Bereich der rein elastischen Beanspruchung ist die resultierende Spannung proportional zur jeweiligen elastischen Dehnung (Hooksches Gesetz).

Nichtproportionale Dehnung ε_p

ε_p kennzeichnet die Dehnung von dem Punkt an, bei dem die Kurve anfängt, vom geradlinigen Verlauf der rein elastischen Beanspruchung abzuweichen. ε_p ist somit die Dehnung seit Beginn der plastischen Verformung.

Gleichmaßdehnung A_g

Bis zum Punkt A_g erfolgt die Abnahme des Probenquerschnitts S im gesamten Bereich der Meßlänge L gleichmäßig. Danach kommt es zu einer lokalen Einschnürung der Probe, und die sich daran anschließende Dehnung wird oftmals auch als Einschnürdehnung bezeichnet.

Bleibende Dehnung ε_r

Diese wird nach Entlastung der Probe gemessen.

Gesamtdehnung ε_t

Die Gesamtdehnung stellt die Summe aus elastischer und plastischer Dehnung dar.

Bruchdehnung A

Die Bruchdehnung ist die bleibende Dehnung nach dem Bruch der Probe. Wenn dieser am Punkt 1 in Abb. 1.9 erfolgt ist, so ist A identisch mit dem in diesem Diagramm mit ε_r bezeichneten Wert.

Dehngrenze R_p

Die Dehngrenze R_p ist die Spannung bei einer bestimmten nicht proportionalen Dehnung ε_p. Wichtige Dehngrenzen sind die 0,2-Dehngrenze $R_{p\,0,2}$ und die technische Elastizitätsgrenze $R_{p\,0,01}$, bei denen die bleibende Dehnung 0,2% bzw. 0,01% beträgt.

Streckgrenze

Bei bestimmten Werkstoffen werden beim Übergang von elastischer Verformung zu plastischer Verformung Unstetigkeiten in der Spannung-Dehnung-Kurve beobachtet, vgl. Abb. 1.10. Für diesen Fall wird der Begriff der Streckgrenze eingeführt. Als Streckgrenze wird der Spannungswert bezeichnet, bei dem nach Verlassen des elastischen Bereichs der Kurve mit zunehmender Verlängerung die Zugkraft erstmalig gleich bleibt oder abfällt. Tritt ein merklicher Abfall der Zugkraft auf, so wird zwischen oberer Streckgrenze R_{eH} und unterer Streckgrenze R_{eL} unterschieden.

Zugfestigkeit R_m

R_m ist die Spannung, die sich aus der auf den Anfangsquerschnitt S_o bezogenen Höchstzugkraft ergibt (Maximum in der σ-ε-Kurve in Abb. 1.9).

Elastizitätsmodul E

E wird im elastischen Bereich der σ-ε-Kurve bestimmt und ergibt sich aus

$$E = \frac{\sigma}{\varepsilon_e} \cdot 100 \quad , \tag{1.12}$$

wenn ε_e in Prozent angegeben wird.

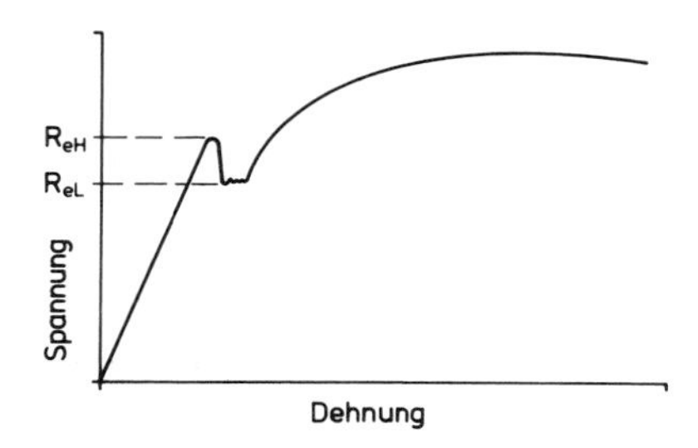

Abb. 1.10: Spannung-Dehnung-Kurve mit ausgeprägter Streckgrenze

Verformungsarbeit W

Diese stellt ein Maß für die Verformbarkeit des Werkstoffs dar und ist durch die Fläche unter der σ-ε-Kurve gegeben:

$$W = \int_0^{\varepsilon} \sigma \, d\varepsilon \quad = \frac{1}{S_o L_o} \int_{L_o}^{L} F \, dL \tag{1.13}$$

Durch Vermessung der Probenquerschnitte S_o vor dem Zugversuch und S nach dem Zugversuch bzw. S_u nach Probenbruch können außerdem die relative Querschnittsänderung S_{rel} mit

$$S_{rel} = \frac{S_o - S}{S_o} \cdot 100 \tag{1.14}$$

und die Brucheinschnürung Z mit

$$Z = \frac{S_o - S_u}{S_o} \cdot 100 \tag{1.15}$$

in Prozent bestimmt werden.

Kraft-Verlängerung-Diagramme werden in Aufg. 2.7.1 aufgenommen.

Einzelheiten zur Vorgehensweise bei der Bestimmung der charakteristischen Größen des Zugversuchs sind in DIN 50145 zu finden. Da die Werte der Dehngrenze, Streckgrenze und Zugfestigkeit von der Geschwindigkeit abhängen, mit der die Zugprobe gedehnt wird, sind insbesondere die maximal zulässigen Dehn- oder Spannungszunahme-Geschwindigkeiten einzuhalten. Analog zum Zugversuch existiert auch die Versuchsführung des Druckversuchs, die in DIN 50106 dargestellt ist.

Zugversuche an Kunststoffen werden in gleicher Weise durchgeführt und sind in DIN 53455 genormt. Da Kunststoffe ein ausgeprägt viskoelastisches Verformungsverhalten aufweisen, unterscheiden sich hier die σ - ε-Kurven schon bei geringen Änderungen der Abzugs- bzw. Dehngeschwindigkeiten.

1.2.4.2 Zeitstandversuch

Wenn der Einfluß der Zeit auf die Verformungsvorgänge nicht zu vernachlässigen ist, wird anstelle des Zugversuchs der Zeitstandversuch durchgeführt. Als Faustregel läßt sich angeben, daß die Zeitabhängigkeit der Verformungsvorgänge oberhalb 0,3 . . .0,5 T_m (T_m ist der Schmelzpunkt des Werkstoffs in K) nicht mehr vernachlässigt werden kann. Beim Zeitstandversuch wird eine Probe bei konstanter Temperatur einer ruhenden Belastung ausgesetzt. In der Regel erfolgt diese Belastung entweder über einen Hebelmechanismus oder über ein Federsystem. Im ersten Fall ist ein Ende des Hebels mit einer Aufnahmevorrichtung für Gewichte versehen und das andere Ende mit einem Probenzuggestänge verbunden (Abb. 1.11). Im zweiten Fall wird die Probe über eine vorgespannte Feder belastet (Abb. 1.12). Gemessen wird in beiden Fällen die Probenverlängerung in Abhängigkeit von der Zeit. Beispiele der auf diese Weise erhaltenen Dehnung-Zeit-Kriechkurven sind in Abb. 1.13 zu sehen.

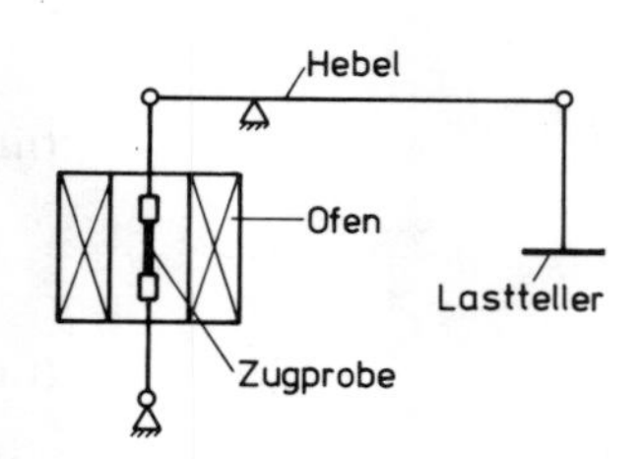

Abb. 1.11: Zeitstandapparatur mit Hebelsystem

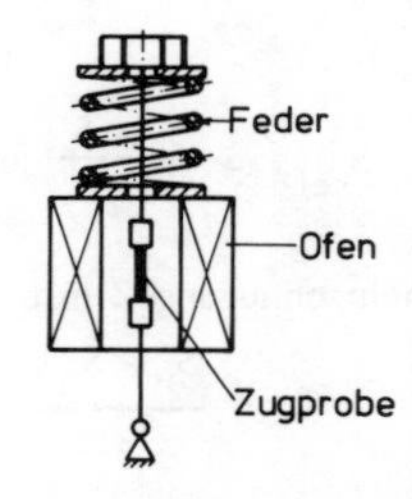

Abb. 1.12: Zeitstandapparatur mit Federsystem

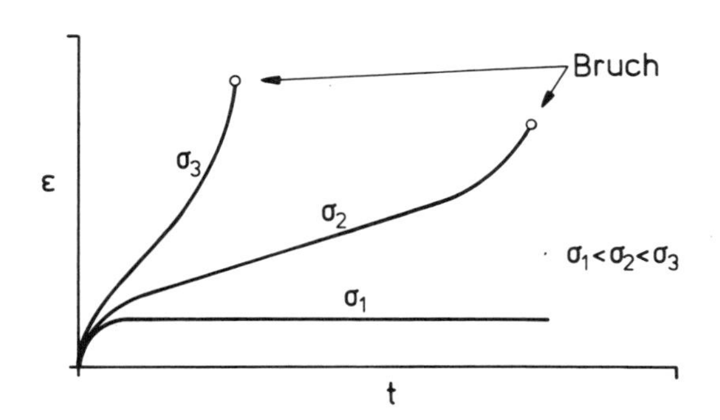

Abb. 1.13: Dehnung-Zeit-Kriechkurven für verschiedene Spannungen

Die wichtigsten charakteristischen Größen, die aus dem Zeitstandversuch gewonnen werden können, sind:

Zeitstandfestigkeit R_m

Die Zeitstandfestigkeit ist der Wert der Prüfspannung σ_o, der nach einer bestimmten Belastungsdauer t zum Bruch führt. In das Kurzzeichen R_m wird als zweiter Index die Belastungsdauer t in Stunden und als dritter Index die Prüftemperatur ϑ in °C einbezogen.

Beispiel: t = 10000 h, ϑ = 600°C

d.h. $R_{m\ 10000/600}$

Zeitdehngrenze R_p

Die Zeitdehngrenze ist der Wert der Prüfspannung σ_o, der nach einer bestimmten Belastungsdauer t zu einer festgelegten plastischen Dehnung ε_p führt. In das Kurzzeichen R_p wird als zweiter Index der Grenzbetrag der plastischen Dehnung ε_p in Prozent, als dritter Index die Belastungsdauer t in Stunden und als vierter Index die Prüftemperatur σ in °C einbezogen.

Beispiel: ε_p = 0,2%, t = 1000 h, ϑ = 600°C

d.h. $R_{p\ 0,2/1000/600}$

Zeitbruchdehnung A_u

Die Zeitbruchdehnung ist die bleibende Dehnung nach dem Bruch der Probe in Prozent:

$$A_u = \frac{L_u - L_o}{L_o} \cdot 100 \tag{1.16}$$

mit L_u Probenmeßlänge nach Probenbruch.

Zeitbrucheinschnürung Z_u

Die Zeitbrucheinschnürung ist der Quotient aus der Querschnittsabnahme an der Bruchstelle und dem Anfangsquerschnitt S_o in Prozent:

$$Z_u = \frac{S_o - S_u}{S_o} \cdot 100 \tag{1.17}$$

Die Ergebnisse aus den Zeitstanduntersuchungen werden in sog. Zeitstandschaubildern in Abhängigkeit von der Belastungsdauer t aufgetragen, Abb. 1.14. Die Verbindungslinie der gemessenen Werte für die Zeitstandfestigkeit stellt die Zeitbruchkurve dar, und die Verbindungslinie der Zeitdehngrenzenwerte für eine bestimmte Dehnung (z.B. 0,2%) wird als Zeitdehngrenzkurve bezeichnet.

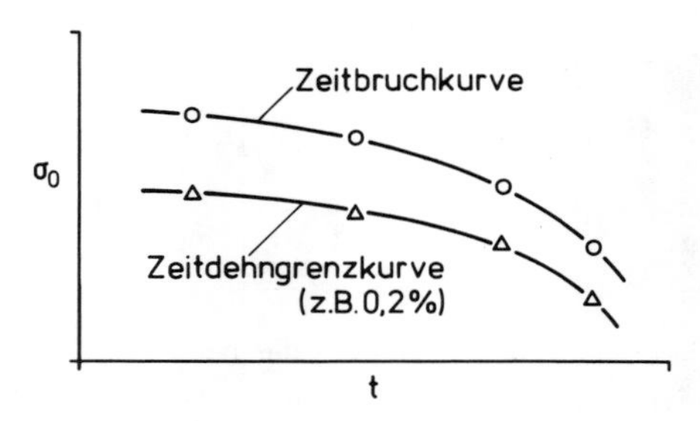

Abb. 1.14: Zeitstandschaubild

Der Zeitstandzugversuch an Kunststoffen wird in vergleichbarer Weise wie bei Metallen durchgeführt. Er ist in DIN 53444 genormt. Häufig arbeitet man unter erhöhten Temperaturen (z.B. 60, 80, 100°C), da sich hierbei die Standzeiten erheblich verkürzen. Über Zeit-Temperatur-Verschiebungsgesetze läßt sich einfach auf niedrigere Temperaturen extrapolieren.

1.2.4.3 Dauerschwingversuch

In vielen Fällen sind neben den unter statischer Belastung (Zugversuch, Zeitstandversuch) gemessenen Werkstoffkennwerten auch die unter wechselnder (dynamischer) Belastung erhaltenen Kennwerte von Interesse. Zu diesem Zweck werden Proben einer gleichmäßigen Schwingbelastung (Zug, Druck, Biegung, Torsion) um eine Mittelspannung σ_m mit der Spannungsamplitude σ_a ausgesetzt. Gemessen wird hierbei die Lastspielzahl N, die zum Bruch der Probe führt. Die Bruchlastspielzahl ist von der Höhe der Spannungsamplitude abhängig. Wird die Höhe der jeweiligen Schwingbeanspruchung über den logarithmischen Werten der Bruchlastspielzahlen aufgetragen, so erhält man die Wöhler-Kurve, Abb. 1.15. Die Höhe der Spannungsamplitude, die bei einer bestimmten Zahl von Lastwechseln zum Bruch führt, nimmt zunächst mit zunehmender Lastspielzahl ab und erreicht dann für die meisten Stähle bei ca. 10^6 bis 10^7 Lastwechseln einen konstanten Wert. Dieser Wert wird als Dauerschwingfestigkeit oder Dauerfestigkeit σ_D bezeichnet. σ_D ist die größte Spannungsamplitude, die die Probe ausgehend von einer Mittelspannung σ_m beliebig oft ohne Bruch ertragen kann. Im Fall von $\sigma_m = 0$ wird dieser Wert auch als Wechselfestigkeit σ_w bezeichnet.

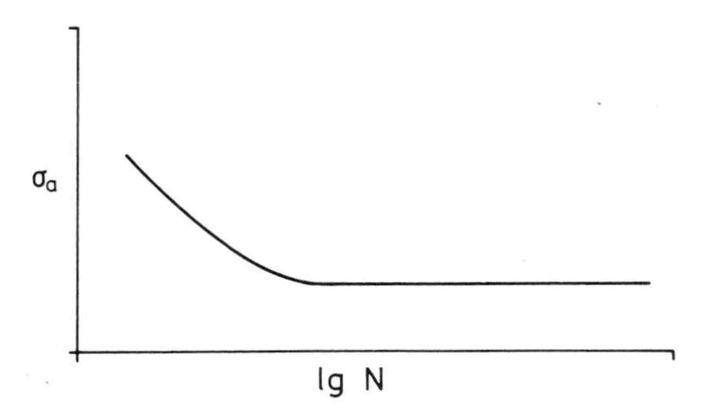

Abb. 1.15: Wöhler-Kurve

1.2.4.4 Bruchmechanische Prüfung

Jedes Bauteil enthält in der Regel konstruktiv oder fertigungstechnisch bedingte Kerben, Materialinhomogenitäten, Mikrorisse etc., die dort bei einer Belastung zu einer Spannungskonzentration führen. Zusätzlich können bei mechanischer und/oder korrosiver Belastung Anrisse gebildet werden. Aufgabe der Bruchmechanik ist es, eine quantitative Aussage über die Ausbreitung solcher Risse unter mechanischer Belastung zu liefern. Die mechanische Belastung kann hierbei über jede der drei bisher beschriebenen Versuchsführungen auf eine Bruchmechanikprobe aufgebracht werden. Mittlerweile existiert eine große Zahl von unterschiedlichen Bruchmechanikproben, die hier nicht einzeln aufgeführt werden sollen. Allen gemeinsam ist, daß vor Versuchsbeginn eine definierte Kerbe bzw. ein definierter Anriß in die Probe eingebracht wird, dessen Wachstum unter mechanischer Belastung im Versuch verfolgt wird.

Es kann zwischen sprödem und duktilem Werkstoffverhalten unterschieden werden:

Sprödes Verhalten

Bei ideal sprödem Verhalten erfolgt die Rißausbreitung in einem nur elastisch verformten Körper, ohne daß die Fließspannung des Werkstoffs erreicht wird. Als Maß für die Spannungskonzentration an der Rißspitze wird der Spannungsintensitätsfaktor K_I verwendet:

$$K_I = \sigma \sqrt{\pi a \cdot f} \quad . \tag{1.18}$$

mit a Rißlänge
f Formfaktor des Risses

Wenn K_I einen kritischen Wert K_{Ic} erreicht, kommt es zum sofortigen instabilen Rißwachstum bzw. zum Probenbruch. Bei konstanter äußerer Spannung σ (statische Belastung) bedeutet dies, daß kleine Risse mit $a < a_c$ (a_c kritische Rißlänge) stabil sind und nicht wachsen, Risse mit $a > a_c$ jedoch sofort zum Bruch führen. Bei wechselnder äußerer Spannung (dynamische Belastung) kommt es oberhalb eines Schwellwertes K_o und unterhalb des Grenzwertes K_{Ic} unter der Wirkung der Spannungsintensitätsamplitude ΔK zu stabilem Rißwachstum. In diesem Bereich $K_o < \Delta K < K_{Ic}$ tritt nach einer bestimmten Zahl von Lastwechseln der Probenbruch ein. Die charakteristische Werkstoffgröße K_{Ic} wird im Versuch aus den Größen σ und a bestimmt.

Duktiles Verhalten

In diesem Fall kommt es zur Ausbildung einer plastischen Verformungszone um die Rißspitze, so daß die durch die Verformung in die Probe eingebrachte Energie nicht wie beim spröden Grenzfall gänzlich elastisch gespeichert wird, sondern teilweise durch plastische Verformung vor der Rißspitze abgebaut wird. Die Folge ist, daß der Riß, wenn die äußere Belastung nicht erhöht wird, nach einer gewissen Längenzunahme wieder zum Stillstand kommt und somit nicht instabil wächst. Dieser Fall ist weit ungefährlicher als das oben beschriebene instabile Rißwachstum.

Spezielle Literatur

D. Aurich;
Bruchvorgänge in metallischen Werkstoffen,
Werkstofftechnische Verlagsgesellschaft, 1978

1.2.5 Untersuchungen bei chemischer und mechanischer Belastung

Die gleichzeitige Einwirkung von chemischen und mechanischen Belastungen liegt vor bei den Korrosionsarten

- Spannungsrißkorrosion (SpRK)
- Schwingungsrißkorrosion (SwRK)
- Erosionskorrosion
- Kavitationskorrosion
- Reib- und Verschleißkorrosion

1.2.5.1 Spannungsrißkorrosion

Literatur:		
	A. Rahmel, W. Schwenk:	Korrosion und Korrosionsschutz von Stählen Verlag Chemie, 1977, S. 125/164
	H. Kaesche	Die Korrosion der Metalle Springer-Verlag, 1979, S. 300/363
	DIN 50922	Korrosion der Metalle Richtlinien zur Untersuchung der Beständigkeit von metallischen Werkstoffen gegen Spannungsrißkorrosion
	DIN 53449	Spannungsrißbildung an Kunststoffen
	W. Schwenk:	Einflußgrößen bei der Korrosion von Stählen unter Rißbildung mit besonderer Berücksichtigung der mechanischen Belastungsparameter in "Festigkeitsverhalten höherfester schweißbarer Baustähle - Korrosion", (Hsg.: Autorenkollektiv), VEB Deutscher Verlag für Grundstoffindustrie, 1983

Spannungsrißkorrosion tritt nur in bestimmten Korrosionssystemen Werkstoff/Medium auf. Zur Auslösung der SpRK ist jedoch notwendig, daß

a) je nach System die Zugspannung einen kritischen Wert (Grenzspannung) überschreitet und die Dehngeschwindigkeit in einem kritischen Bereich liegt und

b) bestimmte Systemparameter vorliegen. Hierzu zählen kritische Werte für das Potential, die Temperatur, die Konzentration bestimmter Angriffsmittel im Korrosionsmedium und u.U. auch die Konzentration bestimmter Legierungselemente im Werkstoff.

Richtlinien für die Untersuchung des Verhaltens metallischer Werkstoffe gegen SpRK sind in DIN 50922 (noch Entwurf) enthalten. Bei der Prüfung lassen sich vier mechanische Belastungsarten unterscheiden:

- Eigenspannungen
- Zeitlich konstante Gesamtdehnung
- Zeitlich konstante Last
- Niedrige Dehngeschwindigkeit mit zügiger oder Zugschwellbelastung.

Bei Proben mit Eigenspannungen entfällt in der Regel eine Krafteinwirkung von außen auf die Probe während des Versuchs. Beispiele hierfür sind die Aufgaben 3.1.6 und 3.1.7. Eigenspannungen können bewußt in eine Probe eingebracht werden, z.B. durch Tiefung oder Schweißen.

Bei Untersuchungen mit zeitlich konstanter Gesamtdehnung werden die Proben in geeigneter Weise gespannt, häufig durch Biegen über einen Dorn oder in einer Spannvorrichtung. Dabei sind verschiedene Probenformen vorgeschlagen worden wie Zugprobe, Schlaufenprobe, U-Probe oder C-Ringprobe. Ein Beispiel für das Biegen in einer Spannvorrichtung ist Aufgabe 3.1.3. Spannproben können nach dem Spannen relaxieren. Dann kann das Untersuchungsergebnis davon abhängen, ob das Korrosionsmedium und die kritischen Systemparameter unmittelbar nach dem Spannen einwirken oder erst nach dem Abklingen der Relaxation.

Untersuchungen mit konstanter Last werden als Zug- oder Biegeversuch durchgeführt, wobei der Zugversuch mit einachsig belasteter Rundprobe bevorzugt wird. Ein Beispiel hierfür zeigt die Aufgabe 3.1.2. Bei dieser Untersuchungsart kann das Verhalten verschiedener Werkstoffe gegen SpRK durch Ermitteln der Grenzspannung oder der Abhängigkeit der Standzeit von der Spannungshöhe miteinander verglichen werden. Das setzt zumindest bei der Bestimmung der Standzeit gleiche Probenabmessungen voraus. Zur Verschärfung der Prüfbedingungen oder für Rißfortschrittsmessungen werden auch gekerbte oder angerissene Proben eingesetzt (vgl. auch Abschn. 1.2.4.4 Bruchmechanik).

Bei Untersuchungen mit zügiger Belastung bei niedriger Dehngeschwindigkeit werden Zugproben im Normalfall mit konstanten Abzugsgeschwindigkeiten von 10^{-3} bis 10^{-7} mms^{-1} bis zum Bruch belastet. Je nach Probenmeßlänge entspricht das Dehngeschwindigkeiten von etwa 10^{-4} bis 10^{-8} s^{-1}. Die Dehngeschwindigkeit errechnet sich nach

$$\dot{\varepsilon} = \frac{d\varepsilon}{dt} = \frac{1}{L_o} \cdot \frac{dL}{dt} \qquad (1.19)$$

Die Dehngeschwindigkeit beeinflußt das SpRK-Verhalten im allgemeinen folgendermaßen:

- SpRK tritt nur in einem Bereich zwischen einer unteren und oberen Dehngeschwindigkeit auf; diese Grenzen sind systemabhängig.
- Beim Überschreiten einer oberen Dehngeschwindigkeit tritt Gewaltbruch vor Eintritt der SpRK auf oder bei zyklischer Belastung Ermüdungsbruch oder SwRK.
- Beim Unterschreiten einer unteren kritischen Dehngeschwindigkeit unterbleibt in vielen Systemen ebenfalls SpRK, weil z.B. die Deckschichtausheilung hinreichend schnell abläuft. Bei sog. klassischen Systemen existiert keine untere Grenze der Dehngeschwindigkeit, d.h. SpRK tritt hier auch bei konstanter Beanspruchung auf.

Zugversuche mit niedrigen Dehngeschwindigkeiten, bei denen die Dehnung oder die Last nach oben und unten begrenzt ist, entsprechen besser den praktischen Belastungen als eine zügige Belastung bis zum Bruch. Sie stellen ein Bindeglied zur Schwingungsrißkorrosion bei niedrigen Frequenzen dar.

Bei Biegeproben mit konstanter Gesamtdehnung wird das Auftreten von Rissen bewertet. Hierbei handelt es sich um eine qualitative Aussage. Bei Versuchen mit konstanter Last oder langsamer Dehngeschwindigkeit können die Proben bis zum Bruch belastet werden oder auch der Versuch vor dem Bruch beendet werden. Hierbei kommen als Meßgrößen bei Versuchen bis zum Bruch

- Tiefe von Nebenrissen
- Bruchdehnung
- Brucheinschnürung
- Verformungsarbeit bis zum Bruch
- Bruchlast

und bei Versuchen, die vor dem Bruch beendet werden, nur die

- Rißtiefe

in Betracht. Die metallographisch ermittelte Rißtiefe in Abhängigkeit von mechanischen und chemischen Parametern ist im allgemeinen aussagefähiger als die der anderen Meßgrößen, insbesondere bei Systemen mit schwacher SpRK-Anfälligkeit. Werden mechanische Meßgrößen zur Beurteilung herangezogen, so sollten sie auf Vergleichswerte in inerter Umgebung (Luft, Öl) bezogen werden. Ein metallographischer Schliff senkrecht zur Oberfläche und parallel zur Hauptspannungsrichtung sollte dennoch angefertigt werden, um festzustellen, ob überhaupt SpRK vorliegt und ob der Riß inter- oder transkristallin verläuft (vgl. Abschn. 1.2.6).

1.2.5.2 Schwingungsrißkorrosion

Literatur:	A. Rahmel, W. Schwenk:	Korrosion und Korrosionsschutz von Stählen Verlag Chemie, S. 164/167 (1977)
	H. Kaesche:	Die Korrosion der Metalle Springer-Verlag, S. 364/371 (1979)
	H. Spähn	Grundlagen und Erscheinungsformen der Schwingungsrißkorrosion VDI-Bericht Nr. 235, S. 103/115 (1975)
	W. Schwenk:	Einflußgrößen bei der Korrosion von Stählen unter Rißbildung mit besonderer Berücksichtigung der mechanischen Belastungsparameter in "Festigkeitsverhalten höherfester schweißbarer Baustähle - Korrosion", (Hsg.: Autorenkollektiv) VEB Deutscher Verlag für Grundstoffindustrie, 1983

Schwingungsrißkorrosion (SwRK) tritt bei mechanischer Wechselbelastung und gleichzeitiger chemischer Belastung auf. Im Gegensatz zur SpRK kann SwRK in allen Korrosionssystemen auftreten. Der Rißverlauf ist im allgemeinen transkristallin.

Die Bruchlastspielzahl (Lebensdauer) ist wie beim Dauerschwingversuch ohne Korrosionsbelastung von der Belastungshöhe abhängig, Abb. 1.16. Im Gegensatz zum Versuch in inerter Umgebung tritt aber bei SwRK kein Dauerschwingfestigkeitsbereich auf sondern nur ein Zeitfestigkeitsbereich. Auch im Zeitfestigkeitsbereich ist die Lebensdauer bei Vorliegen von SwRK verkürzt, d.h. die Lastspielzahl ist kleiner, vgl. Abb. 1.16. Neben der Belastungshöhe und anderen Systemparametern kann auch die

Frequenz die Bruchlastspielzahl beeinflussen. Im allgemeinen wird zwischen den Versuchsarten HCF (HCF = High Cycle Fatigue) und LCF (LCF = Low Cycle Fatigue) unterschieden. Die Prüfung erfolgt im allgemeinen in einer Umlaufbiegemaschine oder in Biegewechseleinrichtungen.

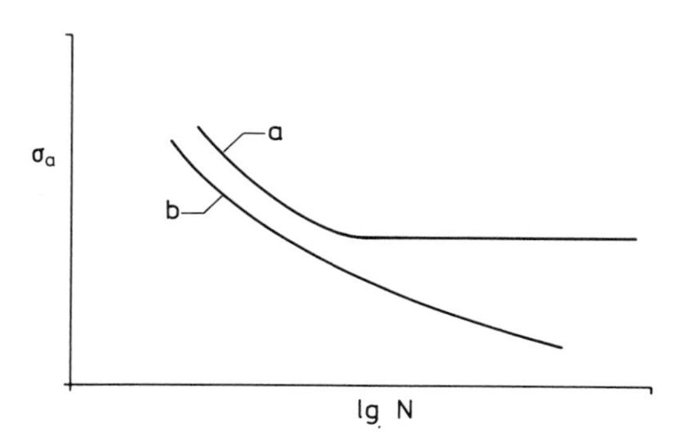

Abb. 1.16: Wöhler-Kurve in inerter Umgebung (Kurve a) und bei Vorliegen von SwRK (Kurve b)

1.2.5.3 Erosionskorrosion

Literatur:	DIN 50920 Teil 1	Korrosionsprüfung in strömenden Flüssigkeiten; Allgemeines
	DIN 50320	Verschleiß; Begriffe
	U. Lotz, E. Heitz:	Flow dependent Corrosion, I and II, Werkst. u. Korr. 34, (1983) (im Druck)
	J. Weber:	Die Schädigung von Konstruktionswerkstoffen infolge Zusammenwirken von Erosion, Kavitation und Korrosion; VDI-Berichte 235, S. 69 (1975)
	J. Weber:	Verschleißbeanspruchung und Korrosion; VDI-Berichte 365, S. 73 (1980)

Wenn in einem strömenden Fluid neben chemischen (elektrochemischen) Belastungen strömungsmechanische Effekte zu einer Verschärfung des Korrosionsangriffes führen, spricht man von Erosionskorrosion. Zweckmäßigerweise werden zur Klassifizierung der strömungsmechanisch-chemischen Komplexbelastung die Verschleißnorm DIN 50320 und die Korrosionsnorm DIN 50900 herangezogen (Abb. 1.17). In DIN 50320 ist Verschleiß als "fortschreitender Materialverlust einer Festkörperoberfläche hervorgerufen durch Kontakt und Relativbewegung eines festen, flüssigen oder gasförmigen Gegenkörpers" definiert.

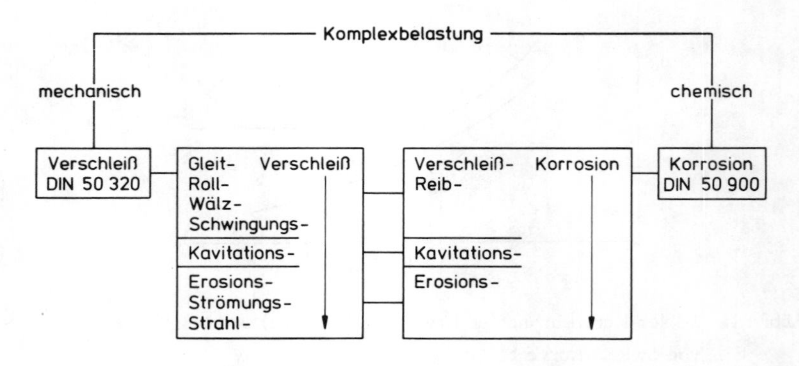

Abb. 1.17: Systematik der mechanisch-chemischen Komplexbelastung unter Berücksichtigung von DIN 50320 (Verschleiß, Begriffe) und DIN 50900 (Korrosion der Metalle, Grundlagen)

Erosionskorrosion ist demgemäß die Folge einer kombinierten Belastung durch Erosions-, Strömungs- und Strahlverschleiß einerseits und einer chemisch/elektrochemischen Einwirkung andererseits. Dabei werden bei Erosionskorrosion hauptsächlich Deckschichten abgebaut, während bei der Reib-, Verschleiß- und Kavitationskorrosion die mechanische Belastung auch an dem Metall selbst zerstörend einwirkt. Diese Systematik hat den Vorteil, daß die einzelnen Korrosionsarten zwanglos definiert und abgegrenzt werden können (vgl. Abschn. 1.2.5.4 und 1.2.5.5).

Schwierig ist die quantitative Bestimmung der mechanischen Einflußgrößen, da, anders als bei der SpRK und SwRK, die Kräfte nicht im Inneren des Metalls sondern an der Phasengrenze Metall/Medium wirken. Als Arbeitshypothese kann von der Vorstellung ausgegangen werden, daß die von dem Fluid auf die Deckschichten übertragenen Schubspannungen einen mechanischen Abbau bewirken. Nach strömungsmechanischen

Untersuchungen hängt die Schubspannung τ im Falle rauher Oberflächen von der Strömungsgeschwindigkeit u wie folgt ab

$$\tau \sim u^n \qquad \text{mit } 1{,}7 < n < 3, \tag{1.20}$$

Wenn Proportionalität zwischen Abtragsrate w und Schubspannung vorausgesetzt wird

$$w \sim \tau \tag{1.21}$$

folgt
$$w \sim u^n \tag{1.22}$$

Gl. (1.22) besagt, daß die Korrosionsrate proportional der Strömungsgeschwindigkeit u^n mit einem Exponenten $1{,}7 < n < 3$ ist. Für einige Erosionskorrosionssysteme wurden solche Zusammenhänge gefunden (vgl. U. Lotz, E. Heitz, Werkst. u. Korr., 34, (1983) im Druck).

Die Untersuchung der Erosionskorrosion erfolgt in Rohr- oder Kanalströmungen oder mit Hilfe von rotationssymmetrischen Strömungen. Sie werden in Abschn. 2.2 näher beschrieben.

1.2.5.4 Kavitationskorrosion

Literatur:

J. Weber: Die Schädigung von Konstruktionswerkstoffen infolge von Zusammenwirken von Erosion, Kavitation und Korrosion; VDI-Berichte 235, S.69 (1975)

S. Höss, F.W. Hirth, H. Louis, G. H. Bauer: Kavitations-Korrosion, Schadensbilder und Mechanismen - Vergleich zwischen Strömungskavitation, Kavitation durch rotierende gelochte Scheibe und Schwingungskavitation Werkst. u. Korr. 31, 1 (1980)

H. Rieger: Kavitation und Tropfenschlag; Werkstofftech. Verlagsgesellschaft, Karlsruhe, 1977

Unter Kavitation versteht man die Bildung und den darauf folgenden Zusammenbruch von dampf- und gasgefüllten Blasen in Flüssigkeiten. Blasen entstehen, wenn der statische Druck unter den Dampfdruck sinkt, und sie zerfallen beim Wiederanstieg des Druckes. Die für die Kavitation charakteristischen Dampfdruckunterschreitungen können durch Strömungsvorgänge (Strömungskavitation) oder durch Unterdruckwellen (Schwingungskavitation) hervorgerufen werden.

Die Kavitation bewirkt eine Werkstoffschädigung infolge Implosion der Blasen, die in unmittelbarer Nähe der Metalloberfläche zusammenfallen (Abstand kleiner als Blasenradius). Die mechanische Beanspruchung der Werkstoffoberfläche besteht hauptsächlich aus einer plastischen Verformung von Deckschichten und Grundwerkstoff durch implodierende Kavitationsblasen, die zu Anrissen und lochartigen Aufweitungen und schließlich zu einer Zerrüttung des Werkstoffs unter Bildung kraterartiger örtlicher Angriffe führt. Durch gleichzeitige elektrochemische (chemische) Belastung wird der Zerstörungsprozess verstärkt (vgl. die Systematik in Abb. 1.17) und führt zu Kavitationskorrosion.

Zur Untersuchung der Beständigkeit gegen Kavitationskorrosion bedient man sich im Laboratorium sog. magnetostriktiver Schwinger. Die Werkstoffproben werden dabei beispielsweise einer Schwingungsfrequenz von 20 kHz bei einer Amplitude von 20 bis 60 µm verschiedenen Medien ausgesetzt und der Massenverlust über der Zeit bestimmt.

Eine weitere Untersuchungsmethode bietet der Strömungskanal, in dem durch zylinderförmige Hindernisse die Kavitationsblasen erzeugt und mit der Strömung auf die Probe gelenkt werden. Die Intensität der implodierenden Blasen kann durch die geometrischen und hydrodynamischen Versuchsbedingungen in weiten Grenzen variiert werden.

Mit der Kavitation verwandt ist die Schädigung durch aufprallende Flüssigkeitstropfen (Tropfenschlag-Erosion). Sie kann im Laboratorium durch Tropfenschlagversuche mit dem sog. rotierenden Arm erzeugt werden.

1.2.5.5 Reib- und Verschleißkorrosion

Literatur:	R.B. Waterhouse:	Fretting Corrosion Pergamon Press, 1972
	H. Wiegand, E. Broszeit, F.W. Hirth, H. Speckhardt:	Beeinflussung des Korrosionsverhaltens metallischer Werkstoffe bei gleichzeitiger reibender Beanspruchung; Werkst. u. Korr. 23, 87 (1972)

Reibkorrosion tritt bei oszillierender Bewegung kleiner Amplitude (< 25 µm) zwischen einer Metalloberfläche und einem festen Gegenkörper auf. Werden die oszillierenden Werkstoffoberflächen in Richtung der Reibflächennormalen belastet, dann kommt es zum sog. Adhäsionsverschleiß, wobei kleine Werkstoffpartikel abgetrennt werden. Diese sehr reaktiven Metallpartikel reagieren mit den umgebenden Gasen zu Oxiden und Nitriden, reichern sich in den Hohlräumen zwischen den Reibpartneroberflächen an und führen zu erneutem Verschleiß, der die Form von Grübchen annimmt. Durch Kerbwirkung in den Grübchen kommt es zu Spannungskonzentration. Es entstehen Risse, die bei zusätzlicher Schwingbeanspruchung zu Dauerbrüchen führen können.

Bei Verschleißkorrosion (Korrosionsverschleiß) findet hingegen keine oszillatorische sondern eine kontinuierliche, tangentiale Relativbewegung zweier Kontaktflächen mit einem korrosiven Zwischenmedium statt. Verschleiß und Korrosion stimulieren sich gegenseitig. Häufig werden durch die Verschleißbeanspruchung Passivschichten zerstört, so daß ein Übergang vom passiven in den aktiven Zustand, verbunden mit einer starken Erhöhung der Korrosionsgeschwindigkeit, stattfindet. Ebenso wie bei der Reibkorrosion ist die Normalkraft zur Reibfläche ein entscheidender Parameter der Verschleißkorrosion.

Entsprechend dem mechanischen Beanspruchungsprofil existiert eine Vielzahl von Vorrichtungen, in denen eine oszillatorische oder kontinuierliche Tangentialbewegung zweier Werkstoffoberflächen bei gegebenem Zwischenmedium erzeugt werden. Ausführliche Beschreibungen enthält die Monographie von Waterhouse.

1.2.6 Optische und physikalische Methoden

Literatur:

H. Schumann — Metallographie, VEB Deutscher Verlag für Grundstoffindustrie, 1974

W. Schwenk: — Angriffsformen bei der Metallkorrosion in wäßrigen Medien, Praktische Metallographie 13, 105 (1976)

L. Reimer, G. Pfefferkorn: — Raster-Elektronenmikroskopie, Springer-Verlag, 1973

H. Malissa — Elektronenstrahlmikroanalyse Springer-Verlag, 1966

M. Koch, K. Schwitzgebel: — Untersuchung von Oberflächen mit Licht-, Röntgen- und Elektronenstrahlen, Metalloberfläche 20, 253 u. 339 (1966)

H.-J. Grabke: — Anwendungen oberflächenanalytischer Untersuchungsverfahren in der Metallkunde Deutsche Gesellschaft für Metallkunde, 1983

Bei der Betrachtung einer korrodierten Probe oder eines korrodierten Werkstücks ist die Korrosionserscheinung, wie gleichmäßiger Flächenabtrag , Loch- und Muldenfraß, Korrosionsrisse, erkennbar. Die Korrosionsart läßt sich daraus allein jedoch nicht immer ableiten. Das gilt besonders für alle Korrosionsarten, die zu Veränderungen im Werkstoff oder seiner Randzone führen wie interkristalliner Korrosion, inter- und transkristalliner Rißkorrosion, selektive Korrosion einzelner Gefügebestandteile oder innere Korrosion bei Hochtemperaturbelastung. Art und Ausmaß der Korrosion können dann sinnvoll nur durch einen metallographischen Schliff senkrecht zur Oberfläche einer oder besser mehrerer repräsentativer Angriffsstellen festgestellt werden. Auch eine mit dem Auge erkennbare gleichmäßige Flächenkorrosion kann von interkristalliner oder innerer Korrosion begleitet sein. Deshalb stellen metallographische Untersuchungsverfahren einen fast stets notwendigen Bestandteil korrosionschemischer Untersuchungen dar. Für die Untersuchung von Korrosionsschäden gilt das in noch stärkerem Maße. Diese Untersuchungen werden häufig sinnvoll durch moderne physikalische Verfahren der Analyse und Strukturbestimmung ergänzt.

Der Untersuchungsgang und die Festlegung der Untersuchungsverfahren erfolgt in der Regel nach einer sorgfältigen Betrachtung des Werkstücks mit dem Auge oder unter einer Lupe oder Stereolupe. Über zusätzlich notwendige Untersuchungen kann auch noch während des Untersuchungsablaufes entschieden werden. So kann eine Analyse in der Elektronenstrahlmikrosonde wünschenswert werden, wenn der metallographische Schliff die Ausscheidung von Korrosionsprodukten in der Metallrandzone erkennen läßt.

Im folgenden sollen kurz

- Verfahren der Oberflächenuntersuchung (Morphologie),
- Verfahren der metallographischen Schliffuntersuchung,
- Verfahren der Mikrobereichsanalyse und
- sonstige Untersuchungsverfahren

beschrieben werden.

Zur Untersuchung der Morphologie der Oberfläche kommen

- Lupe oder Stereolupe und
- Rasterelektronenmikroskop (REM)

in Betracht. Das Lichtmikroskop kommt wegen seiner geringen Schärfentiefe für Morphologieuntersuchungen kaum zur Anwendung. Der Vorteil des REM ist in diesem Fall weniger sein hohes Auflösungsvermögen als seine gegenüber dem Lichtmikroskop rd. 100-fach größere Schärfentiefe. Deshalb eignet es sich besonders zur Beurteilung von Bruchflächen, wie sie z.B. bei Spannungs- und Schwingungsrißkorrosion auftreten. Ein weiterer Vorteil des REM ist, daß es mit einem energiedispersiven System der Röntgenstrahlmikroanalyse gekoppelt werden kann. Damit ist eine qualitative und halbquantitative Punktanalyse von Elementen mit einer Ordnungszahl ab 11 (Na) möglich (weitere Einzelheiten s.u.). Da die Bilddarstellung mit Mikroskop und Lupe einerseits und mit REM andererseits auf unterschiedlichen physikalischen Gesetzen beruht, ist der Informationsgehalt licht- und elektronenoptischer Bilder nicht ganz identisch, was bei der Auswertung zu beachten ist.

Auf die Herstellung metallographischer Schliffe kann hier nicht eingegangen werden, doch können bei Korrosionsproben Sonderprobleme auftreten wie z.B. Abplatzen oder Herausbrechen von Korrosionsprodukten oder Randunschärfe. Für die Beurteilung des Schliffs ist oft eine Gefügeentwicklung (Ätzen) notwendig. Dafür stehen verschiedene Verfahren zur Verfügung, die in Abb. 1.18 zusammengestellt sind.

Methoden zum metallographischen Ätzen

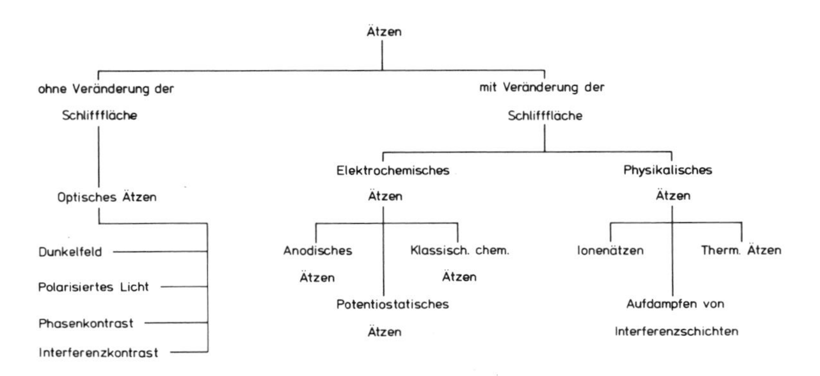

Abb. 1.18: Methoden der Gefügeentwicklung

Für die Unterscheidung der verschiedenen Phasen, die oft bei Hochtemperaturkorrosion durch innere Korrosion in der Metallrandzone gebildet werden, wie Oxide, Sulfide, Carbide und Nitride, hat sich der Interferenzkontrast durch Beschichten mit interferenzfähigen Stoffen bewährt.

Als analytische Verfahren im Zusammenhang mit morphologischen und metallographischen Untersuchungen kommen vor allem in Betracht

- Elektronenstrahlmikroanalyse mit energie- oder wellenlängendispersiven Systemen
- AES (Auger-Elektronenspektroskopie), SIMS (Sekundärionen-Massenspektroskopie), ESCA (Electron Spectroscopy for Chemical Analysis).

Bei der Elektronenstrahlmikroanalyse wird ein Festkörpervolumen von etwa 1 μm^3 (abhängig von Ordnungszahl und Beschleunigungsspannung) durch einen fein fokussierten Elektronenstrahl zur charakteristischen Röntgenstrahlung angeregt. Die Analyse der Strahlung erfolgt entweder nach ihrer Energie mit Hilfe eines Halbleiterdetektors im energiedispersiven System (EDA) oder nach ihrer Wellenlänge durch Kristallspektrometer im wellenlängendispersiven System (WDA). Einen Vergleich der wichtigsten Kenndaten der beiden Analysensysteme zeigt Tab. 1.2.

Tab. 1.2: Vergleich zwischen energiedispersivem und wellenlängendispersivem Röntgenanalysatorsystem

	Rastermikroskop mit energiedispersivem Analysatorsystem	Mikrosonde mit Kristall-spektrometer
Spektrale Auflösung	niedrig (ca. 160 eV)	hoch (ca. 10 eV)
Signal-Rauschverhältnis	niedrig	hoch
Zählrate	hoch	niedrig
Probenstrom (Präparatbelastung)	niedrig (ca. 10^{-10} A)	hoch (ca. 10^{-7} A)
Geometrie der Probe	beliebig rauh	polierte Schliffe
Spektrum erhältlich	simultan	sequentiell
Analysenzeit	kurz	lang
Spektrendarstellung	Bildschirm, x-y-Schreiber	x-y-Schreiber
analysierter Elementebereich	$_9F$ - $_{92}U$	$_4Be$ - $_{92}U$
erfaßter Raumwinkel	groß	klein
Abnahmewinkel	variabel	fest
quantitative Analyse	nur bedingt möglich	ja

Vorteile des EDA-Systems sind:

- Simultane Erfassung aller Elemente ab Ordnungszahl 11 (Na)
- Koppelung mit einem REM
- Analyse rauher Oberflächen.

Nachteile des EDA-Systems sind:

- Elemente leichter als Natrium können nicht erfaßt werden.
- Die spektrale Auflösung (Linientrennung) ist geringer als bei WDA.
- Eine quantitative Analyse ist nur bedingt möglich.

Das WDA-System findet Anwendung in der Elektronenstrahlmikrosonde.

Vorteile des WDA sind:

- Hohe spektrale Auflösung.
- Alle Elemente ab Ordnungszahl 5 (Bor) können analysiert werden.
- Eine quantitative Analyse ist mit Hilfe von Standards möglich.

Nachteile des WDA sind:

- Es werden hohe Strahlströme benötigt (Erwärmung des Präparats).
- Einzelne Elemente können in einem Spektrometer nur nacheinander bestimmt werden.
- Eine Untersuchung ist nur an ebenen Proben (Schliff) möglich.

Die Mikrosonde gestattet eine quantitative Analyse von Korrosionsprodukten, z.B. von Einschlüssen etwa $> 1\ \mu m^3$ in der Metallrandzone oder auch in den Korrosionsprodukten. Ferner sind qualitative Analysen einzelner Elemente entlang einer Linie oder ihre Flächenverteilung möglich.

Andere physikalische Analysenverfahren wie AES (Auger-Elektronenspektroskopie), SIMS (Sekundärionen-Massenspektrometrie) oder ESCA (Electron Spectroscopy for Chemical Analysis) finden nur in speziellen Fällen zur Oberflächenanalyse Anwendung. Diese Verfahren erfassen nur die obersten Atomlagen (100-200 nm). Wird die Oberfläche abgesputtert, so lassen sich auch Tiefenprofile erhalten.

Als weitere Untersuchungsverfahren haben

- röntgenographische Feinstrukturbestimmung (Röntgenbeugung) und
- Röntgenfluoreszenzanalyse

eine gewisse Bedeutung. Besonders die Kombination der Feinstrukturbestimmung mit analytischen Verfahren wie chemische Analyse der Korrosionsprodukte oder Mikrosondenanalyse einzelner Einschlüsse gestattet die Charakterisierung der Reaktionsprodukte nach Gitterstruktur und chemischer Zusammensetzung. Bei Einschlüssen kann eine Isolierung vor der Feinstrukturbestimmung notwendig werden.

Bei der Röntgenfluoreszenzanalyse werden die Elemente durch Röntgenstrahlen zur Aussendung ihrer charakteristischen Röntgenstrahlung angeregt. Da sich die Röntgenstrahlen nicht so fein fokussieren lassen wie Elektronenstrahlen, wird ein im Vergleich zur Mikrosonde großer Bereich zur Strahlung angeregt. Eine quantitative Analyse ist möglich. Der Vorteil der Fluoreszenzanalyse ist die geringe Untergrundstrahlung, was besonders bei der Analyse von Spurenelementen von Vorteil ist.

In Sonderfällen können weitere Untersuchungsverfahren wie Mößbauer-Spektroskopie, Transmissionselektronenmikroskopie und Elektronenbeugung sinnvoll sein.

In Tab. 1.3 ist zusammengestellt, welche Bedeutung die einzelnen Untersuchungsverfahren bei Vorliegen der verschiedenen Korrosionsarten und Angriffsformen haben. Aus Tab. 1.4 ist zu ersehen, welche Informationen die wichtigsten Verfahren geben.

Tab. 1.3: Die Bedeutung verschiedener Untersuchungsmethoden für Korrosionsuntersuchungen

Korrosions-erscheinung	Korrosions-art	Lupe/ Stereo-mikroskop	Schliff/ Licht-mikroskop	REM	Mikro-sonde	andere Verfahren*
gleichmäßiger Flächenabtrag, Deckschicht-bildung	gleichmäßige Flächen-korrosion	+	+	+	+	+
Mulden	Mulden-korrosion	++	+	-	-	-
Lochfraß	Lochkorr.	+++	+	+	+	-
Kornzerfall	interkrist. Korrosion	++	+++	+	+	-
interkrist. Risse	interkrist. SpRK	+	+++	+	+	-
transkrist. Risse	transkrist. SpRK	+	+++	+	-	-
transkrist. Risse	Schwingungs-rißkorrosion	+	+++	+++	-	-
Veränderte Randzone	innere Korrosion	-	+++	-	+++	+

* Andere Verfahren = Röntgenbeugung, AES, SIMS, etc

Anmerkung: - nahezu keine Anwendung
+ Einsatz im Einzelfall
++ überwiegende Anwendung
+++ Anwendung in nahezu allen Fällen

Tab. 1.4: Information verschiedener Untersuchungsmethoden

Methode	Untersuchungszone	Ergebnis
Spektral-Analyse, Fluoreszenz-Analyse	 Ablagerung Korrosionsprodukte Metall	Durchschnittsanalyse (semiquantitativ oder quantitativ)
Nasschemische Mikroanalyse		Durchschnittsanalyse (quantitativ)
Metallographische Phasenanalyse		Aufbau der Ablagerung Phasenverteilung der Korrosionsprodukte Gefügeänderungen
Elektronenstrahl-Mikroanalyse		"in situ" Elementanalyse der metallographisch entwickelten Phasen
Röntgenbeugungs-Analyse		Strukturanalyse der Ablagerung und Korrosionsprodukte

Aufgabe 1.2.1 Nachweis der Korrosionsprodukte eines austenitischen CrNi-Stahls in verschiedenen Bereichen der Strom-Potential-Kurve

An eine kammförmige Anordnung von 24 Drahtelektroden aus austenitischem CrNi-Stahl, die über ohmsche Widerstände miteinander verbunden sind und in 0,2 M H_2SO_4 tauchen, wird eine Gleichspannung angelegt. Eine Indikatorlösung gibt Hinweise auf das Auftreten von zwei- und dreiwertigem Eisen in verschiedenen Potentialbereichen.

Zubehör

24 Drahtstücke aus einem Mo-freien CrNi-Stahl
Glaszelle
0,2 M H_2SO_4 mit 0,002 M $K_3Fe(CN)_6$ + 0,002 M NH_4SCN als Indikator
Probenhalterung mit 23 ohmschen Widerständen von je 12 Ω
zwei 1,5 V Trockenbatterien
Potentiometer; 1 KΩ mehrgängig; linear;
Strommeßinstrument

Methodik und Apparatur

Wird an einer Probe aus CrNi-Stahl in schwefelsaurer Lösung eine Strom-Potential-Kurve vom kathodischen in den anodischen Bereich durchfahren, dann treten an der Elektrode unterschiedliche Korrosionsprodukte auf. Legt man an hintereinandergeschaltete Einzelelektroden eine Gleichspannung in Spannungsteilerschaltung in der gleichen Elektrolytlösung, dann herrschen an den einzelnen Elektroden unterschiedliche Potentiale, und es laufen in den einzelnen Bereichen verschiedene elektrochemische Reaktionen gleichzeitig ab. Die Produkte dieser Reaktionen können mit Hilfe von Farbindikatoren sichtbar gemacht werden.

Versuchsdurchführung

Der Versuch wird in einer Apparatur entsprechend Abb. 1.19 durchgeführt.

An den Enden der Probenhalterung wird eine Spannung von 2,4 V angelegt, wobei die Elektroden noch nicht in das Medium eintauchen dürfen. Der Strom wird gemessen. Das unmittelbar vor dem Versuch angesetzte Medium wird in die Glaszelle eingefüllt, die Elektroden eingetaucht und der Strom erneut gemessen.

Innerhalb einiger Minuten treten charakteristische Farbeffekte an einzelnen Elektroden auf. Nach etwa 30 min ist der Versuch beendet. Vor einer Wiederholung des Experiments müssen die Elektroden mechanisch gereinigt werden.

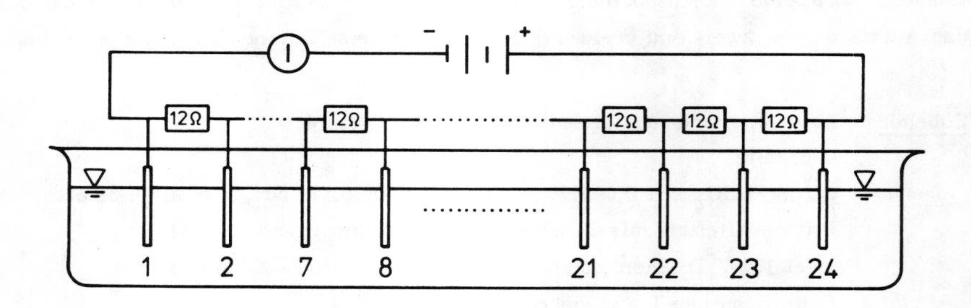

Abb. 1.19: Anordnung zum Nachweis von Korrosionsprodukten in verschiedenen Potentialbereichen

Versuchsauswertung

Die Versuchsauswertung erfolgt qualitativ. Zu bestimmen sind die Bereiche, in denen

a) Gasentwicklung
b) Blaufärbung
c) Rotfärbung

auftritt. Die Ursachen dieser Effekte sind zu diskutieren.

Die Ergebnisse sind anhand der Strom-Potential-Kurve aus Aufg. 1.2.2 zu erörtern. Wie lauten die Elektrodenreaktionen in den verschiedenen Bereichen?

Aufgabe 1.2.2 Stationäre Stromdichte-Potential-Kurven
Korrosionssysteme mit Passivbereich

Die (quasi) stationären Stromdichte-Potential-Kurven eines 13% Chromstahles werden in

a) 0,2 M H_2SO_4 potentiostatisch
b) 0,2 M Na_2SO_4 potentiostatisch
c) 0,2 M H_2SO_4 galvanostatisch

gemessen, in ein Strom-Potential-Diagramm eingetragen und diskutiert.

Zubehör
- Arbeitselektroden aus 13% Cr-Stahl
- Platingegenelektrode
- Hg/Hg_2SO_4-Bezugselektrode mit Haber-Luggin-Kapillare
- Filtrierbecher mit Probenhalterungen
- 0,2 M H_2SO_4- und 0,2 M Na_2SO_4-Lösung
- Potentiostat
- Voltmeter
- Widerstand (10 Ω)

Methodik und Apparatur

Die Aufnahme der potentiostatischen Kurve erfolgt unter Verwendung eines elektronischen Potentiostaten. Bei galvanostatischer Messung wird ebenfalls ein Potentiostat verwendet, der durch Anlegen eines äußeren Widerstandes zwischen den Potentiostatenausgängen von Arbeits- und Bezugselektrode als Galvanostat arbeitet. Das Prinzip der Methoden wird in Abschnitt 1.2.3 beschrieben.

Versuchsdurchführung

Die Versuche werden in luftgesättigter und gerührter Lösung durchgeführt. Die Schaltung ist aus Abb. 1.20 zu ersehen. Alle folgenden Potentialangaben beziehen sich auf die Standardwasserstoffelektrode. Diese Potentiale sind auf die jeweils verwendete Bezugselektrode umzurechnen (vgl. Gl. 1.1)

$$U_H = U_{Mess} + U_{Bez}$$

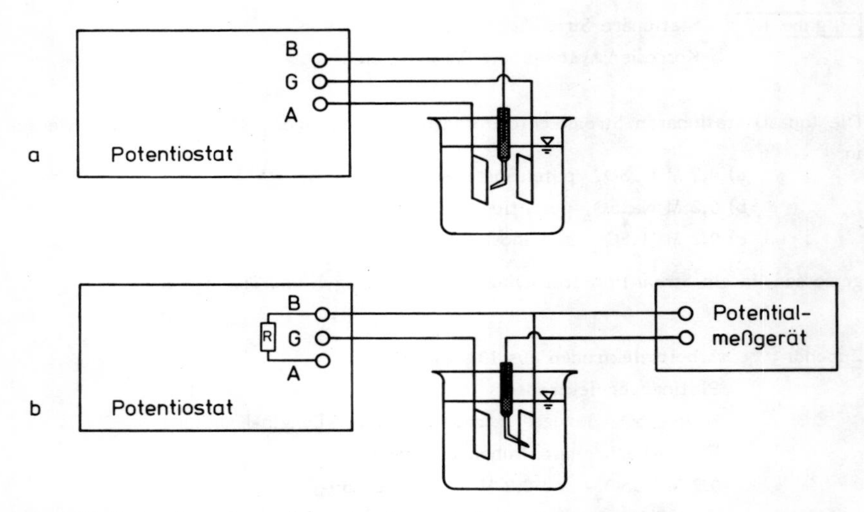

Abb. 1.20: Potentiostatische (a) und galvanostatische Schaltung (b)

Teilaufgabe a) Vor Messung jeder Kurve ist die Arbeitselektrode mit Siliciumcarbidpulver (Korngröße 150 µm) zu schleifen und zu entfetten. In die mit 0,2 M H_2SO_4 gefüllte Meßzelle werden die Elektroden eingesetzt, und es wird der Magnetrührer angestellt. Die Zelle wird entsprechend Abb. 1.20 a) an den Potentiostaten angeschlossen. Die Spitze der Haber-Luggin-Kapillare soll sich etwa im Abstand 2 d (d = äußerer Durchmesser der Kapillare) vor der Arbeitselektrode befinden. Vor Beginn der Meßreihe wird die Arbeitselektrode 5 min mit einer Stromstärke von etwa -300 mA kathodisch vorpolarisiert. Anschließend wird die Elektrode 10 min im stromlosen Zustand belassen und danach das Ruhepotential U_R der Arbeitselektrode gemessen.

Vom Ruhepotential ausgehend wird zunächst in kathodischer, danach wieder vom Ruhepotential ausgehend in anodischer Richtung polarisiert. Dabei werden folgende Meßschritte gewählt:

Meßbereich			Meßschritte
U_R	bis	-400 mV	20 mV
U_R	bis	0 mV	20 mV
0	bis	+1500 mV	100 mV
oberhalb		+1500 mV	20 mV

Sowohl kathodisch als auch anodisch sollte eine Stromdichte von 10 mA cm^{-2} nicht überschritten werden. Im kathodischen Bereich und im Passivbereich ist bei jedem Meßpunkt nach etwa 1 - 2 min abzulesen (quasi stationärer Zustand). Im Aktivbereich und im Bereich des transpassiven Durchbruchs sollte die Elektrode nicht länger als etwa 30 s pro Meßpunkt belastet werden.

Teilaufgabe b) Im Unterschied zu a) wird lufthaltige 0,2 M Na_2SO_4-Lösung als Medium verwendet. Dabei werden folgende Meßschritte gewählt:

Meßbereich	Meßschritte
U_R bis -1000 mV	50 mV
U_R bis +1600 mV	100 mV
oberhalb +1600 mV	20 mV

Teilaufgabe c) Die Meßanordnung wird unter Verwendung eines 10 Ω -Widerstandes zwischen Arbeits- und Bezugselektrode galvanostatisch (Abb. 1.20 b)) geschaltet. Als Medium dient 0,2 M H_2SO_4-Lösung. Das Potential zwischen Arbeits- und Bezugselektrode wird mit einem Potentialmeßgerät gemessen. In 1 mA - Schritten wird zunächst von einem Strom i = 0 ausgehend in kathodischer Richtung und anschließend von i = 0 in anodischer Richtung das sich einstellende Potential gemessen. Dabei sollten Stromdichten von 10 mA cm^{-2} nicht überschritten werden.

Versuchsauswertung

Die Meßwerte sind in ein lineares Strom-Potential-Diagramm (Ordinate: Stromdichte; Abszisse: Potential bezogen auf die Standardwasserstoffelektrode) einzutragen. Die Ruhepotentiale sind in die Kurven einzutragen.

Welche charakteristischen Bereiche zeigen die potentiostatischen Stromdichte-Potential-Kurven aus den Versuchen a) und b) und welche elektrochemischen Vorgänge laufen jeweils ab?

Worin besteht der wesentliche Unterschied zwischen der potentiostatischen (a) und der galvanostatischen Strom-Potential-Kurve (c)? Was ist die Ursache des Unterschiedes?

Aufgabe 1.2.3 Stationäre Stromdichte-Potential-Kurven
Metalle im Aktivzustand

Die stationären Stromdichte-Potential-Kurven von

a) Zink b) Eisen c) Kupfer

sind in gepufferter 3% NaCl-Lösung potentiostatisch zu messen, in ein Strom-Potential-Diagramm einzutragen und zu diskutieren.

Zubehör
Arbeitselektroden aus Zink (Zn 99,5), unlegiertem Stahl (St37) und Kupfer (E-Cu)
Platingegenelektrode
Kalomel-Bezugselektrode mit Haber-Luggin-Kapillare
1 l Filtrierbecher mit Probenhalterungen
3% NaCl-Lösung mit Citratpuffer, pH = 5,5
Meßgeräte usw. wie in Aufgabe 1.2.2

Methodik und Apparatur

Methodik und Apparatur sind identisch mit Aufgabe 1.2.2.

Versuchsdurchführung

Die Versuche werden in luftgesättigter und gerührter Lösung durchgeführt. Zunächst wird die Zinkelektrode montiert und eine potentiostatische Schaltung aufgebaut. Zur Messung des Ruhepotentials wird gewartet, bis keine Potentialänderung mehr auftritt. Dann wird ausgehend vom Ruhepotential zuerst in kathodischer und dann in anodischer Richtung gemessen. Die zweckmäßigen Potentialschritte sind aus der folgenden Tabelle zu entnehmen. Bei jeder Messung ist zu warten, bis sich ein (quasi) stationärer Zustand eingestellt hat, was bis zu 20 s dauern kann.

Die Messungen werden an unlegiertem Stahl und an Kupfer wiederholt. Die Versuche werden bei Stromdichten von etwa 10 mA cm^{-2} abgebrochen.

Metall	Meßbereich	Meßschritte
Zn	U_R bis -1400 mV	50 mV
	U_R bis -800 mV	10 mV
Fe	U_R bis -1200 mV	50 mV
	U_R bis -200 mV	10 mV
Cu	U_R bis -1200 mV	100 mV
	U_R bis +200 mV	10 mV

Versuchsauswertung

Die Versuchsergebnisse sind in ein Koordinatensystem mit der Stromdichte als Ordinate und dem Potential als Abszisse einzutragen. Die Potentiale müssen auf die Standardwasserstoffskala umgerechnet werden.

Der Kurvenverlauf ist zu diskutieren, und die in den einzelnen Bereichen ablaufenden elektrochemischen Teilschritte sind als Gleichungen zu formulieren.

Im Bereich des Ruhepotentials ist durch die Strom-Potential-Kurve eine Gerade zu legen und aus der Steigung der Polarisationswiderstand zu bestimmen entsprechend der Beziehung $R_p = \frac{\Delta U}{\Delta i}$ (vgl. Abschn. 1.2.3.4). Die Polarisationswiderstände sind bei der Kontaktkorrosion von Bedeutung, vgl. Abschn. 2.5.

Die Strom-Potential-Kurven sind im Hinblick auf die Polarisierbarkeit der verwendeten Metalle zu diskutieren.

Aufgabe 1.2.4 Summen- und Teilstromdichte-Potential-Kurven von Aluminium in Natronlauge

Die Summen-Stromdichte-Potential-Kurve sowie die Teilstromdichte-Potential-Kurven der anodischen Metallauflösung und der kathodischen Wasserstoffentwicklung an Aluminium in 1 M NaOH werden bestimmt.

Zubehör

- Pt-Blech-Elektrode zur Vorelektrolyse
- Arbeitselektrode aus Al
- Pt-Ring-Gegenelektrode
- Hg/HgO-Bezugselektrode
- Kristallisierschale
- Gasbürette mit Trichter
- 1 M NaOH
- Potentiostat
- Peleusball
- Thermometer
- Stoppuhr
- Tabelle: Wasserdampfdruck über 1 M NaOH

Methodik und Apparatur

Mit Hilfe der in Abb. 1.21 skizzierten Versuchsanordnung werden die Summenstromdichte, die Teilstromdichte der anodischen Metallauflösung sowie die Teilstromdichte der kathodischen Wasserstoffentwicklung als Funktion des Elektrodenpotentials bestimmt, das mit Hilfe eines Potentiostaten vorgegeben wird. Der Summenstrom kann am Potentiostaten abgelesen werden, der Teilstrom der anodischen Al-Auflösung wird aus dem Massenverlust der Al-Arbeitselektrode errechnet, und der Teilstrom der kathodischen Wasserstoffentwicklung wird aus dem Volumen des entwickelten Wasserstoffs bestimmt.

Versuchsdurchführung

Alle folgenden Potentialangaben beziehen sich auf die Standardwasserstoffelektrode. Diese Potentiale sind jeweils auf die verwendete Bezugselektrode umzurechnen ($U_H = U_{Mess} + U_{Bez}$).

Vor den Messungen zur Ermittlung der Teilstromdichte-Potential-Kurven ist eine Vorelektrolyse zur Sättigung der Natronlauge in der Gasbürette mit H_2 erforderlich.

Die Gasbürette mit Trichter befindet sich in der Mitte der mit 1 M NaOH gefüllten Kristallisierschale. Um den entstehenden Wasserstoff frei von Sauerstoff zu halten, ist die Pt-Ringelektrode als Gegenelektrode außen um den Trichter angeordnet. Die Arbeitselektrode befindet sich unter dem Trichter. Die Bezugselektrode befindet sich in einem Elektrolytheber mit Haber-Luggin-Kapillare. Dieser Heber ist so anzuordnen, daß die Kapillare im Abstand 2d (d = Außendurchmesser der Kapillare) vor der Arbeitselektrode endet. Für die Vorelektrolyse wird die Pt-Blechelektrode als Arbeitselektrode benutzt, für die eigentlichen Messungen die Al-Elektroden. Die Gasbürette wird durch Ansaugen mittels eins Peleusball mit NaOH gefüllt.

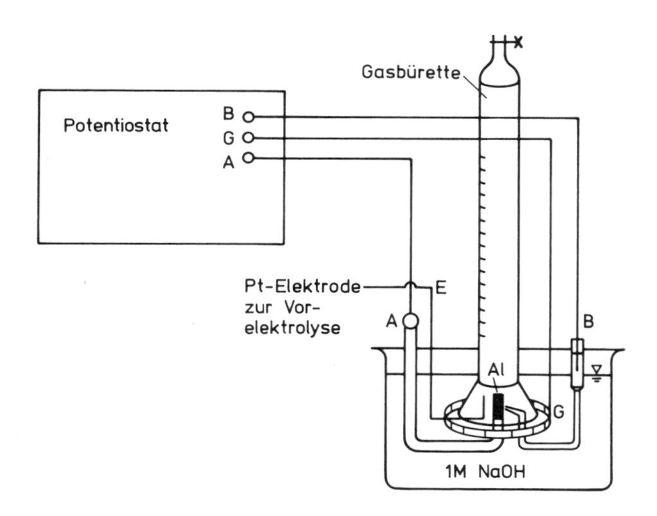

Abb. 1.21: Versuchsanordnung zur Bestimmung der Summen- und Teilstromdichte-Potential-Kurven von Al in NaOH

Die Vorelektrolyse erfolgt 5 min lang mit einem kathodischen Summenstrom von etwa 70 mA. Etwa 5 min nach Beendigung der Elektrolyse wird das Niveau der NaOH in der Gasbürette abgelesen und registriert (Nullwert). In der Zwischenzeit werden Masse und Oberfläche der Al-Elektrode bestimmt, die kurz vorher in 1 M NaOH gebeizt, gründlich gespült und getrocknet wurde.

Zur Bestimmung der Summen- und Teilstromdichte-Potential-Kurven wird die Pt-Blechelektrode gegen die Al-Elektrode ausgetauscht. Die Messungen erfolgen in 100 mV Abständen zwischen $-1500\ mV < U_H < -900\ mV$.

Da Al in Natronlauge beim Freien Korrosionspotential unter H_2-Entwicklung korrodiert, ist die Elektrode möglichst schnell unter dem Trichter anzuordnen, die Haber-Luggin-Kapillare zu justieren und danach <u>sofort</u> mit der Messung zu beginnen. In Zeitabständen von 1 min wird der Summenstrom registriert. Nach 10 min ist die Elektrolyse zu beenden, die Al-Elektrode <u>sofort</u> auszubauen, gründlich mit Wasser zu spülen, zu trocknen und zu wägen. Etwa 5 min nach Beendigung der Elektrolyse wird die entwickelte H_2-Menge abgelesen.

Die Versuche sind in der beschriebenen Weise bei den anderen Potentialen zu wiederholen.

Versuchsauswertung

Aus dem Massenverlust der Al-Elektrode wird nach dem Faradayschen Gesetz die Elektrizitätsmenge nach

$$Q = \frac{F \cdot \Delta m \cdot z}{M} \qquad (1.23)$$

mit Q	I t Elektrizitätsmenge in Coulomb	(A s)
Δm	Massenverlust	(g)
z	Zahl der ausgetauschten Elektronen	(1)
M	molare Masse des Al (26,98)	(g mol^{-1})
F	Faradayzahl (96487)	(A s mol^{-1})

berechnet.

Für die anodische Auflösung des Al ist die Formel

$$Al + 4OH^- = Al(OH)_4^- + 3e^- \qquad (1.24)$$

anzusetzen. Die gesuchte Stromdichte der anodischen Teilreaktion der Al-Auflösung ergibt sich aus

$$i = \frac{Q}{t \cdot A} \qquad (1.25)$$

mit i	Teilstromdichte	(A cm^{-2})
t	Versuchszeit	(s)
A	Elektrodenoberfläche.	(cm^2)

Bevor auf gleiche Weise die Teilstromdichte der kathodischen Wasserstoffentwicklung

$$2\,H_2O + 2e^- = H_2 + 2OH^- \qquad (1.26)$$

errechnet wird, muß das mit Wasserdampf gesättigte Volumen des Wasserstoffs auf trocknen Wasserstoff unter Normalbedingungen (0 °C und p_o = 1,013 bar) nach

$$V_o = \frac{(p - p') V}{p_o (1 + 1/273\ T)} \tag{1.27}$$

mit		
V_o	Volumen des trockenen H_2 unter Normalbedingungen	(l)
V	gemessene H_2-Volumen	(l)
p	Druck des entwickelten H_2	(bar)
p'	Wasserdampfdruck über 1 M NaOH	(bar)
p_o	Standarddruck	(bar)
T	Temperatur der NaOH in °C	(K)

umgerechnet werden. Der Wasserdampfdruck über 1 M NaOH wird einer Tabelle entnommen.

Da die Molvolumina von idealen Gasen 22,4 l mol^{-1} unter Normalbedingungen betragen, ergibt sich die folgende Strommenge

$$Q = \frac{2 \cdot F \cdot V_o}{22,4} \tag{1.28}$$

Hieraus folgt die kathodische Teilstromdichte (vgl. Gl. 1.25)

$$i = \frac{Q}{t \cdot A}$$

Danach werden die Summenstromdichte sowie die errechneten Teilstromdichten über dem Elektrodenpotential (Standardwasserstoffskala) aufgetragen. Es ist zu prüfen, ob die Beziehung (vgl. Gl. 1.4)

$$i_{ges} = i_{anod} + i_{kath}$$

erfüllt ist (Vorzeichen beachten!).

Aufgabe 1.2.5 Ohmscher Spannungsabfall

Der Einfluß des ohmschen Spannungsabfalls in der Elektrolytlösung zwischen Arbeitselektrode und Spitze einer Haber-Luggin-Kapillare auf das Ergebnis der Potentialmessung wird untersucht.

Zubehör
- Rundprobe aus 13% Chromstahl
- Platingegenelektrode
- Kalomel-Bezugselektrode mit Haber-Luggin-Kapillare
- 1 l Filtrierbecher mit verstellbarer Arbeitselektrodenhalterung
- 0,2 M H_2SO_4-Lösung
- Potentiostat
- Voltmeter
- Widerstand (10 Ω)

Methodik und Apparatur

Die Arbeitselektrode wird galvanostatisch geschaltet (s. Abb. 1.20 b) und das Potential in Abhängigkeit vom Abstand zwischen Haber-Luggin-Kapillare und Elektrode gemessen. Durch Extrapolation auf den Abstand Null läßt sich das wahre Elektrodenpotential ermitteln. Dieses Verfahren zur Eliminierung des ohmschen Spannungsabfalls wird als Methode der Abstandsvariation bezeichnet.

Versuchsdurchführung

Es wird eine anodische Stromdichte von 3 mA cm^{-2} eingestellt. Ausgehend vom Abstand Null der Haber-Luggin-Kapillare von der Probenoberfläche werden mit Hilfe eines Feingewindes an der Arbeitselektrode die Abstände 0.5, 1, 2, 3, 4, 5, 7 und 10 mm eingestellt und jeweils das Potential gemessen.

Versuchsauswertung

Die gemessenen Potentiale sind über dem Kapillarabstand d aufzutragen, und durch Extrapolation auf den Abstand Null ist das wahre Elektrodenpotential zu ermitteln. Nach der Gleichung

$$R_{El} = \frac{1}{I} \cdot \frac{\Delta U}{\Delta d} \tag{1.29}$$

läßt sich der auf den Abstand bezogene Elektrolytwiderstand R_{El} berechnen. Die Konsequenzen des Ergebnisses für die Potentialmessung an Elektroden sind zu diskutieren.

Spezielle Literatur

R. Piontelli
Grundlagen und Anwendungsbeispiele neuer Meßanordnungen der Überspannungen;
Z. Elektrochem. 59, 778 (1955).

Aufgabe 1.2.6 Korrosionsgeschwindigkeit aus Polarisationswiderstands- und Massenverlustmessungen

Die Korrosionsgeschwindigkeit von unlegiertem Stahl in gepufferter 3% NaCl-Lösung wird aus Polarisationswiderständen und der aus einer Massenverlustmessung ermittelten Konstanten B bestimmt.

Zubehör
- Arbeitselektroden aus unlegiertem Stahl
- Platingegenelektrode
- Kalomel-Bezugselektrode mit Haber-Luggin-Kapillare
- 1 l Filtrierbecher mit Probenhalterungen
- 3% NaCl-Lösung mit Citratpuffer, pH = 5,5
- Potentiostat
- Rührmotor zur Rotation der Arbeitselektrode

Methodik und Apparatur

Die Korrosionsgeschwindigkeit wird aus dem Polarisationswiderstand errechnet. Der Polarisationswiderstand ergibt sich aus der Steigung der Stromdichte-Potential-Kurve beim Ruhepotential, die potentiostatisch gemessen wird.

Die Konstante B wird aus einer Massenverlustmessung ermittelt.

Der apparative Aufbau mit Schaltung ist identisch mit dem der Aufgabe 1.2.2. Jedoch wird anstelle der festen Elektrode mit gerührter Elektrolytlösung eine rotierende, zylindrische Elektrode mit etwa 1000 U min^{-1} benutzt.

Versuchsdurchführung

Ausgehend vom Ruhepotential wird jeweils 10 mV in anodische und kathodische Richtung polarisiert und der zugehörige Strom gemessen. Diese Messung wird in Abständen von 10 min eine Stunde lang wiederholt.

Da durch den Strömungseinfluß der Strom schwankt, muß bei der Ablesung gemittelt werden. Diese Ablesung erfolgt wenige Sekunden nach der Potentialeinstellung.

Vor und nach dem Versuch wird eine Wägung zur Bestimmung der flächenbezogenen Massenverlustrate durchgeführt.

Versuchsauswertung

Die bei den Einzelmessungen erhaltenen anodischen und kathodischen Ströme werden gemittelt, auf Stromdichten und auf Polarisationswiderstände nach Gl. 1.5 umgerechnet. Die reziproken Polarisationswiderstände werden über der Zeit aufgetragen, und es wird der zeitliche Mittelwert gebildet.

Der Proportionalitätsfaktor B ergibt sich aus der Gl. 1.6

$$i_{Korr} = B \cdot \frac{1}{R_p}$$

i_{Korr} folgt über das Faradaysche Gesetz aus dem Massenverlust. Dabei gilt für unlegierte Eisenwerkstoffe und $z = 2$

$$1 \text{ mA h} \approx 1{,}04 \text{ mg Fe.}$$

Der Verlauf der Kurve $1/R_p$ über t ist zu diskutieren.

Die Voraussetzungen der Anwendbarkeit der Methode sind anzugeben.

Spezielle Literatur

E. Heitz, W. Schwenk:
Theoretische Grundlagen der Bestimmung von Korrosionsgeschwindigkeiten aus Polarisationswiderständen; Werkst. u. Korr. 27, 241 (1976)

P.R. Moreland, J.C. Rowlands:
Methode und Instrumentierung bei Polarisationswiderstands-Messungen
Werkst. u. Korr. 28, 249 (1977)

R. Grauer, P.R. Moreland, G. Pini:
A Literature Review of Polarisation Resistance Constant (B)
Values for the Measurement of Corrosion Rate
NACE Publication, No. 52405, Houston, USA.

Aufgabe 1.2.7 Korrosionsgeschwindigkeit aus Polarisationswiderstandsmessungen mit Hilfe kommerzieller Geräte

Die Korrosionsgeschwindigkeit von unlegiertem Stahl wird in gepufferter 3% NaCl-Lösung mit Hilfe kommerzieller Geräte bestimmt und durch Massenverlustmessungen kontrolliert.

Zubehör

Proben aus unlegiertem Stahl
1 l Filtrierbecher mit Probenhalterungen
3% NaCl-Lösung mit Citratpuffer, pH = 5,5
Kommerzielle Geräte mit Direktanzeige der Korrosionsgeschwindigkeit
Magnetrührer

Methodik und Apparatur

Für die Messung des Polarisationswiderstandes bzw. der Abtragsrate existieren eine Reihe handelsüblicher Geräte, die auf dem Potentiostatenprinzip mit Gleich- oder Wechselspannung basieren. Sie sind für Zwei- oder Dreielektroden-Anordnungen geeignet und zeigen als Meßwert entweder den Polarisationswiderstand oder direkt (unter Berücksichtigung weiterer Parameter) die Abtragsrate.

Die vorgesehene Aufgabe wird mit zwei kommerziellen Geräten A und B durchgeführt, deren Beschreibung, Bedienungsanleitung und Prinzipschaltbild dem Operateur zur Verfügung stehen.

Versuchsdurchführung

Während einer Versuchsdauer von 60 min werden alle 5 min die Abtragsraten an den jeweiligen Geräten abgelesen. Durch Wägen der Elektroden vor und nach dem Versuch wird die flächenbezogene Massenverlustrate bestimmt.

Versuchsauswertung

Die abgelesenen Abtragsraten werden in einem Diagramm über der Zeit aufgetragen und der zeitliche Mittelwert ermittelt.

Die flächenbezogenen Massenverlustraten werden berechnet und mit den abgelesenen Werten verglichen.

Die Grenzen der Anwendbarkeit der Methode sind zu diskutieren.

Spezielle Literatur

E. Heitz, W. Schwenk:
Theoretische Grundlagen der Bestimmung von Korrosionsgeschwindigkeiten aus Polarisationswiderständen; Werkst. u. Korr. 27, 241 (1976)

P.R. Moreland, J.C. Rowlands:
Methode und Instrumentierung bei Polarisationswiderstands-Messungen
Werkst. u. Korr. 28, 249 (1977)

Aufgabe 1.2.8 Lichtmikroskopische, rasterelektronenmikroskopische und elektronenstrahl-mikroanalytische Untersuchung von Korrosionsschadensfällen

Voraussetzung für eine einwandfreie Beurteilung von Korrosionsarten bzw. Korrosionsschadensfällen ist in vielen Fällen eine metallographische Untersuchung. Dabei sollte beachtet werden, daß nicht nur die klassische Lichtmikroskopie, sondern auch Verfahren, die auf der Wechselwirkung des Elektronenstrahls mit dem Werkstoff beruhen, eingesetzt werden können. Hierzu zählen vor allem die Rasterelektronenmikroskopie mit ihrer hohen Schärfentiefe und guten Auflösung, die Elektronenstrahl-Mikroanalyse mit der Möglichkeit der Lokalanalyse sehr kleiner Gefügebereiche sowie die Transmissions-Elektronenmikroskopie oder auch die Auger-Spektroskopie (vgl. auch Abschn. 1.2.6).

Der Demonstrationsversuch gliedert sich in drei Teile:

1. Probenpräparation

Es wird eine kurze Darstellung der Präparationsmöglichkeiten sowohl für die Lichtmikroskopie als auch für die Elektronenstrahl-Metallographie gegeben. Neben den Möglichkeiten des Einbettens im kalten und warmen Zustand und der anschließenden Anschliffpräparation wird auf die Probenvorbereitung für die Elektronenstrahl-Mikroanalyse und die Rasterelektronenmikroskopie eingegangen.

2. Untersuchung von Korrosionsarten durch Lichtmikroskopie

An Schliffen von ausgewählten Schadensfällen wird im Lichtmikroskop das charakteristische Schadensbild folgender Korrosionsarten erläutert:

a) Interkristalline Korrosion
b) Selektive Korrosion (Spongiose, Entzinkung)
c) Inter- und transkristalline Spannungsrißkorrosion
d) Schwingungsrißkorrosion
e) Innere Korrosion

3. Einsatzmöglichkeiten für Rasterelektronenmikroskop und Elektronenstrahl-Mikrosonde

Die Wechselwirkung zwischen Elektronenstrahl und Materie wird kurz erläutert. Im Rasterelektronenmikroskop (REM) werden die Sekundärelektronen zur Bilddarstellung verarbeitet. Die Mikrobereichsanalyse basiert auf den charakteristischen Röntgenstrahlen der einzelnen Elemente. In einem Kombinationsgerät REM/Mikrosonde werden einige Korrosionsschadensfälle demonstriert.

Spezielle Literatur

E. Kauczor:
Metallographie in der Schadensuntersuchung
Fertigung und Betrieb, Fachbücher für Praxis und Studium
herausgegeben von H. Determann und W. Malmberg, Bd. 10,
Springer-Verlag, 1979.

2 Korrosionsarten ohne mechanische Belastung

2.1 Gleichmäßige Flächenkorrosion und Muldenkorrosion

Literatur:	A. Rahmel, W. Schwenk:	Korrosion und Korrosionsschutz von Stählen Verlag Chemie, 1977, S. 87
	H. Kaesche:	Die Korrosion der Metalle Springer-Verlag, 1979, S. 117
	DIN 50905, Teil 2 und 3	Korrosion der Metalle; Korrosionsuntersuchungen

Die Auswirkungen einer gleichmäßigen Flächenkorrosion sind im Gegensatz zur örtlichen Korrosion technisch gut abschätzbar, da Massenverlust- oder Dickenverlustmessungen ein quantitatives Maß der Korrosionsgeschwindigkeit sind, vgl. Abschn. 1.2.2. Diese Korrosionsart tritt vorwiegend an homogenen Werkstoffen in Medien auf, die zu keiner Deckschichtbildung auf der Werkstoffoberfläche führen. Das ist zum Beispiel in vielen Säuren und bei amphoteren Metallen auch in starken Alkalien der Fall. Auch bei Deckschichtbildung ist gleichmäßige Flächenkorrosion möglich. Typische Beispiele sind die Korrosion der Metalle in heißen Gasen (Aufg. 4.1.1 und 4.1.2), die Korrosion in Wässern unter Bildung von porösen Deckschichten (Aufg. 2.1.2) oder die Korrosion im Passivzustand. Andererseits sind einige lokale Korrosionsarten wie Lochkorrosion oder Spannungsrißkorrosion an das Vorhandensein von Deckschichten gebunden.

Bei der Muldenkorrosion wird ebenfalls die gesamte Werkstoffoberfläche korrodiert, jedoch mit örtlich unterschiedlichen Korrosionsgeschwindigkeiten. In der Regel liegen Deckschichten mit örtlich unterschiedlichen Schutzeigenschaften vor. Muldenkorrosion wird häufig an unlegierten oder niedriglegierten Stählen in der Atmosphäre oder in neutralen wäßrigen Lösungen beobachtet.

Muldenkorrosion und Lochkorrosion sollten stets klar unterschieden werden. Während bei der Muldenkorrosion die gesamte Werkstoffoberfläche einem zwar örtlich unterschiedlichem Angriff unterliegt, werden bei der Lochkorrosion nur einzelne Stellen korrodiert. Der größere Teil der Oberflächen bleibt praktisch unangegriffen.

Aufgabe 2.1.1 Korrosion von Eisen unter einem Tropfen einer Salzlösung

Die im Salztropfen ablaufenden Korrosionsreaktionen des Eisens werden untersucht.

Zubehör
- Probe aus Eisenblech
- Ferroxyl-Indikatorlösung (3 g NaCl + 0,1 g $K_3Fe(CN)_6$ + 10 Tropfen Phenolphthaleinlösung auf 100 ml dest. Wasser)
- Lupe

Methodik und Apparatur

Das Experiment wird als einfacher Versuch mit visueller Beobachtung durchgeführt. Eine Apparatur ist nicht erforderlich.

Versuchsdurchführung

Ein Reineisenblech wird mit feinem Schmirgelpapier geschliffen, gründlich abgespült und getrocknet.

Man bringt auf das Eisenblech einen Tropfen einer Ferroxyl-Indikatorlösung und beobachtet mit einer Lupe die auftretenden Farbeffekte.

Versuchsauswertung

Die auftretenden Farbeffekte sind zu deuten und die ablaufenden Reaktionen zu formulieren.

Aufgabe 2.1.2 Dauertauchversuche

An Proben aus unlegiertem Stahl und Kupfer werden in gepufferter 3% NaCl-Lösung Standversuche bei Raumtemperatur und Kochversuche nach DIN 50905 durchgeführt.

Zubehör
- Blechproben mit ca. 10 cm^2 Fläche* aus unlegiertem Stahl (St37) und Kupfer (E-Cu)

* statt mindestens 25 cm^2 entsprechend DIN 50905, Teil 1, genügt im vorliegenden Fall eine Fläche von 10 cm^2 (nur bei Flächen- oder bei schwacher Muldenkorrosion).

Weithals-Standflasche 1000 ml mit Aufhängevorrichtung für Proben

1 l Schliffkolben mit Rückflußkühler und Probenaufhängevorrichtung

Gepufferte 3% NaCl-Lösung, (40 ml 0,1 M Acetatpufferlösung auf 1 l Gesamtlösung; pH = 4,6)

Wäßrige Lösung von 1000 mg l^{-1} Chlorid

Stereomikroskop

Methodik und Apparatur

Grundlage der Experimente ist die Vorschrift DIN 50905, Chemische Korrosionsuntersuchungen, Teil 1 bis 4.

Versuchsdurchführung

Teilaufgabe a) Standversuch

Die Versuche werden in 1000 ml Weithals-Standflaschen entsprechend Abb. 2.1 durchgeführt.

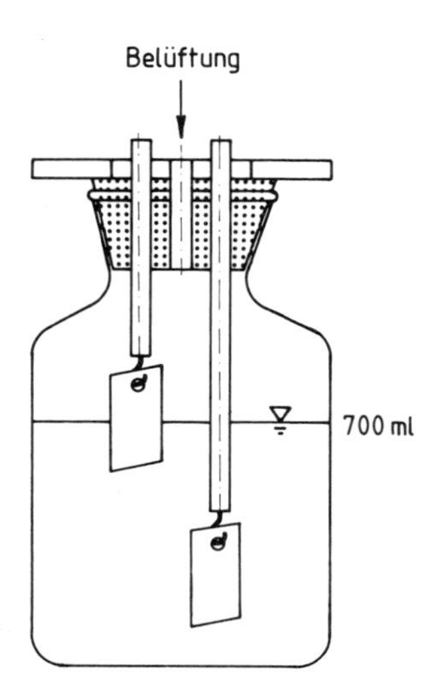

Abb. 2.1: Standversuch nach DIN 50905

Die Proben werden mit Siliciumcarbidpulver geschliffen und mit Aceton entfettet. Dann werden sie gewogen und jeweils 4 Proben in 700 ml gepufferte 3% NaCl-Lösung eingebracht. Vor Versuchsbeginn wird die Lösung mit einem Luftstrom belüftet. Während der Versuche wird die Belüftung abgestellt, um eine zusätzliche Konvektion der Lösung zu vermeiden. Unter den herrschenden Versuchsbedingungen ist der Luftzutritt durch die Öffnungen des Stopfens ausreichend. Beim Standversuch wird nicht gerührt.

Die Versuche werden in mehreren Gefäßen bei Raumtemperatur mit 96 h Laufzeit nach folgendem Schema jeweils in Doppelversuchen durchgeführt:

Werkstoff	Proben-zahl	Position	Medium-tausch	Wägung
Fe	4	voll ein-getaucht	täglich	alle 24 h eine Probe
	4	"	nein	"
	4	halb ein-getaucht	täglich	"
	4	"	nein	"
Cu	4	voll ein-getaucht	täglich	"
	4	"	nein	"
	4	halb ein-getaucht	täglich	"
	4	"	nein	"

Um eine Zeitreihe zu erhalten, wird nach jeweils 24 h eine Probe entnommen. Anhaftende Korrosionsprodukte werden unter fließendem Wasser durch Bürsten entfernt. Nach dem Trocknen wird der Massenverlust bestimmt und die Probe visuell und unter dem Stereomikroskop auf lokale Korrosionserscheinungen untersucht. Ausgewertete Proben werden nicht erneut eingesetzt.

Teilaufgabe b) Kochversuch

Die Versuche werden in einer Schliffapparatur mit Kolben und Rückflußkühler entsprechend Abb. 2.2 durchgeführt. Die Proben werden voll eingetaucht, halb eingetaucht und im Dampfraum aufgehängt.

Die Probenvorbereitung erfolgt wie unter Teilaufgabe a). Als Medium wird eine siedende Lösung mit 1000 mg l^{-1} Chlorid (1,65 g l^{-1} NaCl) verwendet. Der Rückflußkühler ist oben offen, so daß Luftsauerstoff hinzutreten kann.

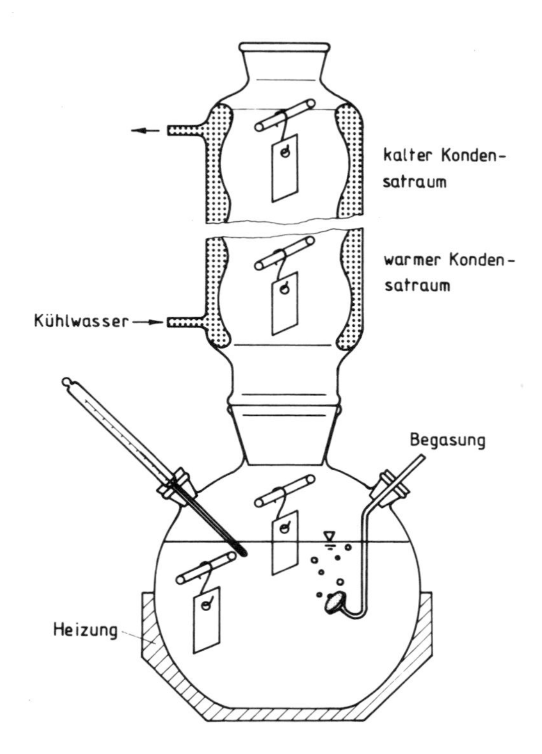

Abb. 2.2: Kochversuch nach DIN 50905 (modifiziert)

Die Versuche werden nach folgendem Schema an unlegiertem Stahl in Doppelversuchen mit 96 h Laufzeit durchgeführt:

Werkstoff	Proben-zahl	Position	Medium-tausch	Wägung
Fe	2	voll ein-getaucht	nein	alle 48 h eine Probe
	2	halb ein-getaucht	"	"
	2	im Kühler unten	"	"
	2	im Kühler oben	"	"

Nach jeweils 48 h wird aus jeder Zone eine Probe entnommen und wie bei a) behandelt.

Versuchsauswertung zu Teilaufgabe a) und b)

Die Massenverluste werden in flächenbezogene Massenverluste (g m^{-2}) umgerechnet und in einem Diagramm über der Zeit aufgetragen.

In den Fällen von örtlicher Korrosion beim Kochversuch muß der flächenbezogene Massenverlust auf die Fläche des örtlichen Angriffs bezogen werden. Dabei ist die Angriffstiefe abzuschätzen.

Für Teilaufgabe a) sind die Unterschiede im Kurvenverlauf bei voll und halb eingetauchten Proben sowie mit und ohne Mediumwechsel zu erklären. Für Teilaufgabe b) ist zusätzlich der Einfluß des Kondensatraums zu diskutieren.

Aufgabe 2.1.3 Parameter der Sauerstoffkorrosion

An einem Korrosionselement bestehend aus der Metallpaarung Fe-Cu in gepufferter 3% NaCl-Lösung werden Potential- und Strommessungen durchgeführt und der Einfluß der Rührgeschwindigkeit und des Sauerstoffpartialdrucks aufgezeigt. Der geschwindigkeitsbestimmende Schritt der Korrosionsreaktion ist zu ermitteln.

Zubehör Rundstäbe aus unlegiertem Stahl und Kupfer mit den Oberflächen 10 cm^2 (Fe) und 20 cm^2 (Cu)

Kalomel-Bezugselektrode mit Haber-Luggin-Kapillare

1 l Filtrierbecher mit Deckel

3% NaCl-Lösung mit 3 Vol.-% Citratpuffer, pH = 5,5

Magnetrührer

Voltmeter

Strommeßeinrichtung bestehend aus einem 1 Ω Widerstand und einem hochohmigen Spannungsmeßgerät

Vorrichtung zur Begasung der Lösung mit Stickstoff, Luft oder Sauerstoff

Methodik und Apparatur

Zur Demonstration der Sauerstoffkorrosion wird ein Korrosionselement aufgebaut, dessen Kurzschlußstrom (Elementstrom) ein qualitatives Maß der Korrosionsgeschwindigkeit ist (vgl. Abschn. 1.2.3.2). Bei Variation der Rührgeschwindigkeit und des Sauerstoffpartialdruckes ändert sich der Elementstrom, so daß der Einfluß dieser Korrosionsparameter verfolgt werden kann. Die Messung der Korrosionspotentiale erfolgt entsprechend Abschn. 1.2.3.1.

Der Versuchsaufbau ist eine einfache Korrosionselementanordnung mit einem niederohmigen Strom- und einem hochohmigen Spannungsmeßinstrument (Abb. 2.3).

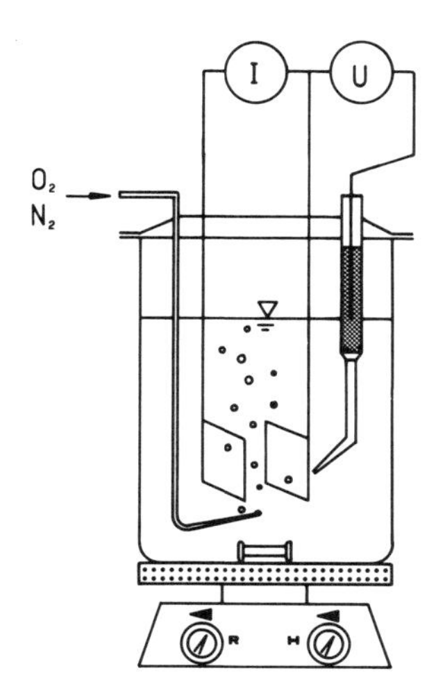

Abb 2.3: Korrosionselementanordnung zur Untersuchung der Sauerstoffkorrosion

Versuchsdurchführung

Das aus einer Stahl- und einer Kupferelektrode bestehende Korrosionselement wird in die belüftete, gerührte (ca. 500 Umdrehungen min^{-1}) und gepufferte 3% NaCl-Lösung gebracht. Es werden folgende Potential- und Strommessungen durchgeführt:

Potentialmessungen bei offenem und geschlossenem Stromkreis

Die Potentiale der Einzelelektroden werden gegenüber einer Bezugselektrode bei offenem Stromkreis (offene Klemmenspannung) gemessen. Der Abstand der Haber-Luggin-Kapillare wird variiert und die Potentialanzeige beobachtet.

Danach wird der Stromkreis geschlossen, und es werden wiederum die Potentiale gemessen. Nach 5 min werden die Messungen wiederholt und dabei auch der Abstand der Haber-Luggin-Kapillare variiert. Die Kurzschlußströme werden gemessen.

Einfluß der Rührgeschwindigkeit

Nach Messung des stationären Elementstromes bei einer Drehzahl U des Magnetrührers von ca. 500 min^{-1} wird die Drehzahl auf etwa 1100 min^{-1} erhöht, auf 100 min^{-1} abgesenkt und schließlich die Rührung und Luftbespülung ganz abgestellt. Dabei wird jeweils der stationäre Elementstrom gemessen, der sich im Falle der "ruhenden" Lösung erst nach etwa 3 min einstellt.

Einfluß des Sauerstoffpartialdruckes

Eine mittlere Drehzahl von ca. 500 min^{-1} wird eingestellt, die Lösung mit Luft bespült und der stationäre Elementstrom gemessen. Danach wird nacheinander Stickstoff, reiner Sauerstoff und wiederum Luft in die Lösung eingeleitet, und jeweils nach etwa 10 min werden die stationären Elementströme bestimmt.

Ermittlung des geschwindigkeitsbestimmenden Schrittes

Wird jeweils eine der Elementelektroden teilweise aus der Lösung gezogen (Flächenverringerung), so kann diejenige Elektrode identifiziert werden, an der der geschwindigkeitsbestimmende Schritt abläuft.

Versuchsauswertung

Die Lage der Elektrodenpotentiale bei offenem und geschlossenem Elementstromkreis ist zu diskutieren. Hierzu werden die in Aufgabe 1.2.3 bestimmten Stromdichte-Potential-Kurven verwendet. Welche der beiden Elektroden ist stärker polarisierbar?

Der Elementstrom ist in einem Diagramm Elementstrom/Drehzahl aufzutragen und die Ursache der Rührabhängigkeit zu diskutieren.

Zur Darstellung der Sauerstoffpartialdruckabhängigkeit wird ein Diagramm Elementstrom/Sauerstoffpartialdruck gezeichnet. Das Ergebnis ist zu diskutieren.

Die chemischen Gleichungen der an den Elektroden ablaufenden Teilreaktionen sind zu formulieren, und der geschwindigkeitsbestimmende Schritt ist anzugeben.

Welche praktischen Konsequenzen ergeben sich hinsichtlich des Korrosionsschutzes bei Sauerstoffkorrosion?

2.2 Strömungsabhängige Korrosion

Literatur:

DIN 50920 Teil 1: Korrosionsprüfung in strömenden Flüssigkeiten

A.C. Riddiford: The Rotating Disk System, Adv. in Electrochemistry and Electrochemical Engineering, Vol 4, Interscience, New York, 1965

E. Heitz, G. Kreysa, C. Loss: Investigation of hydrodynamic test systems for the selection of high flow resistant materials J. appl. Electrochem. 9, 243 (1979)

B.T. Ellison, C.J. Wen: Hydrodynamic Effects on Corrosion AIChE Symposium Series Vol 71, No. 204, 1981

Die Strömung ist ein wichtiger Versuchsparameter, der bei Korrosionsuntersuchungen miterfaßt werden muß. Durch die Strömung werden die Reaktanden, Zwischenprodukte und Produkte der Korrosion an die Metalloberfläche heran- oder von der Metalloberfläche wegtransportiert. Darüber hinaus schädigen die durch das strömende Medium erzeugten Schub- und Druckspannungen die Deckschichten an der Grenzfläche Metall/Medium, oder es treten Zerstörungen durch Partikelaufprall oder Blasenimplosion auf, wenn das Medium neben der flüssigen noch feste oder gasförmige Phasen enthält. Als Folge dieser Einwirkungen kommt es zu den Korrosionsarten

- Stofftransportbeeinflußte Korrosion
- Erosionskorrosion
- Kavitationskorrosion.

Zur Prüfung der Strömungsabhängigkeit von Korrosionsprozessen werden im allgemeinen drei Arten von Strömungen verwendet:

- Strömung beim einfachen Rührversuch (vgl. DIN 50905, Teil 4)
- Rotationssymmetrische Strömungen
- Kanal- und Rohrströmungen.

Einfache Rührversuche finden bei einer Reihe von Aufgaben Verwendung (z.B. Aufg. 1.2.2, 1.2.6, 1.2.7, 2.1.3, 2.5.2). Bei diesen Versuchen genügt es, wenn eine mittlere Rührintensität eingestellt wird, und dadurch stagnierende Bedingungen vermieden werden.

Für Grundlagenuntersuchungen eignen sich rotationssymmetrische Strömungen (rotierende Scheibe und Zylinder), für praxisnahe Prüfungen Kanal- und Rohrströmungen.

Besonders geeignet für Grundlagenuntersuchungen ist die frei rotierende Scheibe mit durchgehender Achse (vgl. Abb. 2.4), da hier insbesondere laminare Strömungen bis zu hohen Reynolds-Zahlen erhalten werden. Für die Korrosionsgeschwindigkeit einer laminar angeströmten rotierenden Scheibe gilt unter Voraussetzung eines geschwindigkeitsbestimmenden Stofftransports

$$v = 5{,}2 \cdot 10^5 \cdot M \cdot D^{0{,}66} \cdot \nu^{-0{,}17} \cdot \omega^{0{,}5}\, c \tag{2.1}$$

$$i_{Korr} = 0{,}6\, z\, F \cdot D^{0{,}66} \cdot \nu^{-0{,}17} \cdot \omega^{0{,}5}\, c \tag{2.2}$$

mit			
	v	flächenbezogene Massenverlustrate	($g\ m^{-2} d^{-1}$)
	i_{Korr}	Korrosionsstromdichte	($mA\ cm^{-2}$)
	M	Molare Masse	($g\ mol^{-1}$)
	F	Faradayzahl	($A\ s\ mol^{-1}$)
	D	Diffusionskoeffizient	($cm^2 s^{-1}$)
	ν	kinematische Viskosität	($cm^2 s^{-1}$)
	ω	Winkelgeschwindigkeit	(s^{-1})
	U	Drehzahl ($U = \omega / 2\pi$)	(s^{-1})
	c	Konzentration der diffundierenden Spezies in der Lösung	($mol\ cm^{-3}$)
	z	Zahl der ausgetauschten Elektronen	(1)

Bei einer stofftransportbestimmten Korrosionsreaktion ist demnach die Korrosionsgeschwindigkeit proportional der Wurzel aus der Winkelgeschwindigkeit bzw. der Drehzahl der rotierenden Scheibe und direkt proportional der Konzentration der diffundierenden Spezies (Levich-Theorie).

Ist der Korrosionsprozess nicht mehr allein durch den Stofftransport sondern zusätzlich durch andere Reaktionshemmungen bestimmt, dann tritt eine sog. Mischkinetik auf. Diese zeigt sich in der Auftragung v gegen $\omega^{0{,}5}$ in einer Abweichung von der Geraden zu kleineren Werten. Eine Mischkinetik kann durch eine gehemmte Porendiffusion in Deckschichten und/oder durch gehemmte elektrochemische Reaktionen an der Metalloberfläche bedingt sein.

Wird die Strömungsgeschwindigkeit weiter erhöht, dann steigt die Korrosionsrate wiederum überproportional an, und es kommt zur Erosionskorrosion. Der Geschwindigkeitsbereich, in dem dieser von der stofftransportbestimmten Korrosion völlig verschiedene Mechanismus beginnt, ist stark vom Korrosionssystem und insbesondere von den Deckschichteigenschaften abhängig.

Bei sehr hohen Strömungsgeschwindigkeiten kann der statische Druck unter den Dampfdruck der Flüssigkeit sinken, so daß dampf- und gasgefüllte Blasen entstehen. Durch den Zusammenbruch solcher Blasen an der Werkstoffoberfläche bei gleichzeitiger chemischer Belastung kommt es zu folgenden Auswirkungen:

- Durch die sich an der gleichen Stelle wiederholenden Blasenimplosionen können sich keine Deckschichten mehr ausbilden, oder es werden vorhandene Deckschichten geschädigt. Es bildet sich eine kraterförmige lokale Korrosionsstelle aus.
- Es bilden sich mechanisch verformte Metalloberflächen, die eine erhöhte Reaktivität besitzen.

Die Folge dieser mechanisch-chemischen Belastung ist Kavitationskorrosion.

Aufgabe 2.2.1 Strömungsabhängige Korrosion
Rotierende Scheibe

Die Strömungsabhängigkeit der Sauerstoffkorrosion von Zink und unlegiertem Stahl wird in gepufferter 3% NaCl-Lösung untersucht und der Einfluß einer Inhibition festgestellt. Die Ergebnisse werden quantitativ anhand der Theorie der rotierenden Scheibe ausgewertet, und es werden die Prinzipien der Mischkinetik diskutiert.

<u>Zubehör</u>
Scheiben aus Reinzink und unlegiertem Stahl
Kalomel-Bezugselektrode mit Haber-Luggin-Kapillare
Platingegenelektrode
Meßzelle für rotierende Scheibe
3% NaCl-Lösung mit Citratpuffer, pH = 5,5
1 M NaOH zur Alkalisierung (Inhibierung)
0,1 M Na_2HPO_4 zur Inhibierung
Motor mit Drehzahlmesser und Stromzuführungskontakt
Potentiostat

Methodik und Apparatur

Bei Rotation einer Scheibe ist der Stofftransport an die Scheibenoberfläche überall gleich. Dies hat eine gleichmäßige Flächenkorrosion zur Folge, vorausgesetzt, daß das Korrosionssystem keine lokale Korrosion, z.B. Lochkorrosion, zeigt.

Im vorliegenden Experiment wird die Strömungsabhängigkeit der Sauerstoffkorrosion von Zink und Eisen in gepufferter NaCl-Lösung in einer Apparatur nach Abb. 2.4 untersucht.

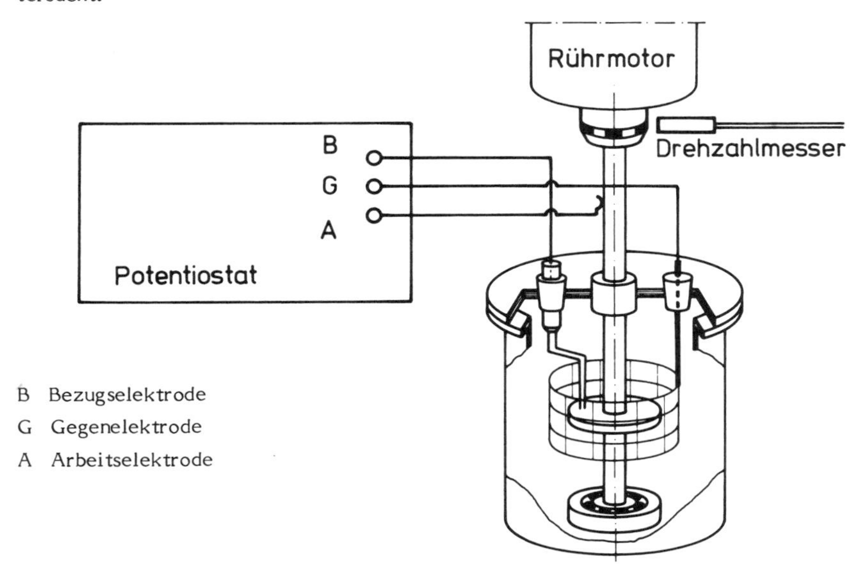

Abb. 2.4: Apparatur für Versuche an der rotierenden Scheibe

Die bei den einzelnen Drehzahlen herrschenden Korrosionsgeschwindigkeiten werden durch Messung des Polarisationswiderstandes bestimmt, wobei die B-Werte aus Aufgabe 1.2.6 bzw. aus der Literatur verwendet werden. Die Schaltung ist entsprechend Aufgabe 1.2.6 potentiostatisch.

Versuchsdurchführung

Eine rotierende Scheibe aus unlegiertem Stahl wird mit Siliciumcarbidpulver geschliffen, entfettet und montiert. Dann wird die Glaszelle mit Elektrolytlösung gefüllt und der Polarisationswiderstand bei einer mittleren Drehzahl (z.B. 400 min^{-1}) in potentiostatischer Schaltung gemessen. Ist auf diese Weise die Funktionsfähigkeit der Meßanordnung nachgewiesen, wird, beginnend mit der Drehzahl 60 min^{-1} die Rotationsgeschwindigkeit wie folgt variiert:

60, 100, 200, 400, 800, 1500, 3000 min^{-1}

Der jeweils dazu gehörende Polarisationswiderstand wird bestimmt. Die Messung des Polarisationswiderstandes erfolgt durch Polarisieren der Arbeitselektrode um 10 mV in positiver und negativer Richtung ausgehend vom Ruhepotential. Weitere Einzelheiten der Polarisationswiderstandsmessung enthält Aufgabe 1.2.6.

Zum Schluß wird der Motor abgestellt und der Polarisationswiderstand bei natürlicher Konvektion ermittelt, wobei bis zur Einstellung des stationären Zustandes der Elektrolytbewegung (etwa 2 min) abgewartet werden muß.

Nach 30 min wird die gesamte Meßreihe wiederholt.

Danach wird durch Zugabe von 1 M NaOH ein pH-Wert von ca. 11 eingestellt, was eine Inhibierung des Korrosionssystems bewirkt. Darauf erfolgt wiederum eine Messung der Strömungsabhängigkeit.

Die Meßreihen werden mit einer Zinkscheibe in der gepufferten 3% NaCl-Lösung wiederholt. Die Inhibierung des Korrosionssystems erfolgt in diesem Falle durch Zugabe von 50 ml 0,1 M Na_2HPO_4-Lösung.

Versuchsauswertung

Die Polarisationswiderstände werden nach der Gleichung (vgl. Gl. 1.6)

$$i_{Korr} = B \frac{1}{R_p}$$

mit B (Stahl) 27 mV
B (Zink) 20 mV

in Korrosionsstromdichten umgerechnet.

Zur quantitativen Prüfung der Strömungsabhängigkeit nach Gl. (2.2) werden die Korrosionsstromdichten über der Wurzel aus der Winkelgeschwindigkeit ($\omega = 2\pi U$) aufgetragen.

Die Wurzeln aus den Winkelgeschwindigkeiten und die Korrosionsstromdichten werden nach folgendem Schema errechnet und tabellarisch aufgelistet (Beispiel: Zink, nicht inhibiert, $A = 12\ cm^2$):

U	$\omega = 2\pi U$	$\omega^{0,5}$	$+I$ (+10mV)	$-I$ (-10mV)	$\frac{\overline{\Delta i}}{A}$	$R_p = \frac{\Delta U}{\Delta i}$	i_{Korr}
min^{-1}	s^{-1}	$s^{0,5}$	mA	mA	$mA\ cm^{-2}$	$\Omega\ cm^2$	$mA\ cm^{-2}$
60	6,28	2,5	0,48	0,43	0,038	260	0,077

Um die Meßergebnisse mit der Levich-Theorie vergleichen zu können, wird in das Diagramm die theoretische Gerade der konvektiven Diffusion von Sauerstoff in luftgesättigter wäßriger Lösung eingetragen. Die Steigung dieser Geraden errechnet sich aus Gl. 2.2 zu

$$\frac{\Delta i}{\Delta \omega^{0,5}} = 0,6\ z\ F\ D^{0,67}\ \nu^{-0,17}\ c \qquad (2.3)$$

Dabei sind folgende Zahlenwerte einzusetzen:

$D = 2 \cdot 10^{-5}\ cm^2 s^{-1}$ (Sauerstoff)

$\nu = 10^{-2}\ cm^2 s^{-1}$ (Lösung)

$c = 0,22 \cdot 10^{-6}\ mol\ cm^{-3}$ (Luftsättigung).

Wie ist die Stofftransportabhängigkeit der untersuchten Korrosionsreaktionen zu beurteilen?

Wie wirkt sich die Inhibition aus und worauf ist sie zurückzuführen?

2.3 Lochkorrosion

Lochkorrosion wird an zahlreichen metallischen Werkstoffen beobachtet, z.B. an unlegierten und niedriglegierten Stählen, an hochlegierten Cr- und CrNi-Stählen, an Aluminium und Titan. An Aluminium, hochlegierten Cr- und CrNi-Stählen tritt Lochkorrosion in chlorid- und bromidhaltigen Lösungen nur oberhalb eines kritischen Potentials auf, dem sog. Lochfraßpotential U_L. Das Lochfraßpotential ist ein Maß für die Lochkorrosionsanfälligkeit eines Werkstoffs in einem bestimmten Medium. Seine experimentelle Bestimmung und Aussagefähigkeit für die Praxis kann jedoch problematisch sein, da zahlreiche Parameter wie Oberflächenzustand, Temperatur, Zusammensetzung des Mediums, pH-Wert, Strömungsgeschwindigkeit und die Art der Messung die Lage des Lochfraßpotentials beeinflussen. Im allgemeinen verschieben steigende Chloridionenkonzentrationen, ansteigende Temperatur und abnehmende Strömungsgeschwindigkeit das Lochfraßpotential zu negativeren Potentialen. Während von Aluminium in chloridhaltigen Medien nur ein Lochfraßpotential bekannt ist, können bei CrNi- und insbesondere bei CrNiMo-Stählen drei verschiedene Lochfraßpotentiale auftreten (Abb. 2.5):

U_r Potential der Bildung repassivierbarer Löcher
U_s Potential der Bildung stabiler Löcher
U_p Potential der Lochpassivierung.

Es gilt

$$U_p < U_r < U_s.$$

Zwischen den Potentialen U_r und U_s erfolgt kein stabiles Lochwachstum, sondern nach einer bestimmten Zeit bzw. nach Erreichen einer bestimmten Lochgröße wird die Lochinnenoberfläche repassiviert. Bei potentiostatischer Meßschaltung werden dabei im Strom-Zeit-Diagramm Stromspitzen beobachtet. Stabiles Lochwachstum erfolgt erst bei Potentialen positiver U_s. Die Potentiale U_r und U_s können bei CrNiMo-Stählen und in inhibitorhaltigen Lösungen einige hundert Millivolt auseinander liegen. Ist stabile Lochkorrosion eingetreten, so hört die Lochkorrosion bei Absenken des Potentials häufig nicht bei Unterschreiten des Potentials U_s auf, sondern erst bei Unterschreiten des Potentials U_p. Das hängt damit zusammen, daß sich die Zusammensetzung des Mediums innerhalb und außerhalb der Löcher unterscheidet. U_p und U_r liegen jedoch nicht weit auseinander. Es gibt aber auch Systeme, in denen U_r, U_s und U_p praktisch zusammenfallen, z.B. bei Aluminium.

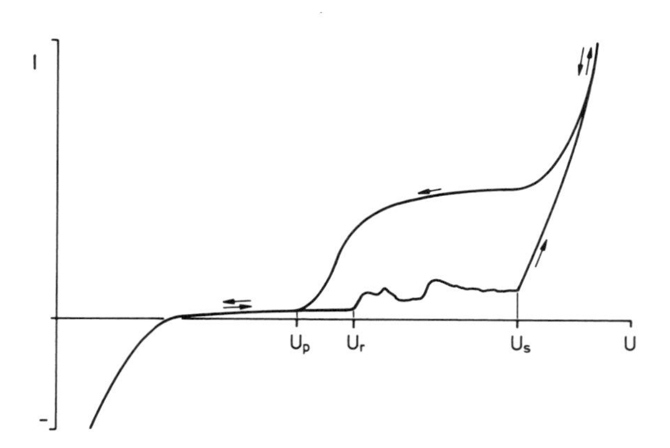

Abb. 2.5: Lage der Lochfraßpotentiale U_p, U_r und U_s, ermittelt durch unterschiedliche Polarisationsrichtung (schematisch)

In Lösungen mit Chlorid und Nitrat ist der Potentialbereich der Lochkorrosion durch ein unteres und ein oberes Lochfraßpotential begrenzt (Abb. 2.6).

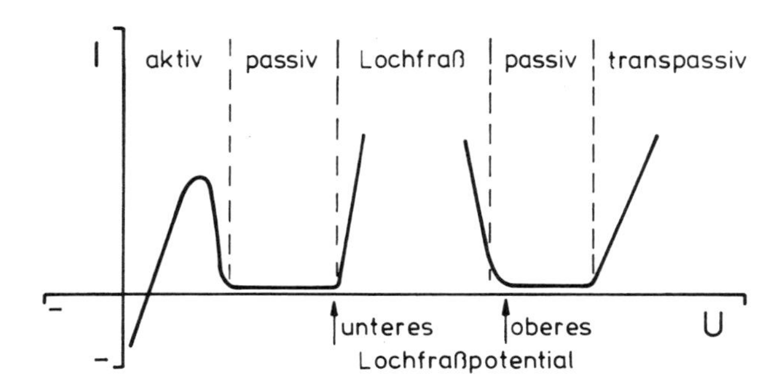

Abb. 2.6: Stromdichte-Potential-Kurve in einem Korrosionssystem mit einem unteren und oberen Lochfraßpotential (schematisch)

Das Lochfraßpotential kann nach folgenden Methoden bestimmt werden; vgl. auch Abschn. 1.2.3:

a) Potentiodynamische Versuche

Das Potential U der Probe wird mit einer Geschwindigkeit

$$v = \frac{dU}{dt} \qquad (2.4)$$

verändert, und der Zellenstrom I wird laufend registriert. Der Beginn der Lochkorrosion zeigt sich am Anstieg des Zellenstromes I. Da die Lochkorrosion häufig erst nach einer potentialabhängigen Inkubationszeit einsetzt, besteht die Gefahr, daß das Lochfraßpotential "überfahren" wird. Deshalb ist v ausreichend klein zu wählen, z.B. 20 mVh^{-1}. Durch Änderung von v ist zu prüfen, ob das Lochfraßpotential unabhängig von v ist. Die geeignete Potentialänderungsgeschwindigkeit ist für jedes System zu ermitteln. Nach dieser Methode können Potentialbereiche erkannt werden, in denen Lochkorrosion einsetzt. Die genaue Potentiallage ist durch potentiostatische Halteversuche zu bestimmen, da aus dem Stromanstieg allein nicht ersichtlich ist, ob wirklich Lochkorrosion auf der Werkstoffoberfläche vorliegt. Dies läßt sich nur durch visuelle Beobachtung, ggf. unter Zuhilfenahme einer Lupe, entscheiden. Der Strom kann auch durch andere elektrochemische Reaktionen, durch Lochkorrosion an Schnittkanten der Probe oder durch Spaltkorrosion an der Probenaufhängung oder unter einer Abdeckung verursacht werden.

b) Potentiostatische Halteversuche

Das Potential wird konstant gehalten und der Strom I gemessen. Die Versuchszeit ist wegen möglicher Inkubationszeiten ausreichend lange zu wählen, z.B. 24 h. Für jedes Potential ist eine neue Probe zu wählen. Jede Probe ist anschließend mit einer Lupe oder unter einem Mikroskop auf Lochfraß zu untersuchen. Nach dieser Methode können U_s und U_r ermittelt werden, wenn das Medium frei von Redoxsystemen ist.

c) Potentiostatische Wechselversuche

Bei diesen Versuchen wird bei Lochbildung von einem Probenpotential $U < U_L$ auf ein Probenpotential $U > U_L$ und bei Lochpassivierung von $U > U_L$ auf $U < U_L$ umgeschaltet. Die Probe ist vor jedem Potentialwechsel genügend lange auf einem Potential zu halten. Nach dieser Methode können U_s, U_p und U_r bestimmt werden. Diese Methode dient besonders zur Untersuchung der Repassivierfähigkeit der Löcher.

d) Galvanostatische Versuche

Nach dieser Methode kann nur U_p bestimmt werden, es sei denn, daß U_r, U_s und U_p zusammenfallen. Dann ergeben Messungen mit potentiostatischer und galvanostatischer Meßschaltung das gleiche Lochfraßpotential U_L. Es ist darauf zu achten, daß der Zellenstrom nicht zu groß gewählt wird (einige $\mu A\ cm^{-2}$).

e) Versuche mit "schräger Widerstandgeraden"

Bei diesen Versuchen wird die Hemmung durch den kathodischen Teilschritt beim chemischen Korrosionsversuch nachgeahmt. Hierzu ist ein Potentiostat mit der Sollspannung U_o und einem Widerstand R zwischen Potentiostatenausgang und Arbeitselektrode zu verwenden. Das Potential U der Probe ist dann:

$$U = U_o - I \cdot R \qquad (2.5)$$

Ein Einfluß der Neigung der Widerstandsgeraden (Variation von R) auf die Lage des Lochfraßpotentials wurde z.B. an einem Stahl mit rd. 35% Cr in "Superferrit"-Güte sowie an CrNiMo-Stählen beobachtet.

Potentiostatische Halteversuche liefern sichere und vergleichbare Ergebnisse. Ihre Aussage für die Praxis ist jedoch eingeschränkt, wenn die Neigung der Widerstandsgeraden der Meßschaltung einen Einfluß auf das Lochfraßpotential hat. In diesem Fall kann stabile Lochkorrosion bei nichtpotentiostatischer Meßschaltung auch bei Potentialen unterhalb U_s auftreten. Der Widerstand der Meßschaltung entspricht dabei dem Polarisationswiderstand der kathodischen Redoxreaktion bei freier Korrosion. Als unteren Grenzwert für Lochkorrosion kann U_p angesehen werden, das bei galvanostatischer Meßschaltung erhalten wird. Diese U_p-Werte haben für die Praxis jedoch nur bedingt Aussagekraft. So kommt z.B. der verbessernde Einfluß von Molybdän auf die Lochkorrosionsbeständigkeit von CrNi-Stählen in den U_p-Werten nicht zum Ausdruck, dagegen aber in den U_s-Werten.

Weitere Einzelheiten siehe: G. Herbsleb u. W. Schwenk, Werkst. u. Korr. 24, 763 (1973) und ibid. 26, 5 (1975).

Aufgabe 2.3.1 Untersuchung der Lochkorrosion an hochlegierten Chrom-Nickel-Stählen mit Hilfe eines Indikatortests

Das Auftreten von Lochkorrosion wird über die Bildung von Turnbulls-Blau an den hochlegierten Chrom-Nickel-Stählen (Richtanalysen s. Anhang)

1.4301, lösungsgeglüht (15 min 1050 °C/W)
1.4401, lösungsgeglüht (15 min 1050 °C/W)
1.4439, lösungsgeglüht (15 min 1050 °C/W)
1.4439, lösungsgeglüht (15 min 1050 °C/W) + 48 h 700 °C/Luft

in chloridhaltigen wäßrigen Lösungen mit geringen Gehalten an $K_3Fe(CN)_6$ und $K_4Fe(CN)_6$ untersucht. Außerdem ist das Redoxpotential der Lösungen zu bestimmen.

Zubehör
Proben der o.g. Werkstoffe
Petrischalen mit Unterteilungen
Lösungen:
a) 3 M NaCl + 1% $K_3Fe(CN)_6$ + 1% $K_4Fe(CN)_6$
b) 1 M " " " " "
c) 0,3 M " " " " "
d) 0,1 M " " " " "

kleines Becherglas
Pt-Elektrode
Referenzelektrode
Voltmeter

Methodik und Apparatur

Die Ausbildung deutlich sichtbarer Löcher erfolgt selten in wenigen Stunden. Der Beginn der Lochkorrosion an hochlegierten Chrom-Nickel-Stählen kann aber mit Hilfe eines empfindlichen Indikators sichtbar gemacht werden. Grundlage dieser Prüfung ist die Reaktion von Fe(II)-Salzen mit $K_3Fe(CN)_6$ unter Bildung von Turnbulls-Blau. Da an den Lochkorrosionsstellen Eisen in zweiwertiger Form in Lösung geht, sind diese Stellen durch die Bildung von Turnbulls-Blau sofort zu erkennen. Durch Zugabe von $K_3Fe(CN)_6$ und $K_4Fe(CN)_6$ erhält die chloridhaltige Lösung ein definiertes Redoxpotential, das mit Hilfe einer Platinelektrode bestimmt werden kann.

Eine spezielle Apparatur ist nicht erforderlich. Die Proben werden in Petrischalen den Lösungen ausgesetzt.

Versuchsdurchführung

Da die Farbreaktion mit Turnbulls-Blau sehr empfindlich ist, muß die Oberfläche frei von eisenhaltigen Verunreinigungen sein. Für den einwandfreien Nachweis von Lochkorrosion nach diesem Indikatortest ist deshalb eine sorgfältige Probenvorbehandlung unerläßlich, z.B. ein kurzes Beizen in einer etwa 15 % HCl + 3 % HNO_3-Lösung (V2A-Beize) bei ca. 60 °C.

In jedes Segment der Petrischalen wird je eine Probe von den verschiedenen Werkstoffen und Wärmebehandlungszuständen gelegt. Danach wird in jede Petrischale eine der 4 Lösungen gegeben, so daß die Proben gut bedeckt sind. Die Lösung mit der niedrigsten Chloridkonzentration sollte zuerst und die mit der höchsten zuletzt eingefüllt werden.

Die Redoxpotentiale der Lösungen werden in einem separaten Becherglas mit Hilfe einer Platinelektrode gegen eine Bezugselektrode gemessen (vgl. Abschn. 1.2.3.1).

Versuchsauswertung

Beobachtet wird das Auftreten von blauen Punkten auf der Oberfläche der Proben über einen Zeitraum von etwa 4 Stunden, und registriert wird die Intensität des Lochfrasses zunächst in kurzen, später in längeren Zeitabständen. Da die Inkubationszeit für Lochkorrosion, besonders in Lösungen geringer Chloridkonzentration, viele Stunden betragen kann, sollte eine endgültige Auswertung derartiger Versuche erst nach einem Tag oder mehreren Tagen erfolgen.

Die gemessenen Redoxpotentiale der Lösungen sind mit den am Werkstoff 1.4301 bei den Aufgaben 2.3.2 und 2.3.3 ermittelten Lochfraßpotentialen zu vergleichen, siehe Abb. A 2.11, und die Bedeutung beider Potentiale für das Auftreten von Lochkorrosion ist zu diskutieren.

Spezielle Literatur

H. Stoffels und W. Schwenk:
Untersuchungen über die Lochfraßkorrosion an chemisch beständigen Stählen mit Hilfe der Turnbulls-Blau-Farbreaktion.
Werkst. u. Korr. 12, 493 (1961)

G. Herbsleb und W. Schwenk:
Untersuchungen über den Lochfraßindikatortest an Chrom- und Chrom-Nickel-Stählen in chlorid- und bromidhaltigen Lösungen.
Werkst. u. Korr. 18, 685 (1967)

Aufgabe 2.3.2 Bestimmung des Lochfraßpotentials nach der potentiostatischen und potentiodynamischen Methode
Einfluß der Chloridkonzentration

Es wird der Einfluß der Potentialvorschubgeschwindigkeit und der Chloridkonzentration auf die Lage des Lochfraßpotentials eines 18/9-CrNi-Stahls in neutraler sulfathaltiger Lösung ermittelt.

Zubehör Proben aus Werkstoff Nr. 1.4301, lösungsgeglüht (15 min 1050 °C/W),gebeizt
Probenhalterung
Platin-Gegenelektroden
Hg/Hg_2SO_4-Bezugselektrode mit Haber-Luggin-Kapillare
Meßzelle
Lösungen:
a) 0,1 M Na_2SO_4
b) 0,1 M Na_2SO_4 + 0,01 M NaCl
c) 0,1 M Na_2SO_4 + 0,1 M NaCl
d) 0,1 M Na_2SO_4 + 0,3 M NaCl
e) 0,1 M Na_2SO_4 + 1,0 M NaCl
f) 0,1 M Na_2SO_4 + 5,0 M NaCl
Potentiostat
Schrittmotorpotentiometer
Schreiber
Magnetrührer
Lupe

Methodik und Apparatur

Die zu untersuchende Probe ist Arbeitselektrode einer elektrochemischen Zelle mit potentiostatischer Außenschaltung. Schaltbild und Meßanordnung entsprechen Abb. 1.20a). Bei potentiodynamischen Messungen wird das Potential mit Hilfe eines Schrittmotorpotentiometers mit konstanter Geschwindigkeit, ausgehend von einem Startpotential, zu positiven Potentialen verändert, vgl. Abb. 2.7. Der zwischen Arbeits- und Gegenelektrode fließende Strom kann am Anzeigeinstrument des Potentiostaten abgelesen werden und wird außerdem mit einem x-t-Schreiber registriert.

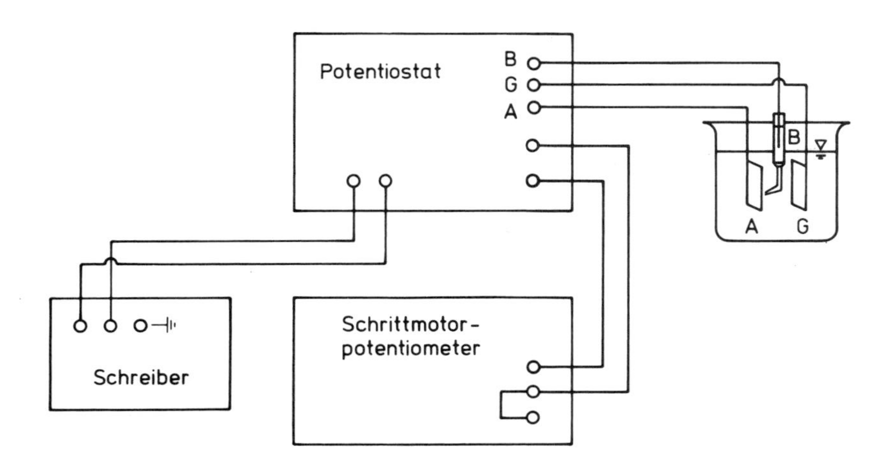

Abb. 2.7: Schaltbild für potentiodynamische Messungen

Versuchsdurchführung

Eine Probe wird in die Probenhalterung eingebaut. Danach wird die Zelle zusammengesetzt, die Lösung eingefüllt und leicht gerührt. Bei potentiostatischen Halteversuchen wird die gewünschte Sollspannung am Potentiometer des Potentiostaten eingestellt. Bei potentiodynamischen Messungen wird das Startpotential am Potentiostaten eingestellt. Am Schrittmotorpotentiometer wird die Potentialvorschubgeschwindigkeit gewählt und das Potentiometer auf Null gestellt. Danach wird am Potentiostaten der Funktionsschalter auf "Strom" geschaltet und der Zellenstrom registriert. Bei potentiodynamischen Versuchen wird außerdem das Schrittmotorpotentiometer in Gang gesetzt.

Hat die Stromdichte einen Wert von etwa 0,4 mA cm^{-2} erreicht, wird das Potential noch ca. 10 min gehalten, und erst danach werden Potentiostat und Schrittmotorpotentiometer auf "Null" geschaltet. Die Probe wird ausgebaut, mit Wasser abgespült und mit einer Lupe auf Löcher untersucht.

Nach jedem Versuch wird neue Lösung in die Zelle gefüllt und eine neue Probe in die Halterung gespannt.

Die Gesamtaufgabe ist in folgende Teilaufgaben unterteilt:

<u>Teilaufgabe a)</u> Einfluß der Potentialvorschubgeschwindigkeit

Diese Versuche werden in der Lösung mit 0,1 M Na_2SO_4 + 1,0 M NaCl durchgeführt. Die Potentialvorschubgeschwindigkeit v beträgt bei den einzelnen Versuchen: 0,012* - 0,036* - 0,12 - 0,36 - 1,2 - 3,6 - 12 - 36 V h^{-1}.

Das Startpotential sollte bei $U_H \approx + 220$ mV liegen.

<u>Teilaufgabe b)</u> Einfluß der Chloridkonzentration

Diese Versuche werden in den Lösungen a) bis f) ausgeführt *. Der Potentialvorschub ist bei allen Versuchen konstant mit v = 0,12 V h^{-1}.

Das Startpotential beträgt für die einzelnen Lösungen:

Lösungen	a) b)	$U_H \approx + 1150$ mV
Lösung	c)	$U_H \approx + 700$ mV
Lösung	d)	$U_H \approx + 240$ mV
Lösung	e)	$U_H \approx + 200$ mV
Lösung	f)	$U_H \approx + 70$ mV

---

* Während des Dechema-Praktikums liegen die Meßergebnisse für diese beiden Vorschubgeschwindigkeiten sowie für die Lösungen a) und b) aus.

Teilaufgabe c) Potentiostatische Halteversuche

Um einige der potentiodynamisch erhaltenen Ergebnisse mit denen potentiostatischer Halteversuche zu vergleichen, werden folgende Halteversuche über mind. 2 h in der Lösung e) bei den Potentialen U_H = + 270 mV, U_H = + 220 mV und U_H = + 170 mV durchgeführt.

Versuchsauswertung

Bei den potentiodynamischen Versuchen aus den Teilaufgaben a) und b) sind die Strom-Zeit-Kurven in Stromdichte-Potential-Kurven umzurechnen und auf die Standardwasserstoff-Skala zu beziehen. Die Umrechnung von Zeit in Potential erfolgt nach der Gleichung

$$U = U_{Start} + \frac{dU}{dt} \cdot t \qquad (2.6)$$

Aus den so erhaltenen i - U_H-Kurven ergibt sich das Lochfraßpotential U_L bei Stromdichten um 10 µA cm^{-2}. Aufzutragen sind dann:

U_L über Potentialvorschubgeschwindigkeit v (Teilaufgabe a)).

U_L über Chloridkonzentration (Teilaufgabe b)).

Die Ergebnisse der potentiodynamischen Messungen sind mit denen der potentiostatischen Halteversuche zu vergleichen. Die Meßergebnisse über den Einfluß der Chloridkonzentration sind mit denen der galvanostatischen Messungen der Aufgabe 2.3.3 zu vergleichen. Der Einfluß der Potentialvorschubgeschwindigkeit ist zu diskutieren.

Aufgabe 2.3.3 Bestimmung des Lochfraßpotentials nach der galvanostatischen Methode

Zum Vergleich zu den potentiodynamisch ermittelten Lochfraßpotentialen in Lösungen mit verschiedenen Chloridkonzentrationen wird das Lochfraßpotential an einem 18/9-CrNi-Stahl galvanostatisch ermittelt.

Zubehör Proben aus Werkstoff-Nr. 1.4301, lösungsgeglüht (15 min 1050 °C/W), gebeizt
Probenhalterung
Platin-Gegenelektroden

Hg/Hg_2SO_4-Bezugselektrode mit Haber-Luggin-Kapillare
Meßzelle
Lösungen:
a) 0,1 M Na_2SO_4
b) 0,1 M Na_2SO_4 + 0,01 M NaCl
c) 0,1 M Na_2SO_4 + 0,1 M NaCl
d) 0,1 M Na_2SO_4 + 0,3 M NaCl
e) 0,1 M Na_2SO_4 + 1,0 M NaCl
f) 0,1 M Na_2SO_4 + 5,0 M NaCl
Galvanostat
Voltmeter
Schreiber
Magnetrührer
Lupe

Methodik und Apparatur

Die zu untersuchende Probe ist Arbeitselektrode einer elektrochemischen Zelle mit galvanostatischer Außenschaltung. Schaltbild und Meßanordnung entsprechen Abb. 1.20b). Der Arbeitselektrode wird ein kleiner anodischer Strom aufgeprägt, der die Elektrode geringfügig über das Lochfraßpotential polarisiert. Das sich zwischen Arbeits- und Bezugselektrode einstellende Potential wird mit einem Voltmeter gemessen und mit einem Schreiber registriert.

Versuchsdurchführung

Eine Probe wird in die Probenhalterung eingebaut. Danach wird die Zelle zusammengesetzt, mit einer der Lösungen a) bis f) gefüllt und die Lösung leicht gerührt. Mit Hilfe eines Galvanostaten wird der Arbeitselektrode ein Strom von 10 $\mu A\ cm^{-2}$ aufgeprägt und der zeitliche Verlauf des Potentials der Arbeitselektrode registriert. Der Versuch kann beendet werden, wenn sich das Potential während eines Zeitraums von etwa 10 Minuten nicht wesentlich ändert. Die Probe ist dann auszubauen, mit Wasser abzuspülen und mit einer Lupe auf Lochfraß zu untersuchen.

Der Versuch ist mit einer neuen Probe in einer der anderen Lösungen zu wiederholen.

Versuchsauswertung

Aus den Potential-Zeit-Diagrammen wird das Lochfraßpotential ermittelt und gegen die Chloridkonzentration der Lösung aufgetragen. Die nach dieser Methode erhaltenen Lochfraßpotentiale werden auf die Standardwasserstoff-Skala umgerechnet und mit den potentiodynamisch ermittelten Ergebnissen verglichen. Auftretende Unterschiede sind zu deuten. Welches Lochfraßpotential wird galvanostatisch ermittelt?

2.4 Spaltkorrosion

Literatur:

H. Kaesche: Die Korrosion der Metalle
Springer-Verlag 1979, S. 274

R. Scheidegger, R.O. Müller: Loch- und Spaltkorrosion von Chrom- und Chromnickelstählen in chloridhaltigen Lösungen, Werkst. u. Korr. 31, 387 (1980)

F.P. Ijsseling: Electrochemical Methods in Crevice Corrosion Testing
Br. Corr. J. 15, 29 (1980)

Spaltkorrosion ist eine Korrosionserscheinung, die an enge Spalten zwischen artgleichen Werkstoffen oder zwischen Metall und Nichtleitern gebunden ist. Stehen unterschiedliche Metalle über einen Spalt im metallenen Kontakt, so kann der Spaltkorrosion noch Kontaktkorrosion (s. Abschn. 2.5) überlagert sein. Ausgang für Spaltkorrosion sind z.B. häufig Spalte zwischen den Stirnflächen verschraubter Flansche, zwischen eingewalzten Rohren und Rohrböden oder zwischen Metalloberfläche und Dichtungsmaterial. Die Spalte müssen eine Öffnung zum Medium haben.

Es gibt mehrere Ursachen für Spaltkorrosion, die letztlich alle auf Verarmung oder Anreicherung bestimmter Bestandteile des Mediums im Spalt als Folge der Ionenwanderung und des stark verringerten Stoffaustauschs zurückzuführen sind.

Belüftungselement

Diese Ursache spielt besonders bei unlegierten und niedriglegierten Stählen eine Rolle. Das Metall geht im Spalt verstärkt anodisch in Lösung, weil dort der Sauerstoffzutritt behindert ist. Die kathodische Sauerstoffreduktion erfolgt bevorzugt außerhalb des Spalts. Es bildet sich ein Korrosionselement aus, das durch die pH-Unterschiede des Mediums in und außerhalb des Spalts stabilisiert wird.

Ausbildung eines Aktiv/Passiv-Elements

Diese kann bei nichtrostenden Stählen in sauren Medien auftreten. Die Behinderung von Sauerstoffzutritt und Stoffaustausch im Spalt begünstigt die Aktivierung des Werkstoffs im Spalt, während der Werkstoff außerhalb des Spalts im Passivzustand verbleibt.

Lochkorrosion auslösende Medien

Diese Art der Spaltkorrosion wird an nichtrostenden Stählen in chloridhaltigen Medien gefunden, vgl. Aufg. 2.4.1. Spaltkorrosion tritt wie Lochkorrosion oberhalb eines kritischen Potentials auf, dem Spaltkorrosionspotential. Es liegt im allgemeinen unterhalb des Lochfraßpotentials, so daß Spaltkorrosion vor Lochkorrosion einsetzt.

Anreicherung durch Wasserdampfdiffusion

An Dichtungen mit organischen Werkstoffen kommt es häufig zu einer Wasserdampfdiffusion (vgl. Abschn. 6.3), wenn der organische Werkstoff mit der Atmosphäre in Verbindung steht. Dadurch kann es zur Anreicherung aggressiver Komponenten des Mediums zwischen Metall und Kunststoff kommen, die dort zu einer erhöhten Korrosionsgeschwindigkeit führt.

Aufgabe 2.4.1 Einfluß der Zusammensetzung nichtrostender Stähle auf die Spaltkorrosion in einem chloridhaltigen Medium

An einer Reihe von ferritischen und austenitischen nichtrostenden Stählen sowie Titan wird die Empfindlichkeit gegenüber Spaltkorrosion unter Kunststoffabdeckungen in einem neutralen chloridhaltigen Medium untersucht.

Zubehör

Blechproben aus den Werkstoffen:

1.4301 (18/8 CrNi) lösungsgeglüht (15 min 1050 °C/W)
1.4404 (18/8 CrNi + 2 Mo) " " " " "
1.4439 (18/8 CrNi + 4-5 Mo) " " " " "
1.4462 (22/5 CrNi + 3 Mo) " " " " "
1.4510 (18 Cr + Ti)
1.4523 (18 Cr + 2 Mo + Ti)
Titan
1% NaCl + 0,2% $K_3Fe(CN)_6$ + 0,2% $K_4Fe(CN)_6$
Becherglas
Probenhalterung mit Teflondistanzstücken
Lupe

Methodik und Apparatur

Zur Erzeugung von Spalten werden abwechselnd Proben der o.g. Werkstoffe und gezahnte Teflondistanzstücke auf einer Halterung aufgereiht und gegeneinander gedrückt. Diese Anordnung wird dem Medium ausgesetzt. Es handelt sich um einen einfachen Dauertauchversuch von ca. 10 Tagen Laufzeit.

Versuchsdurchführung

Die CrNi-Stähle werden nach der Lösungsglühung in einer V2A-Beize (HCl + HNO_3) gebeizt, um den dünnen Zunder zu entfernen. Danach werden alle Proben in einem heißen, wässrigen Entfettungsbad entfettet, mit Wasser gründlich gespült und getrocknet. Um eine an den Kanten schneller einsetzende Lochkorrosion zu vermeiden, werden die Proben aus den Stählen 1.4301 und 1.4404 mit einer Teerpech-Epoxidharz-Beschichtung an den Kanten abgedeckt. Dann werden alle Proben auf eine lochfraßbeständige und elektrisch isolierte Gewindestange mit den Teflondistanzstücken so montiert, daß auf beiden Flächen jeder Probe je eine gezahnte Teflonscheibe aufliegt. Diese Anordnung wird mit einer Feder vorgespannt und für 10 Tage in ca. 3 l des Mediums gehängt.

Nach Ablauf der Versuchsdauer werden die Proben unter Wasser von eventuellen Korrosionsprodukten gereinigt und anschließend unter einer Lupe auf Spalt- und Lochkorrosion untersucht.

Versuchsauswertung

Der Einfluß der Legierungszusammensetzung der Werkstoffe ist auf die Spalt- und/ oder Lochkorrosion zu beurteilen.

2.5 Elementbildung und Kontaktkorrosion

Literatur:	DIN 50919	Korrosion der Metalle - Korrosionsuntersuchungen der Kontaktkorrosion in Elektrolytlösungen
	W. Schwenk:	Probleme der Kontaktkorrosion, Metalloberfläche 35, 158 (1981)

Bilden sich auf einer korrodierenden Metalloberfläche heterogene Mischelektroden und damit vorwiegend anodisch und kathodisch wirksame Bezirke aus, dann entsteht ein Korrosionselement. Es ist vergleichbar mit einem galvanischen Element und folgt wie dieses folgendem Gesetz zwischen Strom, Spannung und Widerständen

$$I = \frac{\Delta U_R}{\sum R_\Omega + R_a + R_k} \tag{2.7}$$

mit		
I	Elementstrom	(A)
ΔU_R	Differenz der Ruhepotentiale von anodischen und kathodischen Oberflächenbezirken	(V)
$\sum R_\Omega$	Summe der ohmschen Widerstände	$(V\ A^{-1})$
$R_{a,k}$	anodische und kathodische Polarisationswiderstände	$(V\ A^{-1})$.

Die Gleichung besagt, daß der Elementstrom proportional der Differenz der Ruhepotentiale (treibende Kraft) und umgekehrt proportional der Summe aller im Elementstromkreis enthaltenen Widerstände ist.

Zur Ausbildung von Korrosionselementen kommt es immer dann, wenn die anodischen und kathodischen Teilschritte der Korrosionsreaktion in bestimmten Oberflächenbezirken unterschiedlich schnell ablaufen. Ursachen hierfür sind:

a) Inhomogenitäten im Metall:
unterschiedliches Gefüge (Schweißnähte), unterschiedliche Konzentration von Legierungsbestandteilen, Seigerungen, Einschlüsse usw.

b) Inhomogenitäten im Medium:
Konzentrationsunterschiede elektrochemisch aktiver Komponenten, z.B. pH-Differenzen, O_2-Konzentrationsdifferenzen (Belüftungselemente), Anreicherung von Komplexbildnern (Chloridionen bei Loch- und Spaltkorrosion), Veränderungen des Mediums durch die Produkte der Korrosionsreaktionen (z.B. Wandalkalität).

c) Inhomogener Aufbau des gesamten Korrosionssystems:
Metalloberflächen mit und ohne Deckschichten (z.B. unlegierter Stahl ohne und mit Oxidschichten), unterschiedliche Metalle (Kontaktkorrosion), Korrosion durch Mischinstallationen.

d) Streuströme:
Ausbildung von Anoden an der Austrittsstelle und von Kathoden an der Eintrittsstelle von Streuströmen in Zwischenleitern (elektrochemische Beeinflussung). Im Gegensatz zu den Fällen a), b) und c) ist Fall d) ein Beispiel für einen durch einen Außenstrom erzwungenen Vorgang (vgl. Abschn. 6.1.3).

Ein spezieller Fall eines Korrosionselementes ist das Kontaktkorrosionselement. Es besteht aus zwei Metallen, deren Potentiale sich in der Spannungsreihe ausreichend unterscheiden, metallen leitend miteinander verbunden sind, in eine ausreichend leitfähige, oxidationsmittelhaltige Elektrolytlösung tauchen und keine zu großen Polarisationswiderstände haben. Bei Kontaktkorrosionselementen kann der Elementstrom durch ein niederohmiges Strommeßinstrument einfach bestimmt werden (vgl. Abschn. 1.2.3.2). Doch ist der gemessene Elementstrom in der Regel nicht identisch mit dem Korrosionsstrom, da der unedlere Elementpartner (Anode) zusätzlich einer Eigenkorrosion unterliegt.

Ein interessanter Grenzfall ergibt sich bei Kontaktkorrosion mit geschwindigkeitsbestimmender kathodischer Teilreaktion. Ist wie beim Beispiel der Kontaktpaarung Zn-Cu in lufthaltiger NaCl-Lösung der Elementstrom nur durch die Geschwindigkeit der kathodischen Sauerstoffreduktion bestimmt, dann bedeutet dies für R_k in Gl. (2.7)

$$R_k \gg R_a + \Sigma R_\Omega \qquad (2.8)$$

und folglich

$$I = \frac{\Delta U_R}{R_k} \qquad (2.9)$$

I ist demnach umgekehrt proportional R_k. Da andererseits R_k umgekehrt proportional der Kathodenfläche A ist, ergibt sich

$$I \sim A \qquad (2.10)$$

und damit die Flächenregel der Kontaktkorrosion bzw. das Prinzip der Sauerstoffeinfangfläche (Aufg. 2.5.3). Die Bedingung $R_k >> R_a + \Sigma R_\Omega$ besagt, daß weder der Polarisationswiderstand der anodischen Teilreaktion noch der Elektrolytwiderstand eine Rolle spielen.

Große Bedeutung in der Praxis haben Konzentrationselemente infolge unterschiedlicher Belüftung und pH-Werte. Ein Beispiel hierfür ist die Elementbildung durch Teilabdeckung von unlegiertem Stahl durch Beton in chloridhaltigen Wässern (Aufg. 2.5.4). An der betonbedeckten Oberfläche bilden sich infolge der alkalischen Reaktion des Betons passive Oberflächen, an denen der durch den porösen Beton diffundierende Sauerstoff reduziert wird. An der freien Stahloberfläche läuft der anodische Teilvorgang mit hoher Stromdichte ab, wenn das Flächenverhältnis Kathoden-/Anodenfläche sehr groß ist.

Schließlich können auch die Experimente zum kathodischen Schutz von unlegiertem Stahl durch galvanische Anoden aus Zn oder Mg als Beispiel für Kontaktkorrosionselemente betrachtet werden. Sie zeigen beispielsweise den Einfluß von ΔU_R auf I in Gl. (2.7) dadurch, daß beim Ersatz von Zn durch Mg der Elementstrom infolge der größeren Spannung ansteigt (Aufg. 6.1.1).

Aufgabe 2.5.1 Demonstration der Kontaktkorrosion

An Metallpaarungen von unedlen mit edlen Metallen in 0,1 M HCl wird die Kontaktkorrosion anhand der kathodischen Wasserstoffentwicklung gezeigt.

Zubehör
- Drähte aus Zn, Al, Fe, Cu, Pt (Länge ca. 50 mm)
- Petrischale
- 0,1 M HCl
- Overhead-Projektor oder Stereomikroskop

Methodik und Apparatur

Die gewünschten Metallpaarungen werden durch Kontaktierung der Drahtenden hergestellt und die Gasentwicklung als Maß für den Elementstrom beobachtet. Die Experimente werden in einer Petrischale auf einem Overhead-Projektor ausgeführt oder unter einem Stereomikroskop beobachtet.

Versuchsdurchführung und Auswertung

Zunächst werden die zu untersuchenden Metallpaarungen ohne Kontakt in die Lösung gebracht und über etwa 1 min beobachtet. Dann werden die Drahtenden etwa im rechten Winkel übereinander gelegt, und es wird wiederum über ca. 1 min beobachtet. Nacheinander werden folgende Kombinationen untersucht:

Zn - Pt	Al - Pt
Zn - Cu	Al - Cu
Zn - Fe	Al - Fe

Die Beobachtungen werden notiert und die Teilschritte der Korrosionsreaktionen formuliert. Die unterschiedliche Gasentwicklung ist zu interpretieren.

Aufgabe 2.5.2 Untersuchung der Kontaktkorrosion an Werkstoffpaarungen mit einer Magnesiumlegierung

Die Werkstoffpaarungen

MgAl9Zn - unlegierter Stahl
MgAl9Zn - hochlegierter Stahl
MgAl9Zn - verzinkter Stahl

werden in 0,5 % NaCl-Lösung der Kontaktkorrosion unterworfen und die Versuche elektrochemisch und chemisch ausgewertet. Die elektrochemisch und chemisch erhaltenen Ergebnisse werden miteinander verglichen und der Einfluß unterschiedlicher Werkstoffpaarungen ermittelt.

Zubehör

- Platten aus MgAl9Zn
- Schrauben aus unlegiertem Stahl, 18/9-CrNi-Stahl bzw. schmelztauchverzinktem Stahl
- 1 l Filtrierbecher
- Kontaktkorrosionsmeßanordnung
- 0,5 % NaCl-Lösung mit Citratpuffer, pH = 5,5
- Strommeßeinrichtung bestehend aus einem Potentiostaten in Kurzschlußschaltung und einem Spannungsintegrator
- Magnetrührer

Methodik und Apparatur

Das Experiment wird als praxisnaher Versuch mit einer Modellanordnung bestehend aus einer Platte (Mg-Legierung) und einer elektrisch isolierten Schraube (Kontaktwerkstoff) durchgeführt. Durch eine spezielle Konstruktion wird die Kontaktierung der Werkstoffe ermöglicht, ohne daß Elektrolytlösung an die Kontaktstellen gelangt (Abb. 2.8).

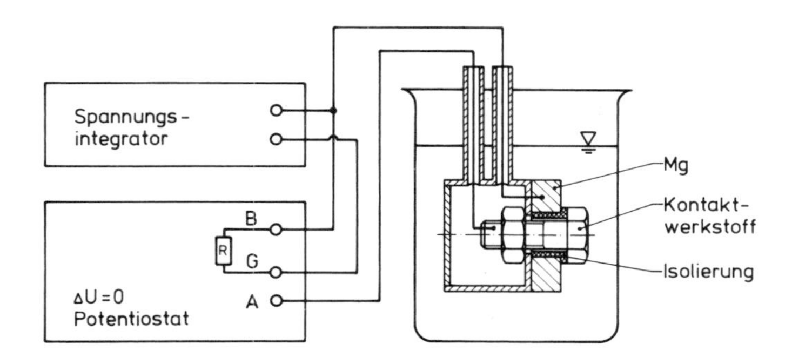

Abb. 2.8: Anordnung zur Messung der Kontaktkorrosion

Die Untersuchungen umfassen die Messung des Elementstromes über der Zeit und des Massenverlusts der Mg-Legierung bei kurzgeschlossenem Element und bei freier Korrosion. Die Messung des Elementstromes erfolgt über einen Potentiostaten als Nullwiderstands-Strommeßinstrument und einen als Stromintegrator geschalteten Spannungsintegrator. Hierbei wird die Meßzelle zwischen die Arbeitselektroden- und Bezugselektrodeneingänge des Potentiostaten geschaltet und die Sollspannung des Potentiostaten auf Null gestellt. Der Strom wird als Spannungsabfall über einem Widerstand zwischen Bezugs- und Gegenelektrodeneingang integriert (vgl. Abb. 2.8). Der Potentiostat regelt zwischen den Kontaktpartnern eine Spannung Null ein (Nullwiderstand des Potentiostaten). Dabei fließt ein Strom, der gleich dem Elementstrom (Kurzschlußstrom) ist. Der Spannungs(strom)integrator bildet das für den Vergleich mit den Massenverlustmessungen notwendige Elementstrom-Zeit-Integral.

Neben der Nullwiderstands-Strommessung läßt sich der Elementstrom auch mit der üblichen Kombination aus niederohmigem Widerstand und Spannungsmeßgerät durchführen (vgl. Abschn. 1.2.3.2 bzw. Aufgabe 2.5.3).

Versuchsdurchführung

Zu Beginn werden die Platten aus der Magnesiumlegierung mit Siliciumcarbidpulver (Körnung 150 µm) geschliffen, in Aceton entfettet und gewogen. Danach wird die Modellanordnung mit einer Schraube aus unlegiertem Stahl zusammengebaut, das Versuchsgefäß mit Lösung gefüllt und das Experiment sofort begonnen. Die Versuchsdauer beträgt 20 min. Während dieser Zeit wird das Strom-Zeit-Integral bestimmt.

Nach Versuchsende wird die Vorrichtung mit destilliertem Wasser gespült und demontiert. Die Platte wird durch schwaches Bürsten von Korrosionsprodukten gereinigt, getrocknet und gewogen.

Parallel zum Elementstromexperiment wird der Massenverlust der Mg-Legierung bei freier Korrosion bestimmt.

Die Versuche werden mit Schrauben aus hochlegiertem Stahl und verzinktem Stahl wiederholt.

Versuchsauswertung

Die Auswertung der Ergebnisse erfolgt nach DIN 50919. Aus den elektrochemischen und chemischen Meßgrößen wird der Einfluß der drei Kontaktwerkstoffe auf

- die Gesamtkorrosion
- die durch den Elementstrom verursachte Korrosion und
- die Eigenkorrosion

der Magnesiumlegierung ermittelt.

Die Gesamtkorrosion errechnet sich aus dem durch Wägung ermittelten Massenverlust. Aus diesem Massenverlust errechnet sich nach der Beziehung

$$1 \text{ Ah} \approx 0{,}435 \text{ g (für MgAl 9 Zn)}$$

und einer Oberfläche $A = 28\ cm^2$ und der Versuchsdauer $t = 0{,}33$ h die anodische Teilstromdichte der Metallauflösung.

Die durch den Elementstrom verursachte Korrosion errechnet sich aus dem Strom-Zeit-Integral unter Beachtung der gleichen Beziehung.

Die Eigenkorrosion ist die Differenz zwischen Gesamtkorrosion und der durch den Elementstrom verursachten Korrosion.

In einer Tabelle sind das Elementstrom-Zeit-Integral, der Massenverlust aus dem Elementstrom, der Massenverlust aus Wägung sowie der Quotient

$$\frac{\text{Massenverlust aus Elementstrom}}{\text{Massenverlust aus Wägung}}$$

aufzuführen. In diese Tabelle ist auch der Massenverlust bei freier Korrosion aufzunehmen.

In einer weiteren Tabelle sind die Größen Gesamtkorrosion, durch Elementstrom verursachte Korrosion und Eigenkorrosion als Stromdichten gegenüberzustellen.

Die Wirkung des Kathodenmaterials ist zu diskutieren, und die anodischen und kathodischen Teilschritte der Korrosionsreaktion sind zu formulieren.

Kann aus dem Erscheinungsbild der Korrosion auf die Stromverteilung geschlossen werden, und wie sieht diese qualitativ aus?

Aufgabe 2.5.3 Die Flächenregel bei der Kontaktkorrosion

An der Metallpaarung Zn-Cu mit unterschiedlichen Kathodenflächen werden Massenverluste und Elementströme bestimmt und mit den Kathodenflächen in Beziehung gebracht. Die Voraussetzungen für die Gültigkeit der Flächenregel werden diskutiert und auf den vorliegenden Fall angewandt.

Zubehör

Rundmaterial aus Zn 99,9 und E-Kupfer mit folgenden Flächen

Zn 2 cm^2
Cu 2, 5, 10, 20, 30 cm^2

1 l Filtrierbecher

3% NaCl-Lösung mit Citratpuffer, pH = 5,5;

Strommeßeinrichtung bestehend aus einem 1Ω -Widerstand und einem Schreiber (R_i = 10KΩ) als Spannungsmeßgerät

Magnetrührer

Methodik und Apparatur

Zur Demonstration der Flächenregel der Kontaktkorrosion wird eine Elementpaarung Zn-Cu aufgebaut und auf Proportionalität von flächenbezogenem Massenverlust, Elementstrom und Kathodenfläche geprüft. Außerdem wird die Eigenkorrosion bestimmt, die sich aus dem Massenverlust durch Abzug des aus dem Elementstrom berechneten Anteils ergibt.

Als Vergleich dient die Sauerstoffkorrosion von Zink in gerührter, lufthaltiger NaCl-Lösung ohne Elementbildung.

Die Apparatur besteht aus einer einfachen Korrosionselementanordnung mit einem niederohmigen Meßwiderstand und einem Schreiber als hochohmigem Spannungsmeßinstrument für die Elementstrommessung (Abb. 2.9).

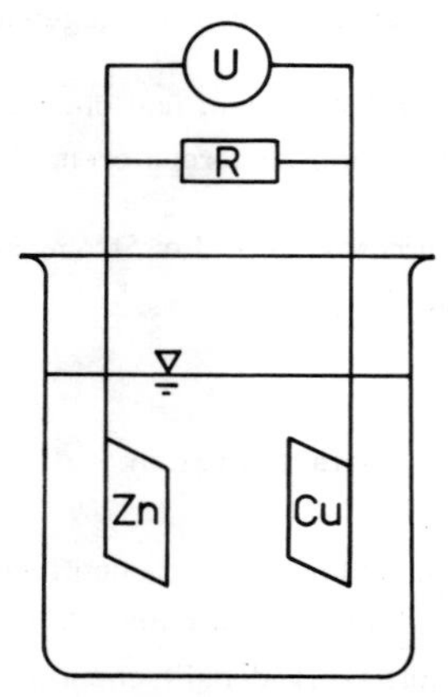

Abb. 2.9: Anordnung zur Demonstration der Flächenregel

Versuchsdurchführung

Folgende Elementpaarungen werden nacheinander untersucht

Zn 2 cm^2 - Cu 2 cm^2
Zn 2 " - Cu 5 "
Zn 2 " - Cu 10 "
Zn 2 " - Cu 20 "
Zn 2 " - Cu 30 "

Nach dem Eintauchen der Elementpaarung in die Lösung wird der Elementstrom über eine Zeit von 20 min gemessen. Durch Wägen bei Versuchsbeginn und Versuchsende wird zusätzlich der Massenverlust des Zinks bestimmt. Im Falle der 30 cm^2 Kupferelektrode wird auch der Massenverlust des Kupfers bestimmt.

Als weiterer Versuch wird die Bestimmung des Massenverlustes bei freier Korrosion des Zinks, also ohne Elementstromwirkung, durchgeführt.

Zur Demonstration der Wirkung des ohmschen Widerstandes der Elektrolytlösung wird der Elektrodenabstand einer Elementanordnung variiert.

Versuchsauswertung

Die in den 20 min-Versuchen erhaltenen Elementströme werden gemittelt und nach der Beziehung (Faradaysches Gesetz)

$$1 \text{ Ah} \approx 1{,}218 \text{ g (Zink)}$$

in flächenbezogene Massenverluste umgerechnet. Die erhaltenen Werte werden mit den durch Wägung ermittelten flächenbezogenen Massenverluste verglichen. Beide Messwertreihen werden in ein Diagramm über der Kathodenfläche aufgetragen.

Zur Prüfung der Gültigkeit der Flächenregel der Kontaktkorrosion wird untersucht, ob Massenverluste und Kathodenfläche einander proportional sind. Abweichungen von der Proportionalität haben verschiedene Ursachen, die zu diskutieren sind.

Die Proportionalität von Elementstrom und Kathodenfläche ist ebenfalls zu erklären.

Aufgabe 2.5.4 Elementbildung durch Teilabdeckung von unlegiertem Stahl durch Beton

Die Elementbildung zwischen unlegiertem Stahl und mit Beton abgedecktem Stahl sowie der Einfluß einer Verzinkung des Stahles im Beton werden untersucht.

Zubehör

3 Proben aus unlegiertem Stahl, Werkstoff-Nr. 1.0338

4 Proben aus Werkstoff-Nr. 1.0338 mit Stromableitung und ca. 12 mm dicker Betonabdeckung

2 Proben aus Werkstoff-Nr. 1.0338, schmelztauchverzinkt, mit Stromableitung und 12 mm dicker Betonabdeckung

Gefäß von ca. 20 l Inhalt

3% NaCl-Lösung, belüftet
Bezugselektrode
Voltmeter
Strommeßinstrument

Methodik und Apparatur

Es werden folgende Korrosionsgrößen und ihre Zeitabhängigkeiten ermittelt:

Freie Korrosionspotentiale von

- unlegiertem Stahl (ohne Beton)
- unlegiertem Stahl mit Betonabdeckung, voll eingetaucht
- unlegiertem Stahl mit Betonabdeckung, halb eingetaucht
- schmelztauchverzinktem Stahl mit Betonabdeckung, voll eingetaucht
- schmelztauchverzinktem Stahl mit Betonabdeckung, halb eingetaucht

Kurzschlußströme der Korrosionselemente

- unlegierter Stahl / unlegierter Stahl mit Betonabdeckung, voll eingetaucht
- unlegierter Stahl / unlegierter Stahl mit Betonabdeckung, halb eingetaucht.

Versuchsdurchführung

Die Proben mit Betonabdeckung werden wie folgt hergestellt: Proben aus unlegiertem Stahl mit den ungefähren Abmessungen 250 x 50 x 2,5 mm werden mit einer Stromableitung versehen, die mit einem Kunstharz wasserdicht abgedeckt wird. Die Proben werden vor dem Einbetonieren mit unhibierter 15%iger Salzsäure gebeizt, gut gespült, getrocknet und mit einer Betonschicht von etwa 12 mm Dicke allseitig abgedeckt. Es wird Portlandzement mit einem Sand/Zement-Verhältnis von 2,5 und einem Wasser/Zement-Verhältnis von 0,77 benutzt. Nach dem Abbinden des Zements werden die Proben etwa einen Monat in Wasser gelagert, um eine schnelle Alkalisierung im Bereich der Stahloberfläche zu erzielen. Bevor mit den Messungen begonnen wird, sollten die Proben mind. 50 Tage der NaCl-Lösung ausgesetzt werden, da die Einstellung eines angenähert stationären Zustandes längere Zeit erfordert. Dabei werden je zwei Proben des unlegierten Stahls mit Betonabdeckung und je eine Probe des verzinkten Stahles mit Betonabdeckung voll und halb in das Medium eingetaucht. Die drei Stahlproben ohne Betonabdeckung werden vor Versuchsbeginn in der inhibierten Salzsäure gebeizt, gespült und in das Medium getaucht. Das Medium ist ausreichend zu belüften.

Um die Salzkonzentration und das Flüssigkeitsniveau etwa konstant zu halten, ist das verdunstete Wasser von Zeit zu Zeit durch destilliertes Wasser zu ersetzen.

Je eine Probe des unlegierten Stahls mit Betonabdeckung im voll und halb eingetauchten Zustand wird mit je einer nicht mit Beton abgedeckten Probe kurzgeschlossen. Die restlichen fünf Proben verbleiben im Zustand der freien Korrosion. Während der sich über mehrere Wochen hinziehenden Messungen werden die Freien Korrosionspotentiale der fünf Proben sowie die Kurzschlußströme der zwei Korrosionselemente im Abstand von einigen Tagen gemessen. Zur Messung der Ströme wird kurzzeitig ein Strommeßgerät in die Stromkreise geschaltet. Die Richtung des Stromflusses ist zu beachten und ebenfalls zu registrieren.

Versuchsauswertung

Die Meßergebnisse sind tabellarisch darzustellen. Bei welcher Werkstoffkombination besteht für den unlegierten Stahl ohne Betonabdeckung erhöhte Korrosionsgefahr? Der Einfluß des Flächenverhältnisses von Kathode zu Anode ist zu diskutieren.

2.6 Selektive Korrosion

Literatur: A. Rahmel, W. Schwenk: Korrosion und Korrosionsschutz von Stählen Verlag Chemie, 1977, S. 121/145

Die selektive Korrosion ist ein Sonderfall der lokalen Korrosion, bei der entweder bestimmte Gefügebestandteile, korngrenzennahe Bereiche oder einzelne Legierungskomponenten bevorzugt korrodieren. Ein Beispiel der selektiven Korrosion eines Gefügebestandteiles ist die Spongiose des Gußeisens. Hier wird der ferritische Stahlanteil in Korrosionsprodukt umgewandelt, während das Graphitskelett erhalten bleibt und die Korrosionsprodukte weitgehend zusammenhält. Ein anderes Beispiel ist die bevorzugte Auflösung der Titancarbonitride in nichtrostenden Stählen beim Korrosionsversuch in Salpetersäure (Aufgabe 2.6.2). Die chromverarmten Korngrenzenbereiche werden bei sensibilisierten nichtrostenden Chrom- und Chrom-Nickel-Stählen in Kupfersulfat-Schwefelsäure (Aufgabe 2.6.1) schneller gelöst als die passiven Kristallflächen. Das Ergebnis ist interkristalline Korrosion. Ein selektives Auflösen einer Legierungskomponente liegt bei der Entzinkung von Messing vor, für die verschiedene Mechanismen angenommen werden.

Die selektive Korrosion setzt nicht nur ein bestimmtes Korrosionssystem Werkstoff/Medium voraus, sondern ist meist auch an einen bestimmten Potentialbereich gebunden. So tritt interkristalline Korrosion (IK) der nichtrostenden Chrom- und Chrom-Nickel-Stähle nur im Aktiv/Passiv-Übergangsbereich auf.

Aufgabe 2.6.1 Prüfung nichtrostender Stähle auf Beständigkeit gegen interkristalline Korrosion
Kupfersulfat-Schwefelsäure-Verfahren (Strauß-Test)

Dieser Test beschreibt einen Kurzzeit-Korrosionsversuch nach DIN 50914 zur Ermittlung der Beständigkeit von nichtrostenden Stählen gegen interkristalline Korrosion. Das Verfahren ist ungeeignet für nichtrostende Stähle, die aufgrund ihrer chemischen Zusammensetzung oder ihres Gefügezustandes in der Prüflösung gleichmäßige Flächenkorrosion erfahren. Die Prüfung gilt der interkristallinen Korrosion, ausgelöst durch eine chromverarmte Zone an den Korngrenzen, im allgemeinen als Folge einer Ausscheidung chromreicher Carbide. Der Test gilt vorzugsweise für Bleche, Bänder und Rohre mit Dicken bis 10 mm aus nichtrostenden Stählen mit Chromgehalten um 18%.

Zweck des Tests ist entweder die Prüfung der arteigenen Beständigkeit des Werkstoffs gegen interkristalline Korrosion oder die Prüfung der Wirksamkeit einer Endwärmebehandlung.

Die im Gleichgewicht mit Kupfer stehende schwefelsaure Kupfersulfatlösung hat ein sehr stabiles Redox-Potential von $U_H \approx + 360$ mV. Die Prüfung entspricht deshalb etwa einer potentiostatischen Prüfung bei diesem Potential.

Zubehör

Proben aus den Werkstoffen (Richtanalyse s. Anhang):

1.4301 lösungsgeglüht (15 min 1050 °C/W)

1.4301 lösungsgeglüht (15 min 1050 °C/W) + angelassen (8 h 650 °C/L)

1.4541 lösungsgeglüht (15 min 1050 °C/W) + angelassen (8 h 650 °C/L)

1.4541 lösungsgeglüht (15 min 1050 °C/W) + geschweißt

1.4541 lösungsgeglüht (15 min 1050 °C/W) + geschweißt + angelassen (100 h 650 °C/L)

2 l Rundkolben mit Rückflußkühler

Prüflösung (100 ml H_2SO_4 mit $\delta = 1{,}84$ g cm^{-3} werden vorsichtig in 1000 ml Wasser gegeben. In dieser verdünnten Säure werden 110 g $CuSO_4 \cdot 5H_2O$ gelöst)

Probenhalterung aus Kupfer

Heizvorrichtung

Methodik und Apparatur

Das Redoxpotential der Prüflösung liegt im Passivbereich der zu prüfenden Werkstoffe nahe dem Aktiv/Passiv-Übergang. Die hohe Stabilität des Redoxsystems der Prüflösung hält das Potential konstant bei $U_H \approx + 360$ mV (chemischer Potentiostat). Während sich das Potential des Aktiv/Passiv-Übergangs der Kornflächen unterhalb des Redoxpotentials der Prüflösung befindet, liegt das der chromverarmten Zone an den Korngrenzen oberhalb des Redoxpotentials der Prüflösung. Die chromverarmten korngrenzennahen Bereiche sind also aktiv und werden gelöst. Da der Aktiv/Passiv-Übergang eine Funktion des Chromgehalts der Matrix ist, können mit diesem Test nur nichtrostende Stähle mit rd. 18% Cr auf interkristalline Korrosion geprüft werden, nicht aber Stähle mit wesentlich höheren oder niedrigeren Chromgehalten. Der Test selbst ist ein einfacher Kochversuch.

Versuchsdurchführung

Die Lösung muß zur Einstellung des Gleichgewichts $Cu/Cu^{+}/Cu^{2+}$ metallisches Kupfer enthalten. Dazu dient in diesem Versuch die Probenhalterung aus Kupfer. Anderenfalls wären vor Versuchsbeginn 50 g Elektrolytkupfer in Spanform je 1000 ml Prüflösung in den Rundkolben zu geben. Nach Einbringen der Proben in die Lösung wird diese 15 bis 24 h auf Siedetemperatur gehalten. Danach werden die Proben herausgenommen und mit Wasser abgespült. Anschließend werden die Proben um 90° gebogen. Bei Proben mit Schweißnaht erfolgt die Verformung senkrecht zur Schweißnaht.

Versuchsauswertung

Die gebogenen Proben werden mit 6- bis 10-facher Vergrößerung auf Rißfreiheit bzw. feine Anrisse untersucht. Bei rißempfindlichen Werkstoffen ist ein Vergleich mit gleichartigen ungeprüften Proben empfehlenswert. In Zweifelsfällen können die Rißbildung und die Eindringtiefe auch metallographisch in einem Querschliff untersucht werden. Im Sinne der Norm gilt ein Werkstoff als kornzerfallsbeständig, wenn keine Risse erkennbar sind oder die metallographisch ermittelte Eindringtiefe des Korngrenzenangriffs 0,05 mm nicht überschreitet.

Spezielle Literatur

DIN 50914
Prüfung nichtrostender Stähle auf Beständigkeit gegen interkristalline Korrosion Kupfersulfat-Schwefelsäure-Verfahren (Strauß-Test)

Aufgabe 2.6.2 Prüfung nichtrostender austenitischer Stähle auf Beständigkeit gegen örtliche Korrosion in stark oxidierenden Säuren (Prüfung nach Huey)

Dieser Versuch erfolgt nach DIN 50921 und dient der Ermittlung der Beständigkeit gegen örtliche Korrosion von gewalzten oder geschmiedeten Erzeugnissen aus nichtrostenden austenitischen Stählen, die für eine Anwendung in stark oxidierenden Säuren, z.B. konzentrierte HNO_3, bestimmt sind. Die Prüfung wird angewandt für molybdänfreie nichtstabilisierte austenitische Stähle mit $\leq$ 0,03 % C, in Ausnahmefällen auch für vollaustenitische molybdänhaltige Stähle mit $\leq$ 0,03 % C und $\leq$ 3 % Mo sowie molybdänfreie niobstabilisierte Stähle.

Abweichend von DIN 50921 erfolgt hier die Prüfung an dem titanstabilisierten Stahl 1.4541, um den interkristallinen Angriff und den Einfluß der Wärmebehandlung besonders auffällig zu demonstrieren (Richtanalyse s. Anhang).

Zubehör

Proben aus Werkstoff:
1.4541, lösungsgeglüht (15 min 1050 °C/W)
1.4541, lösungsgeglüht + 8 h 650/Luft
2 Erlenmeyerkolben mit Intensivkühler
Kochflasche mit Trennwand und Intensivkühler
65 bis 67%ige HNO_3, p.A. (Höchstgehalte an Verunreinigungen s. DIN 50921
Heizvorrichtung

Methodik und Apparatur

Die Prüfung erfolgt als Kochversuch in einer Glasapparatur über 5 Zeitabschnitte von je 48 h. Da Verunreinigungen des Angriffsmittels das Ergebnis stark beeinflussen, ist HNO_3 mit bestimmten Höchstgehalten an Verunreinigungen zu benutzen.

Versuchsdurchführung

Es werden die Masse und die Oberfläche der Versuchsproben ermittelt. Dann wird je eine Probe in jeden Erlenmeyerkolben und in jede Kammer der Kochflasche eingesetzt und HNO_3 in die Gefäße gefüllt. Das Volumen der HNO_3 muß mind. 20 ml pro cm^2 Probenoberfläche betragen. Die Proben werden dann 5 mal 48 h der Einwirkung der siedenden HNO_3 ausgesetzt. Nach jeder 48 h-Periode wird der Massenverlust der Proben ermittelt, und die HNO_3 im Erlenmeyerkolben wird durch frische Säure ersetzt.

Versuchsauswertung

Der Angriff durch die Prüflösung wird für jeden Zeitabschnitt mit der mittleren integralen flächenbezogenen Massenverlustrate, v_{int}, beschrieben, die erhalten wird nach der Gleichung

$$v_{int} = \frac{10000 \cdot \Delta m}{A \cdot t} \qquad (g\ m^{-2}\ h^{-1}) \qquad (2.11)$$

Dabei bedeuten

Δm Massenverlust je Zeitabschnitt (g)

A Probenoberfläche (cm^2)
t Prüfdauer (h)

Es sind Massenverlustraten-Zeit-Kurven zu erstellen. Die Korrosionserscheinung kann durch einen metallographischen Querschliff verdeutlicht werden. Die Unterschiede zur Prüfung nach Aufg. 2.6.1 sind herauszustellen und zu diskutieren.

Spezielle Literatur

DIN 50921
Prüfung nichtrostender austenitischer Stähle auf Beständigkeit gegen örtliche Korrosion in stark oxidierenden Säuren (Prüfung nach Huey)

2.7 Schäden durch Wasserstoff

Literatur:	H. Kaesche:	Die Korrosion der Metalle Springer-Verlag, 1979, S. 288/299
	A. Rahmel, W. Schwenk:	Korrosion und Korrosionsschutz von Stählen Verlag Chemie, 1977, S. 151/160
	R. Pöpperling, W. Schwenk, J.Venkateswarlu:	Arten und Formen der wasserstoffinduzierten Rißbildung an Stählen VDI-Bericht 365, 1980, S. 49/58
	R. Pöpperling, W. Schwenk, J.Venkateswarlu:	Abschätzung der Korrosionsgefährdung von Behältern und Rohrleitungen aus Stahl für Speicherung und Transport von Wasserstoff und wasserstoffhaltigen Gasen unter hohen Drücken Fortschritt-Berichte der VDI-Z, Reihe 5, Nr. 62, 1982

Die Aufnahme von Wasserstoff setzt bei vielen Metallen und Legierungen das Verformungsvermögen herab. Der Wasserstoff kann in drei Formen aufgenommen werden:

- Atomar gelöst im Metallgitter
- Molekular angesammelt an "Wasserstoffsenken", wie Phasengrenzen, Poren und Mikrorissen
- Chemisch gebunden als Hydrid.

Daraus resultieren folgende Arten des Wasserstoffangriffs:

- Wasserstoffabsorption: Bildung innerer Risse (HIC = hydrogen induced cracking), H-induzierte Spannungsrißkorrosion, Blasenbildung bei weichen Stählen, Verringerung der Verformungsfähigkeit
- Innere chemische Reaktion: Entkohlung durch Druckwasserstoff bei Temperaturen oberhalb etwa 200°C
- Äußere Hydridbildung mit gleichmäßiger Flächenkorrosion
- Innere Hydridbildung mit Versprödung und Gefahr der Rißbildung bei mechanischer Belastung.

Die ersten zwei Formen des Angriffs treten bei Stählen und Nickellegierungen auf, die letztere z.B. bei Metallen der 4. und 5. Nebengruppe des Periodensystems wie Titan, Tantal und Zirkon sowie bei Blei.

Für die Löslichkeit L_H des Wasserstoffs im Gitter gilt das Sievertsche Gesetz

$$L_H = C \sqrt{p_{H_2}} \tag{2.12}$$

mit C = Konstante und p_{H_2} = äußerer Wasserstoffdruck.

Die gesamte von einem Werkstoff aufgenommene Wasserstoffmenge kann jedoch wesentlich über L_H liegen, wenn nämlich atomar gelöster Wasserstoff in "Senken" zu molekularem rekombiniert. Dieser und der gelöste Wasserstoff können durch Erwärmen auf 100 bis 200°C in wasserstofffreier Atmosphäre weitgehend ausgetrieben werden. Dadurch stellen sich auch die ursprünglichen mechanischen Eigenschaften des Werkstoffs wieder ein, vorausgesetzt der Wasserstoff hat den Werkstoff im Inneren nicht durch H-induzierte innere Risse (HIC) geschädigt.

Die Bildung von Hydriden bewirkt eine starke Versprödung. Die Freisetzung des Wasserstoffs aus Hydriden erfordert Vakuum und höhere Temperaturen.

Quellen für eine Aufnahme von Wasserstoff sind:

- Einwirkung von molekularem gasförmigen Wasserstoff unter Druck. Im Bereich von Raumtemperatur müssen dazu jedoch passivierende Oxidfilme an der Oberfläche zerstört werden, z.B. durch plastische Verformung.
- Bei Korrosionsprozessen direkt an der Metalloberfläche entstehender atomarer Wasserstoff
- Durch kathodische Belastung entstehender atomarer Wasserstoff z.B. bei der elektrolytischen Metallabscheidung und beim kathodischen Schutz.

In den letzten beiden Fällen entsteht Wasserstoff durch Entladung von Wasserstoffionen nach der Volmer-Reaktion

$$H_3O^+ + e^- \longrightarrow H_{ad} + H_2O \tag{2.13}$$

Die an der Metalloberfläche adsorbierten H-Atome rekombinieren in einem zweiten Schritt entweder nach der Tafel-Reaktion

$$H_{ad} + H_{ad} \longrightarrow H_2 \tag{2.14}$$

oder nach der Heyrovsky-Reaktion

$$H_{ad} + H_3O^+ + e^- \longrightarrow H_2 + H_2O \tag{2.15}$$

Die so gebildeten H_2-Moleküle können dann als Gas entweichen. Da ein Gleichgewicht zwischen der Konzentration der an der Oberfläche adsorbierten und im Metall gelösten H-Atome besteht, führt jede Erhöhung der adsorbierten H-Atommenge auch zu einer Erhöhung der vom Metall aufgenommenen Wasserstoffmenge, wodurch die Gefahr der Schädigung durch Wasserstoff steigt. Die Oberflächenkonzentration hängt nicht nur von der pro Zeiteinheit gebildeten Menge ab, sondern wird auch von Stoffen beeinflußt, die entweder die Entladung nach Gl. (2.13) stimulieren oder die Rekombination nach Gl. (2.14) oder (2.15) inhibieren. Solche als Promotoren bezeichnete Substanzen sind z.B. Schwefel- und Selenwasserstoff (vgl. Aufg. 2.7.1 und 2.7.2). Die Promotorwirkung darf nicht verwechselt werden mit der Geschwindigkeit der Wasserstoffentwicklung. Diese kann durch Promotoren sowohl inhibiert als auch stimuliert sein.

Aufgabe 2.7.1 Wasserstoffversprödung eines unlegierten Stahls

Das verminderte Formänderungsvermögen eines Stahls im Zugversuch nach Wasserstoffbeladung durch Korrosion wird demonstriert.

Zubehör
- Stahlflachproben (z.B. Stahl U St 37; 15 mm x 150mm x 1mm)
- 1 M H_2SO_4 mit K_2S-Zusatz
- Zugprüfmaschine

Methodik und Apparatur

Der Einfluß der Beladungszeit und damit der aufgenommenen Wasserstoffmenge auf die mechanischen Eigenschaften wird in Zerreißversuchen in einer Zugprüfmaschine ermittelt.

Versuchsdurchführung

Drei Flachproben werden in einem Glasgefäß in 1 M H_2SO_4 mit K_2S-Zusatz über 2 bzw. 4 Stunden mit Wasserstoff beladen. Nach ca. 2 h wird die erste Probe der Lösung entnommen und unmittelbar danach an Luft auf der Zugprüfmaschine mit einer konstanten Abzugsgeschwindigkeit von 6 mm min^{-1} zerrissen und dabei das Kraft-Verlängerung-Diagramm aufgenommen. Der Versuch wird mit der zweiten Probe nach etwa 4 h Beladung wiederholt. Die dritte Probe wird ebenfalls nach 4 Stunden entnommen, im Ofen bei 200°C über 1 Stunde entgast und danach zerrissen. In der Zwischenzeit wird das Kraft-Verlängerung-Diagramm einer Flachprobe im Ausgangszustand ermittelt.

Versuchsauswertung

Die vier Kraft-Verlängerung-Diagramme werden hinsichtlich ihrer Form unter besonderer Berücksichtigung ausgezeichneter Punkte wie Kraft an der Streckgrenze, Maximalkraft, Bruchkraft, Verlängerung bei Maximallast und Bruch miteinander verglichen (vgl. Abschn. 1.2.4). Parallel dazu wird das Aussehen der gebrochenen Flachprobe beurteilt.

Aufgabe 2.7.2 Wasserstoffpermeation durch einen unlegierten Stahl und ihre Stimulation durch Schwefelwasserstoff

Es wird die Wasserstoffpermeation durch einen unlegierten Stahl durch elektrochemische Oxidation bestimmt und der Einfluß des Promotors Schwefelwasserstoff auf die Wasserstoffpermeation untersucht.

Zubehör

- 1mm starkes Blech aus Kohlenstoffstahl einseitig vernickelt
- Meßzelle nach Devanathan
- ca. 12% HCl
- Potentiostat
- Schreiber
- Kalomel-Bezugselektrode mit Haber-Luggin-Kapillare
- Pt-Ring-Gegenelektrode
- 1 M NaOH
- K_2S

Methodik und Apparatur

Die Versuchsanordnung zur Bestimmung der Wasserstoffdiffusion durch Stahl ist eine Doppelzelle nach Devanathan. Beide Zellen werden durch ein Stahlblech getrennt (Abb. 2.10).

In der Zelle B wird durch Reaktion des Stahls mit Salzsäure Wasserstoff erzeugt, der teilweise durch das Stahlblech permeiert und auf der Gegenseite anodisch oxidiert wird. Diese Oxidation erfolgt in der mit NaOH gefüllten Zelle A an der vernickelten Stahloberfläche. Hierzu wird das Stahlblech mit Hilfe eines Potentiostaten konstant auf einem Potential gehalten, bei dem der Stahl passiv ist und eine quantitative Oxidation des Wasserstoffs zu Wasserstoffionen erfolgt. Der zwischen Stahlblech und Gegenelektrode fließende Strom wird mit einem Schreiber registriert und ist ein Maß für die pro Zeiteinheit durch das Stahlblech permeierende Wasserstoffmenge. Durch Zugabe von K_2S zur Salzsäure entsteht Schwefelwasserstoff, dessen Einfluß auf die Wasserstoffpermeation untersucht wird.

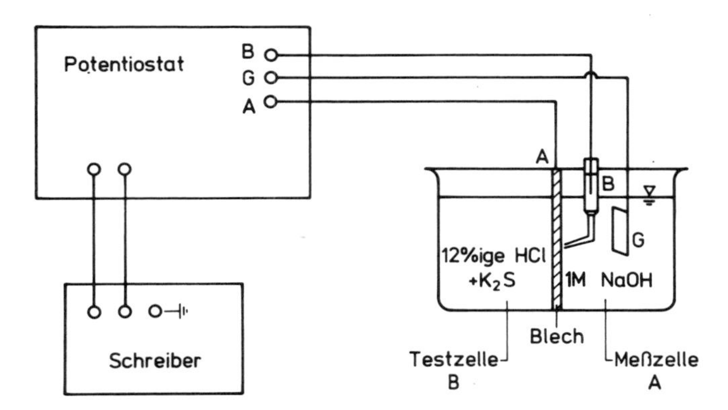

Abb. 2.10: Schema der Versuchsanordnung und Schaltbild zur Messung der Wasserstoffpermeation durch Stahl

Versuchsdurchführung

Ein einseitig vernickeltes Blech aus Kohlenstoffstahl wird als Trennwand in die Devanathan-Doppelzelle eingebaut. In die Meßzelle (A), die durch die vernickelte Seite des Stahlblechs begrenzt ist, wird 1 M NaOH eingefüllt. Das Kohlenstoffstahlblech wird als Arbeitselektrode, der in der Meßzelle eingebaute Pt-Ring als Gegenelektrode und die Kalomel-Elektrode als Bezugselektrode potentiostatisch geschaltet, (vgl. Abb. 1.20b). Bei einem Potential von U_H = +380 mV wird mit Hilfe eines Schreibers der Strom I als Funktion der Zeit t registriert.

Hat sich ein konstanter Grundstrom eingestellt, so wird in die Testzelle (B) 12% HCl gegeben. Der Anstieg des Stromes wird registriert, bis dieser wieder einen stationären Wert erreicht hat. Dann werden einige Körnchen K_2S in die Salzsäure gegeben und der Anstieg des Stromes verfolgt, bis dieser erneut konstant ist.

Versuchsauswertung

Aus dem Gesamtstrom wird unter Berücksichtigung des Grundstroms die im stationären Zustand pro Zeit- und Flächeneinheit durch das Blech permeierende Wasserstoffmenge errechnet und zwar in

a) 12% Salzsäure

b) 12% Salzsäure + K_2S

Dabei wird die Annahme gemacht, daß sämtlicher Wasserstoff, der die Grenzfläche Stahl/NaOH erreicht, quantitativ elektrochemisch nach

$$H_2 = 2H^+ + 2e^- \tag{2.16}$$

oxidiert wird. Nach dem Faradayschen Gesetz gilt für die in der Zeiteinheit permeierende Wasserstoffmenge $\dot{n}$

$$\dot{n} = \frac{dn}{dt} = \frac{I}{z \cdot F} \tag{2.17}$$

mit			
	n	Molzahl H_2	(mol)
	I	Strom	(A)
	t	Zeit	(s)
	z	Zahl der ausgetauschten Elektronen	(1)
	F	Faraday-Zahl 96487	(A s mol^{-1})

Das pro Zeiteinheit permeierende Wasserstoffvolumen $\dot{V}$ in cm^3 pro Permeationsfläche A in cm^2 unter Normalbedingungen folgt dann aus

$$\dot{V} = \frac{dV}{dt} = \frac{22400\ \dot{n}}{A} \tag{2.18}$$

Über der Zeit t wird die Permeationsstromdichte i und das errechnete permeierende Wasserstoffvolumen $\dot{V}$ aufgetragen.

3 Untersuchung der Korrosionsarten bei zusätzlicher mechanischer Belastung

3.1 Spannungsrißkorrosion

In einer Reihe von Korrosionssystemen wird Spannungsrißkorrosion (SpRK) durch zeitlich konstante Zugspannungen (Eigenspannungen oder Lastspannungen) ausgelöst. Solche Systeme werden oft auch als "klassische" Systeme der SpRK bezeichnet. Beispiele hierfür sind austenitischer 18/8-CrNi-Stahl in chloridhaltigen Medien, vgl. Aufg. 3.1.1 und 3.1.2, oder Messing in ammoniakalischen Medien, vgl. Aufg. 3.1.6. Andere Systeme erfordern zur Auslösung der SpRK plastische Verformungen mit langsamer Dehngeschwindigkeit. Beispiel hierfür sind unlegierter Stahl in nitrathaltigen Lösungen, vgl. Aufg. 3.1.4, oder unlegierter Stahl in kohlensäurehaltigen Lösungen. Auch Flüssigmetalle können SpRK auslösen, vgl. Aufg. 3.1.5.

SpRK ist wie alle unter Rißbildung ablaufenden Korrosionsarten in der Praxis besonders gefürchtet, da sie zum einen nur schwer zu erkennen ist und zum anderen die Geschwindigkeit der Rißausbreitung sehr groß sein kann. SpRK erfolgt nur an passiven oder deckschichtbehafteten Werkstoffen. Sie tritt nur in bestimmten Korrosionssystemen bei Vorliegen bestimmter Systemparameter auf. Ein solcher Parameter ist das Korrosionspotential, vgl. Aufg. 3.1.2.

Der Ablauf läßt sich in zwei Phasen zerlegen, einer Phase der Rißbildung (Inkubationsphase) und einer der Rißausbreitung. Der Riß kann interkristallin oder transkristallin verlaufen. Korrosionssysteme mit interkristallinem Rißverlauf sind z.B. unlegierter Stahl in $Ca(NO_3)_2$-Lösung (vgl. Aufg. 3.1.3) sowie Al-Legierungen in chloridhaltigen Medien. Beispiele für transkristallinen Rißverlauf sind z.B. austenitischer 18/9-CrNi-Stahl in chloridhaltigen Medien, vgl. Aufgaben 3.1.1 und 3.1.2, und Messing in ammoniakalischen Medien, vgl. Aufg. 3.1.6.

Aufgabe 3.1.1 Spannungsrißkorrosion nichtrostender austenitischer CrNi-Stähle in siedender $MgCl_2$-Lösung

Es wird das Verhalten von drei unter Zugspannung stehenden nichtrostenden CrNi-Stählen in siedender $MgCl_2$-Lösung untersucht.

Zubehör Proben der Werkstoffe:

1.4301, 18/8-CrNi-Stahl (Austenit)

1.4510, 18-Cr-Stahl (Ferrit)

1.4861 (Incoloy 800), 20/32-CrNi-Stahl (Austenit)

Erlenmeyerkolben mit Rückflußkühler

$MgCl_2 \cdot 6H_2O$

Spannbügel aus Werkstoff-Nr. 1.4861

Thermometer bis 200 °C

Methodik und Apparatur

Es handelt sich um einen einfachen Kochversuch von Bügelproben in einer $MgCl_2$-Lösung mit einem Siedepunkt von 144 °C.

Versuchsdurchführung

In einen Erlenmeyerkolben wird festes $MgCl_2 \cdot 6H_2O$ gegeben, das beim Erwärmen im eigenen Kristallwasser schmilzt. Die Lösung wird bis zum Siedepunkt erwärmt und anschließend vorsichtig mit dest. Wasser verdünnt, bis der Siedepunkt auf 144°C abgesunken ist. Je eine Probe der drei Werkstoffe wird zu einem Bügel gebogen, der mit einem Spannbügel gehalten wird. Die Proben werden in die Lösung eingebracht, und die Lösung wird 24 h auf Siedetemperatur gehalten. Danach werden die Proben ausgebaut, mit Wasser abgespült und auf Risse untersucht.

Versuchsauswertung

Die Auswertung erfolgt visuell oder anhand von metallographischen Schliffen. Die Art des Rißverlaufs ist anzugeben.

Aufgabe 3.1.2 Spannungsrißkorrosion eines nichtrostenden austenitischen CrNi-Stahles Versuch unter konstanter Last

Es wird die Verformung und die Standzeit einer Probe aus Stahl 1.4301 ermittelt, die unter potentiostatischen Bedingungen in einer siedenden Magnesiumchloridlösung durch Aufgabe einer konstanten Last beansprucht wird.

Zubehör

Rundprobe aus Werkstoff 1.4301
Platingegenelektrode
Kalomel-Bezugselektrode mit Elektrolytbrücke
Versuchsgefäß mit Rückflußkühler
Belastungsapparatur
35% $MgCl_2$-Lösung
Potentiostat
Schreiber
Weg-Meßuhr
2 Stabtauchheizer mit Regeltransformator
Schliffthermometer

Methodik und Apparatur

Für SpRK-Versuche werden häufig siedende $MgCl_2$-Lösungen als Prüfmedium benutzt. Bei dem vorliegenden Versuch wird in 35% $MgCl_2$-Lösung mit einem Siedepunkt von ca. 127°C gearbeitet. Die Zugkraft wird über eine Hebelapparatur auf die Probe aufgebracht und deren Verlängerung mit einer Meßuhr verfolgt (Abb. 3.1). Eine kardanische Aufhängung verhindert, daß zusätzlich Biegemomente in der Probe auftreten.

Für die potentiostatische Versuchsführung wird die Probe als Arbeitselektrode einer elektrochemischen Zelle bestehend aus Pt-Gegenelektrode und Bezugselektrode mit Elektrolytbrücke geschaltet. Die Schaltung entspricht Abb. 1.20a). Der Strom wird mit einem Schreiber registriert.

Versuchsdurchführung

Eine entfettete und in konzentrierter HNO_3 passivierte Probe wird entsprechend Abb. 3.1 in das Versuchsgefäß eingebaut und anschließend die $MgCl_2$-Lösung heiß in das Gefäß eingefüllt. Die mechanisch unbelastete Probe wird nun mit einem Potential im kathodischen Schutzbereich von U_H = -245 mV beaufschlagt und die $MgCl_2$-Lösung bis zum Siedepunkt aufgeheizt. Schon hierbei wird der Strom auf dem x-t-Schreiber registriert. Sodann wird am Potentiostaten das Arbeitspotential U_H = -90 mV eingestellt und abgewartet bis der x-t-Schreiber einen konstanten Strom anzeigt (ca. 15 min). Mit der anschließenden Lastaufgabe mit $\sigma_o = 1{,}2 \cdot R_{p\,0,2}$ und der gleichzeitigen Einstellung der Meßuhr auf Null beginnt der eigentliche Versuch. Die Verlängerung der Probe wird in regelmäßigen Abständen (5 Minuten) abgelesen. Die Zeitpunkte werden auf dem Diagramm des Schreibers markiert. Gegen Versuchsende steigt die Verlängerung der Probe zunehmend an. Außerdem wird der gemessene Strom größer. Erreicht dieser das 3- bis 4-fache des Stromminimums, wird wieder auf das kathodische Potential von U_H = -245 mV zurückgestellt. Man wartet, bis die Probe sich nicht weiter verlängert, d.h. die Rißausbreitung zum Stillstand gekommen ist. Sodann stellt man am Potentiostaten wieder auf das Arbeitspotential von U_H = -90 mV um und mißt bis zum Zerreißen der Probe weiter. Während des Versuches beobachtet man die Veränderungen der Probe. Nach dem Bruch sind Heizung und Meßgeräte abzuschalten, die Lösung aus dem Versuchsgefäß abzulassen und die Probe auszubauen.

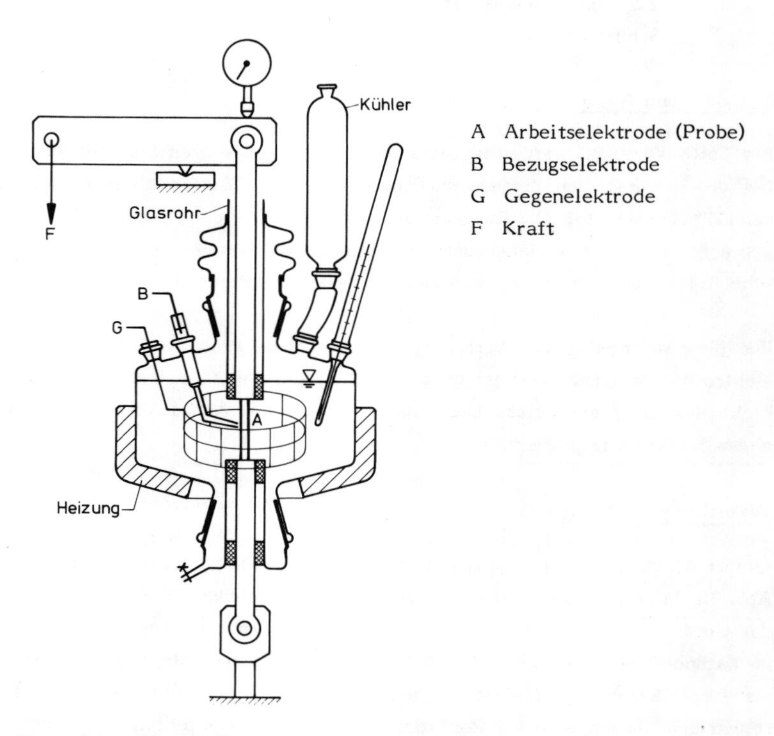

Abb. 3.1: Korrosionszelle für Zugversuch unter konstanter Last

Versuchsauswertung

Die auf der Meßuhr abgelesenen Verlängerungen ΔL werden linear über der Zeit aufgetragen. Diese Kurve ist im Zusammenhang mit der vom Schreiber aufgezeichneten Strom-Zeit-Kurve zu diskutieren. Die während der einzelnen Versuchsphasen ablaufenden Vorgänge sind zu erklären.

Anschließend wird das makroskopische Erscheinungsbild der Spannungsrißkorrosion an der ausgebauten Probe untersucht. Wie verlaufen die Risse in der Probe?

Aufgabe 3.1.3 Prüfung von unlegierten und niedriglegierten Stählen auf Beständigkeit gegen interkristalline Spannungsrißkorrosion

Der Stahl St37 mit zwei verschiedenen Wärmebehandlungszuständen wird in siedender $Ca(NO_3)_2$-Lösung bei konstanter Gesamtdehnung auf Spannungsrißkorrosion geprüft.

Zubehör Proben aus Stahl St 37 mit den Wärmebehandlungen
a) normalisiert + 30 min 700 °C/L
b) " + 30 min 600 °C/L
Versuchsgefäß aus nichtrostendem Stahl mit Rückflußkühler
$Ca(NO_3)_2$-Lösung mit Siedepunkt von 118 - 121 °C
Spannplatte aus nichtrostendem Stahl

Methodik und Apparatur

Das Prüfverfahren ist ein Kochversuch für örtlich kaltverformte und elastisch verspannte Proben in siedender $Ca(NO_3)_2$-Lösung nach DIN 50915.

Versuchsdurchführung

Proben nach Jones werden über den Biegedorn einer Spannplatte gebogen. Der Biegeradius hängt von der Probendicke ab und ist in DIN 50915 festgelegt. Die Proben werden dann mindestens 7 Tage einer $Ca(NO_3)_2$- Lösung mit einem Siedepunkt von 118-121 °C ausgesetzt. Zur Herstellung dieser Lösung wird $Ca(NO_3)_2 \cdot 4H_2O$ im eigenen Kristallwasser aufgeschmolzen und zum Sieden gebracht. Danach wird durch vorsichtige Zugabe von dest. Wasser der Siedepunkt auf 118-121 °C erniedrigt. Die Menge der Prüflösung soll mindestens 10 ml je cm^2 Probenoberfläche betragen. Bei länger währenden Versuchen ist die Prüflösung nach spätestens acht Tagen zu wechseln.

Die Proben werden nach Beendigung des Kochversuchs der Lösung entnommen, mit Wasser abgespült, von der Spannplatte genommen und auf Risse untersucht.

Versuchsauswertung

Die Proben werden visuell auf Risse untersucht. Im Zweifelsfall erfolgt eine metallographische Schliffuntersuchung.

Spezielle Literatur

DIN 50915
Prüfung von unlegierten und niedriglegierten Stählen auf Beständigkeit gegen interkristalline Spannungsrißkorrosion

Aufgabe 3.1.4 Spannungsrißkorrosion eines ferritisch-perlitischen unlegierten Baustahls
Versuch mit konstanter Dehngeschwindigkeit

Es wird die Empfindlichkeit eines unlegierten Stahls gegenüber Spannungsrißkorrosion in einer Nitratlösung bei einer niedrigen Dehngeschwindigkeit bestimmt (nicht klassisches System Werkstoff/Medium).

Zubehör Rundprobe aus Kesselblech H II, Werkstoff-Nr. 1.0425
Versuchszelle mit Heizung und Rückflußkühler
Glyzerin
Nitratelektrolyt mit 100 g NO_3^- l^{-1} mit Zusatz von je 0,5g l^{-1} Cl^- und SO_4^{--}
Zugprüfmaschine für langsame Abzugsgeschwindigkeiten
Kraftaufnehmer
Schieblehre

Methodik und Apparatur

Die Rundproben werden in einer Zugprüfmaschine belastet, deren konstante Abzugsgeschwindigkeiten im Bereich von ~ 10^{-3} bis 10^{-7} mm s^{-1} vorgewählt werden können. Je nach Probenlänge ergeben sich dadurch nahezu konstante Dehngeschwindigkeiten von etwa 10^{-4} bis 10^{-8} s^{-1}. Die Proben befinden sich dabei in einer Versuchszelle aus Glas, in der das Prüfmedium auf 100°C geheizt wird. Die Versuchszelle ist mit einer Rückflußkühlung versehen.

Versuchsdurchführung

Rundproben von 2,5 mm Durchmesser und 15 mm Meßlänge (L_o) werden an den Schultern und den Radienübergängen mit einem schützenden Lackfilm abgedeckt, so daß nur die Prüflänge in direktem Kontakt mit dem Medium steht. Anschließend wird die Probe in die Zugprüfmaschine eingebaut, das Medium in die Prüfzelle eingefüllt und auf 100°C erwärmt. Vor Versuchsbeginn wird die Probe geringfügig vorgespannt (~300N). Die anschließende Belastung erfolgt mit der konstanten Abzugsgeschwindigkeit von $5 \cdot 10^{-6}$ mm s^{-1}. Während des Versuchs wird das Kraft-Zeit-Diagramm (F-t) aufgenommen.

Zur Bestimmung des rein mechanischen Verhaltens wird zunächst ein Versuch in dem inerten Medium Glyzerin gefahren. Danach wird der Versuch an einer zweiten Probe mit der SpRK-auslösenden Nitratlösung wiederholt.

Versuchsauswertung

An den beiden Proben wird zunächst die Bruchdehnung (A) und die Brucheinschnürung (Z) bestimmt (vgl. Abschn. 1.2.4.1).

Nimmt man an, daß bei konstanter Abzugsgeschwindigkeit die Verlängerung ΔL der Prüflänge L_o proportional zur Versuchsdauer ist, können die gemessenen Kraft-Zeit-Diagramme in Kraft-Verlängerung-Diagramme umgezeichnet werden. Für beide Versuche wird nun die Fläche unter dem Kraft-Verlängerung-Diagramm bestimmt. Sie gibt die jeweils von der Probe aufgenommene Verformungsarbeit W wieder. Welche qualitative Bewertung ist durch den Quotienten

$$\frac{W_{\text{Korrosionsmedium}}}{W_{\text{Glyzerin}}}$$

für ein Korrosionssystem möglich? Es ist eine Aussage darüber zu treffen, wie sich dieser Quotient verändert, wenn die Versuche mit höheren Abzugsgeschwindigkeiten wiederholt werden.

Die Proben sind metallographisch auf Rißbildung und -verlauf (inter- oder transkristallin) zu untersuchen.

Aufgabe 3.1.5 Interkristalline Spannungsrißkorrosion von nichtrostendem Stahl durch flüssiges Zink

Es wird die Spannungsrißkorrosion eines unter Zugspannung stehenden austenitischen nichtrostendem CrNi-Stahls im Kontakt mit flüssigem Zink demonstriert.

Zubehör
- Probe aus Werkstoff 1.4301
- Zinkgranulat
- Gasbrenner
- 2 Zangen

Methodik und Apparatur

Die Probe aus nichtrostendem Stahl wird ohne spezielle Apparatur unter Zugspannung bei Rotglut der Einwirkung von flüssigem Zink ausgesetzt.

Versuchsdurchführung

Die Stahlprobe wird in der Flamme eines Gasbrenners auf Rotglut erhitzt. Durch Aufbringen von Zinkgranulat wird flüssiges Zink auf der Probe erzeugt. Sofort danach wird die Probe verdrillt und auseinandergezogen oder in anderer Weise unter Zugbeanspruchung gesetzt.

Versuchsauswertung

Die Riß- und Anrißbildung wird unter einer Lupe betrachtet. Die Art des Rißverlaufs wird anhand eines metallographischen Schliffs beurteilt.

Aufgabe 3.1.6 Prüfung von Kupferlegierungen Spannungsrißkorrosionsversuch mit Ammoniak

Es wird das Verhalten von kaltgezogenen sowie kaltgezogenen und entspannungsgeglühten Rohrabschnitten aus Messing Ms 58 S in Gegenwart von Ammoniak nach DIN 50916 untersucht.

Zubehör Probenmaterial aus Ms 58 S, kaltgezogen und kaltgezogen + 1 h 200 °C/L
1 l Filtrierbecher
ca. 12% NH_3-Lösung
ca. 10% H_2SO_4-Lösung

Methodik und Apparatur

Die Proben werden im Gasraum über der NH_3-Lösung so angeordnet, daß der Dampf ungehindert Zutritt zur Probenfläche hat. Das Verhältnis Volumen des Dampfraums/ Volumen der Prüflösung soll etwa 10/1 betragen. Die Proben dürfen sich nicht berühren.

Versuchsdurchführung

Die Proben werden in 10% H_2SO_4 gebeizt, mit Wasser abgespült und getrocknet. Die ca. 12% NH_3-Lösung wird in das Versuchsgefäß gegeben und die Proben werden im Gasraum angeordnet. Danach wird das Gefäß abgedeckt oder so geschlossen, daß ein Druckausgleich mit der Atmosphäre erfolgen kann. Nach einer Versuchsdauer von 24 h bei Raumtemperatur werden die Proben dem Gefäß entnommen und erneut 30 bis 60 s bei Raumtemperatur in Schwefelsäure gebeizt.

Versuchsauswertung

Die Oberfläche der Probe wird mit einer Lupe auf Risse geprüft. Eine Verformung der Proben ist vor der Beurteilung nicht zulässig. Bei Probestücken aus Halbzeug dürfen Risse in der Nähe von Sägeschnitten nicht gewertet werden.

Spezielle Literatur

DIN 50916
Prüfung von Kupferlegierungen
Spannungsrißkorrosionsversuch mit Ammoniak
Prüfung von Rohren, Stangen und Profilen

Aufgabe 3.1.7 Prüfung von Kupferlegierungen Quecksilbernitratversuch

Bei diesem Schnellprüfverfahren nach DIN 50911 werden Halbzeug oder Fertigerzeugnisse aus Kupfer-Knetlegierungen auf Eigenspannungen geprüft, die zu Spannungsrißkorrosion führen können. In diesem Versuch werden kaltgezogene sowie kaltgezogene und entspannungsgeglühte Proben aus Ms 58 S in $Hg_2(NO_3)_2$-Lösung untersucht.

Zubehör
Probenmaterial aus Ms 58 S, kaltgezogen sowie kaltgezogen + 1 h 200 °C/L
300 ml Kristallisierschale
$Hg_2(NO_3)_2$-Lösung (10,7 g $Hg_2(NO_3)_2 \cdot 2\,H_2O$ werden in 40 ml Wasser + 10 ml HNO_3 der Dichte 1,40 g ml^{-1} gelöst, danach auf 1 l aufgefüllt)
HNO_3 (6 Teile konz. HNO_3 + 4 Teile H_2O)

Methodik und Apparatur

Die Proben werden etwa 30 min bei Raumtemperatur der Einwirkung der Prüflösung ausgesetzt.

Versuchsdurchführung

Die Proben werden max. 30 s in der HNO_3 gebeizt, unter fließendem Wasser abgespült und sogleich für 30 min bei Raumtemperatur in die Prüflösung gelegt. Die Menge der Prüflösung soll mindestens 1,5 ml je cm^2 Probenoberfläche betragen.

Nach Herausnahme werden die Proben unter fließendem Wasser abgespült. Überschüssiges Quecksilber wird von der Probenoberfläche abgewischt.

Versuchsauswertung

Die Oberfläche der Probe wird visuell auf Risse untersucht.

Spezielle Literatur

DIN 50911
Prüfung von Kupferlegierungen
Quecksilbernitratversuch

3.2 Schwingungsrißkorrosion

Literatur: H. Spähn: Grundlagen und Erscheinungsformen der Schwingungsrißkorrosion
VDI-Berichte 235, S. 103 (1975)

Bei der Schwingungsrißkorrosion (SwRK) entstehen Korrosionsrisse durch das Zusammenwirken von mechanischer Wechselbelastung und korrosiver Belastung. Im Gegensatz zur Spannungsrißkorrosion kann SwRK in praktisch allen Korrosionssystemen auftreten. Der Werkstoff besitzt dann keine Dauerfestigkeit mehr sondern nur noch eine lastspielzahlabhängige Zeitfestigkeit (Korrosionsschwingfestigkeit), vgl. Abb. 1.16.

Die Risse verlaufen senkrecht zur Hauptnormalspannungsrichtung und sind überwiegend transkristallin. Bei niedrigen und mittleren Spannungsamplituden können sie allerdings auch teilweise interkristallin verlaufen.

Die Intensität der SwRK nimmt im allgemeinen mit abnehmender Lastwechselfrequenz zu. Bei hohen Frequenzen nähert sich das Schadensbild dem des reinen Schwingbruches. Bei niedrigen Lastwechselfrequenzen (und niedrigen Spannungsamplituden) überwiegt also der korrosive und bei hohen Frequenzen und Spannungsamplituden der mechanische Einfluß.

Je nach System Werkstoff/Elektrolytlösung kann nach elektrochemischen Gesichtspunkten zwischen SwRK im aktiven und im passiven Zustand unterschieden werden. Im aktiven Zustand wird die Oberfläche des Werkstoffs angegriffen. Es bilden sich Korrosionsgrübchen von deren Grund meist viele Risse in das Metall vordringen. In den Rissen und Löchern befinden sich im allgemeinen Korrosionsprodukte. Die Bruchflächen sind stark zerklüftet. Im passiven Zustand findet man keinen sichtbaren Korrosionsangriff. Die Risse gehen unmittelbar von der Oberfläche aus. Häufig, vor allem unter potentiostatischen Bedingungen, führt ein Anriß zu einem relativ ebenen, leicht genarbten Bruch.

Aufgabe 3.2.1 Schwingungsrißkorrosion (Korrosionsermüdung) eines nichtrostenden austenitischen CrNi-Stahls

An gekerbten und ungekerbten Flachproben aus austenitischem CrNi-Stahl werden die Bruchlastspielzahlen im HCF-Verfahren (High Cycle Fatigue) sowohl in Luft als auch in 12% Essigsäure bei Biegewechselbelastung ermittelt.

Zubehör Flachbiegeproben aus Werkstoff 1.4571, ungekerbt und mit Spitzkerb
Versuchszelle
12% Essigsäure
Wechselbiegemaschine

Methodik und Apparatur

Flachbiegeproben aus Werkstoff 1.4571 werden bei hoher Frequenz in einer Wechselbiegemaschine geprüft. Für unterschiedliche Spannungsausschläge $\pm \sigma_a$ wird die jeweilige Bruchlastspielzahl N ermittelt.

Versuchsdurchführung

Die Flachbiegeproben werden in geschliffenem Zustand (max. Rauhtiefe = 4µm) untersucht. Nach dem Einspannen in die Wechselbiegemaschine wird durch Verstellen des Exzenters an der Maschine der gewünschte Spannungsausschlag eingestellt. An den ungekerbten Proben werden in Luft mindestens 4 Versuche im Bereich $270\ N\ mm^{-2} < \pm \sigma_a < 340\ N\ mm^{-2}$ durchgeführt (z.B. je eine Probe mit 270, 290, 310, 330 $N\ mm^{-2}$). Zu Versuchsbeginn wird die Frequenz an der Wechselbiegemaschine langsam auf den Sollwert von 25 Hz gesteigert. Mit Erreichen dieses Sollwertes wird das Lastspielzählwerk auf Null gestellt. Die bei dem jeweiligen Spannungsausschlag erreichte Bruchlastspielzahl N wird registriert.

Die Versuche an den ungekerbten Proben werden in einer speziellen Versuchszelle in 12% Essigsäure wiederholt. Es werden mindestens 4 Proben im Bereich $180\ N\ mm^{-2} < \pm \sigma_a < 280\ N\ mm^{-2}$ untersucht.

Die gekerbten Proben (schonend eingeschliffener Spitzkerb) werden in Luft im Bereich $130\ N\ mm^{-2} < \pm\ \sigma_a < 250\ N\ mm^{-2}$ und in 12% Essigsäure im Bereich $80\ N\ mm^{-2} < \pm\ \sigma_a < 130\ N\ mm^{-2}$ in gleicher Weise untersucht.

Versuchsauswertung

Für die 4 Versuchsreihen werden die Wöhler-Kurven erstellt (vgl. Abschn. 1.2.5.2). Wo liegen die Bereiche der Dauerfestigkeit und der Zeitfestigkeit (Korrosionsschwingfestigkeit)? Wie beeinflussen Kerben die Korrosionsschwingfestigkeit?

Weist das Aussehen der gebrochenen Proben auf Schwingungsrißkorrosion im aktiven oder passiven Zustand hin?

Spezielle Literatur

DIN 50142
Flachbiegeschwingversuch

4 Untersuchung der Korrosion in heißen Gasen

Literatur:	K. Hauffe:	Oxidation von Metallen und Legierungen; Springer-Verlag, 1956
	P. Kofstad:	High-Temperature Oxidation of Metals; John Wiley, 1966
	A. Rahmel, W. Schwenk:	Korrosion und Korrosionsschutz von Stählen; Verlag Chemie, 1977, Abschn. 5 u. 6
	VDEh:	Prüfung und Untersuchung der Korrosionsbeständigkeit von Stählen; Verlag Stahleisen, 1973

Bei der Reaktion von Metallen und Legierungen mit oxidierend wirkenden heißen Gasen wie Luft, Sauerstoff, Wasserdampf, Schwefeldampf oder Verbrennungsgasen, oft auch Verzunderung genannt, entstehen meist feste und gasundurchlässige Reaktionsprodukte, die beide Reaktionspartner trennen. Eine weitere Reaktion ist nur möglich, wenn mindestens ein Reaktionspartner durch die Reaktionsproduktschicht, oft Zunder genannt, diffundiert. Diese Diffusion erfolgt bevorzugt in Form von Ionen und Elektronen über sog. Punktfehlstellen wie Zwischengitterplätze, Leerstellen, freie Elektronen und Elektronendefektstellen.

Ist die Diffusion durch die Deckschicht geschwindigkeitsbestimmend, so wird ein parabolisches Zeitgesetz für die Massenzunahme durch Deckschichtbildung beobachtet, vgl. Aufg. 4.1.1,

$$\left(\frac{\Delta m}{A}\right)^2 = k'' \, t \qquad (4.1)$$

mit			
	Δm	Massenzunahme	(g)
	A	Oberfläche	(cm^2)
	t	Zeit	(s)
	k''	parabolische Zunderkonstante	($g^2 cm^{-4} s^{-1}$)

Andere geschwindigkeitsbestimmende Schritte ergeben andere Zeitgesetze.

Die Zundergeschwindigkeit reiner Metalle und Legierungen kann durch geeignete Zusätze herabgesetzt werden. Voraussetzung ist, daß das Oxid der zugesetzten Komponente thermodynamisch stabiler ist und langsamer wächst als das Oxid des Grundmetalls.

Solche technisch wichtigen Zusätze zu Legierungen auf Eisen-, Nickel- und Kobaltbasis sind Chrom, Aluminium und Silicium, vgl. Aufgabe 4.1.2.

Bei Legierungen kann neben der Bildung einer äußeren Zunderschicht auch gleichzeitig sog. innere Korrosion auftreten. Elemente wie Sauerstoff, Schwefel, Kohlenstoff oder Stickstoff sind in Metallen löslich, diffundieren deshalb in den Werkstoff ein und reagieren dort mit Legierungskomponenten, die mit diesen Elementen besonders stabile Verbindungen bilden. Dabei kommt es in der Randzone des Werkstoffs zur Ausscheidung feiner Oxide, Sulfide, Carbide oder Nitride in einer metallischen Matrix. Je nach gebildeter Verbindung wird der Vorgang als innere Oxidation, innere Schwefelung, innere Carbidbildung (Aufkohlung) oder innere Nitrierung bezeichnet.

Jede Beeinträchtigung oder Zerstörung der schützenden Oxidschicht bewirkt eine Zunahme der Zundergeschwindigkeit. In der Technik erfolgen solche Beeinträchtigungen häufig dadurch, daß sich Aschekomponenten oder Luftverunreinigungen auf der Werkstoffoberfläche ablagern und mit den schützenden Oxidschichten reagieren. Besonders große Verzunderungsgeschwindigkeiten treten dann auf, wenn sich zwischen Deckschichten und Ablagerungen tiefschmelzende Eutektika bilden, vgl. Aufgabe 4.1.3. Diese starke Korrosion wird auch als katastrophale Oxidation bezeichnet.

Aufgabe 4.1.1 Oxidation von Kupfer bei 850°C in Luft

Die Oxidation des Kupfers in Luft bei 850°C wird durch Messung der Massenzunahme verfolgt und die Zunderkonstante wird ermittelt.

Zubehör
- Cu-Proben
- Röhrenofen mit Temperaturregeleinrichtung
- Analysenwaage mit Unterflurwägeeinrichtung
- Pt-Aufhängedraht
- Stoppuhr

Methodik und Apparatur

Mit Hilfe einer über einem senkrecht angeordneten Röhrenofen befindlichen Analysenwaage, die es gestattet, die Probe unten an der Waagschale zu befestigen, wird der zeitliche Verlauf der Massenzunahme einer Cu-Probe verfolgt. Die in Ofenmitte befindliche Probe ist mit einem Platindraht an der Waagschale befestigt.

Versuchsdurchführung

Zunächst wird die Oberfläche der Probe bestimmt. Die Probe wird dann geschmirgelt, entfettet und anschließend mit dest. Wasser gespült. Nach dem Trocknen wird die Masse von Cu-Probe und Platindraht auf der Waagschale der über dem Ofen stehenden Waage bestimmt. Damit ist die Ausgangsstellung der Waage eingestellt. Danach wird die Probe so in den Ofen eingebaut, daß sie frei an der Analysenwaage hängt und nicht die Ofenwand berührt. Die obere Ofenöffnung wird weitgehend abgedeckt, um die aufsteigende heiße Luft von der Waage fernzuhalten. In den ersten 10 min wird nach jeder Minute die Massenzunahme registriert, danach nur noch in Abständen von 5 bis 10 min. Die Versuchsdauer beträgt etwa 90 min.

Versuchsauswertung

Das Quadrat der flächenbezogenen Massenzunahme in g^2cm^{-4} wird über der Zeit in s aufgetragen und aus dem Anstieg der Geraden die Zunderkonstante k" in $g^2cm^{-4}s^{-1}$ ermittelt. Die Massenzunahme ist dabei stets auf die Ausgangsmasse zur Zeit t = 0 zu beziehen.

Wie groß ist die Dickenabnahme des Cu-Blechs durch Oxidation nach

a) einem Tag
b) einem Monat
c) einem Jahr

unter der Annahme eines gleichmäßigen Flächenabtrags unter Bildung von Cu_2O ? Die Dichte des Kupfers beträgt 8,96 g cm^{-3} und sein Atomgewicht 63,54.

Aufgabe 4.1.2 Einfluß von Chrom auf die Oxidation von Stahl in Luft

Die Werkstoffe

St 37 (unlegierter Stahl)
1.4713 (6-8% Cr; 0,5-1,0% Si; 0,5-1,0% Al)
1.4724 (12-14% Cr; 0,7-1,2% Si; 0,7-1,2% Al)
1.4742 (17-19% Cr; 1,0-1,5% Si; 0,7-1,2% Al)
1.4762 (23-25% Cr; 1,0-1,5% Si; 1,2-1,7% Al)

werden bei 800 und 1000 °C in Luft geglüht. Das Oxidationsverhalten der Werkstoffe wird verglichen.

Zubehör Proben der Werkstoffe St37, 1.4713, 1.4724, 1.4742 und 1.4762
Gestell für die Aufhängung der Proben aus hitzebeständigem Werkstoff, z.B. 1.4841
Glühofen

Methodik und Apparatur

Die Untersuchung erfolgt als einfacher Glühversuch ohne zeitliche Registrierung der Massenänderung.

Versuchsdurchführung

Je eine Probe der 5 Werkstoffe, aufgehängt an einem Gestell aus hitzebeständigem Stahl, wird 100 h bei 800 °C in einem Ofen an Luft und eine weitere Probenserie 100 h bei 1000 °C geglüht.

Versuchsauswertung

Die Auswertung erfolgt über das Aussehen der Proben anhand von metallographischen Querschliffen und Elementverteilungsbildern nach Elektronenstrahlmikrosonden-Untersuchungen.

Aufgabe 4.1.3 Katastrophale Oxidation von Kupfer in Gegenwart von V_2O_5

Die Veränderung einer Cu-Probe in Kontakt mit V_2O_5 in Luft bei 620°C wird betrachtet.

Zubehör Cu-Probe
Nickeltiegel
V_2O_5-Pulver
Muffelofen
Tiegelzange

Methodik und Apparatur

Es handelt sich um einen einfachen Demonstrationsversuch in einem Tiegel.

Versuchsdurchführung

Ein Ni-Tiegel wird etwa zur Hälfte mit V_2O_5-Pulver gefüllt und eine Cu-Probe so in den Tiegel gestellt, daß sie etwa zur Hälfte eintaucht. Der so vorbereitete Tiegel wird etwa 1 h auf 620 °C gehalten. Nach dem Ausbau wird besonders der Bereich um den eintauchenden Probenteil betrachtet. Durch leichtes Biegen der Probe wird das anhaftende V_2O_5 mit den Korrosionsprodukten entfernt.

Versuchsauswertung

Die Phänomenologie des Angriffs ist zu beurteilen.

5 Untersuchung der Korrosion von Kunststoffen

Literatur:	B. Doležel:	Die Beständigkeit von Kunststoffen und Gummi; Carl Hanser Verlag, 1978
	G. Diedrich, B. Kempe, K. Graf:	Zeitstandfestigkeit von Rohren aus Polyethylen hart und Polypropylen unter Chemikalieneinwirkung; Kunststoffe 69, 470 (1979)
	DIN 53 449 Teil 1 bis 3	Kunststoffe Beurteilung des Spannungsrißverhaltens

Das Verhalten der Kunststoffe gegenüber Einwirkung von Chemikalien ist in der Praxis nur in wenigen Fällen von einem chemischen Angriff bestimmt. Deshalb spricht der Kunststoffachmann selten von Kunststoff-Korrosion. Durch Kontakt mit seiner Umgebung treten jedoch wie bei Metallen bestimmte meßbare Veränderungen im Kunststoff auf, die mit der Korrosion von Metallen vergleichbar sind. Werden sie erst nach langen Zeiten in Verbindung mit einer Wärme- und Lichteinwirkung hervorgerufen, bezeichnet man dies als Alterung.

Kunststoffe, insbesondere die thermoplastischen, unterscheiden sich grundsätzlich von den Metallen mit ihrer hohen Packungsdichte der Atome im Kristallgefüge (metallische Bindung). Sie sind aus "verfilzten" bzw. "verknäulten" großen und sperrigen Molekülketten (kovalente und zwischenmolekulare Bindung) aufgebaut. In die über dem gesamten Volumen vorhandenen Zwischenräume können die vergleichsweise sehr kleinen Gas- und Flüssigkeitsmoleküle leicht eindringen. Bevorzugt betroffen sind dabei die amorphen Gefügebereiche. Zunächst ist dieses Eindringen der Moleküle des Angriffsmittels ein rein physikalischer und damit reversibler Vorgang, selbst wenn dadurch z.B. die Abstände der Kunststoffmoleküle vergrößert werden (Quellung). Bei höheren Temperaturen kann der physikalische Vorgang des Quellens allerdings auch zum Sprengen des Kunststoffmolekülverbands führen (Lösung).

Das Sorptions- und Diffusionsverhalten wird aus Immersionsversuchen bei unterschiedlichen Temperaturen ermittelt. Hieraus allein läßt sich jedoch noch keine Aussage über die Widerstandsfähigkeit des Kunststoffs gegenüber dem Medium machen. Entsprechend seiner Eigenschaft und Aggressivität treten unterschiedliche Wechselwirkungen zwischen dem Medium und den Kunststoffmolekülen auf. So können die Quellungs- und Lösungsvorgänge für einen bestimmten Kunststoff mit einem chemischen Angriff verbunden sein. Es sind irreversible Veränderungen der Kunststoffmoleküle möglich, wie Kettenabbau, Vernetzungen oder Änderungen in der chemischen Zusammensetzung der Molekülketten (z.B. Oxidation). Hierdurch werden die Eigenschaften des Kunststoffs in der Regel in stärkerem Maße beeinflußt als bei rein physikalischen Wechselwirkungen in einem System Kunststoff/Medium.

Die heute noch weit verbreiteten Beständigkeitstabellen unterscheiden lediglich in "beständig", "bedingt beständig" und " unbeständig". Im allgemeinen erfolgt die Beurteilung dabei nach 28 Tagen Einlagerung im Medium und anschließender Prüfung einer bestimmten (mechanischen) Eigenschaft. Die Angaben aus diesen Tabellen können deshalb nur eine Vorabinformation für den Anwender darstellen. Die Aussage "beständig" gibt dem Konstrukteur eines Kunststoffbauteils noch keine ausreichende Sicherheit für den Fall, daß mechanische, Belastung und Medienbelastung gleichzeitig auftreten. Auch ist z.B. die Auswahl einer Kunststoffbeschichtung über eine Beständigkeitstabelle mit einem Risiko behaftet. Die Beschichtung kann zwar gegenüber dem Medium beständig sein, also ihre mechanischen Eigenschaften selbst dann nicht wesentlich verändern, wenn durch Diffusion eine geringe Medienmenge in ihr aufgenommen wird. Korrosive Wirkung vorausgesetzt, wird diese geringe Medienmenge den Untergrund der Beschichtung zerstören, sobald sie mit ihm in Kontakt kommt. Deshalb ist neben anderen Daten auch die Kenntnis des Diffusionskoeffizienten von Medien in der organischen Beschichtung wichtig, um abschätzen zu können, nach welcher Zeit das Medium die Grenzfläche zum Untergrund erreicht (vgl. Abschn. 6.3).

Es gibt eine große Anzahl von Kunststoff/Medium Systemen, die in Beständigkeitstabellen als "beständig" gekennzeichnet sind, weil die Einlagerung vorschriftsgemäß ohne äußere Belastung erfolgte. In der Praxis stehen die Bauteile aus Kunststoff häufig unter Spannungen, seien es Eigenspannungen aus dem Herstellungsprozess (vgl. Aufg. 5.1.1) oder von außen wirkende Lastspannungen. Bei einem unter Zugspannung stehenden Kunststoffteil, das mit einem Medium in Kontakt ist, kann jedoch innerhalb kurzer Zeit Spannungsrißbildung (vergleichbar der SpRK der Metalle) auftreten, obwohl der Kunststoff an sich "beständig" sein sollte. Die Spannungsrißbildung ist ein physikalisch-chemischer Vorgang, der die Kunststoffmoleküle nicht verändert. Durch die Zugspannung oder die Dehnung werden im Zusammenspiel mit dem aufgebrachten Medium die zwischenmolekularen Kräfte (bzw. bei Duroplasten auch kovalente Bindungen) in der Oberfläche so verringert, daß sich ein Riß bilden und dieser bis zum Ausgleich der vorhandenen Zugspannungen wachsen kann.

Innerhalb der Gruppe der handelsüblichen thermoplastischen Kunststoffe zeichnen sich diejenigen mit einer Kohlenstoffhauptkette im allgemeinen durch eine stärkere

Spannungsrißempfindlichkeit aus (PE, PS, ABS, SB, SAN, PMMA, PVC; siehe Anhang). Thermoplaste mit Heteroatomen in der Hauptkette sind wegen der sich daraus ergebenden größeren zwischenmolekularen Kräfte weniger spannungsrißempfindlich (PA, PC). Noch besser verhalten sich vernetzte Kunststoffe, wie z.B. härtende Harze (Duroplaste) oder nachträglich vernetzte Thermoplaste. Bei verstärkten Kunststoffen mit ihrem heterogenen Aufbau sind auch Grenzflächenprobleme zu beachten, die zu einem völlig anderen Verhalten des Verbundwerkstoffs führen können.

Für einen qualitativen Vergleich der Empfindlichkeit gegenüber Spannungsrißbildung im Kurzzeitversuch haben sich Biegeproben, teils mit parabelförmiger Krümmung, bewährt (vgl. Aufg. 5.1.2 und 5.1.3). Halbquantitative Aussagen erlaubt die Prüfung nach DIN 53 449, Teil 1, Kugel- oder Stifteindrückverfahren. Außerdem hat dieses Verfahren den Vorteil, daß man kritische Fertigteilbereiche untersuchen kann und sich nicht auf die Untersuchung speziell hergestellter Probekörper beschränken muß. Das Prinzip der Prüfung liegt darin, daß eine konstante Dehnung im Prüfling erzeugt wird (vgl. Aufg. 5.1.4).

Ist Spannungsrißbildung erst nach längeren Zeiten zu erwarten, empfiehlt sich in dem betreffenden Medium eine Prüfung im Zeitstandzugversuch (DIN 53449, Teil 2). Hierbei wird eine Schulterflachprobe bei einer bestimmten Temperatur einer konstanten Zugbeanspruchung unterworfen, die unterhalb der Streckspannung bei dieser Temperatur liegen muß. Zur Kennzeichnung des Spannungsrißverhaltens dient die Bruchzeit bei vorgegebener Zugspannung oder die Bruchspannung nach 100 Stunden Belastung (vgl. Abschn. 1.2.4.2).

Im Vergleich zur Spannungsrißbildung spielt bei Kunststoffen Rißbildung durch schwingende Beanspruchung sowohl mit als auch ohne Medienbelastung eine untergeordnete Bedeutung. Bereits bei niedrigen Lastspielfrequenzen erwärmen sich viele Thermoplaste so, daß die dadurch bedingte Abnahme von E-Modul und Zugfestigkeit kritischer ist als die Gefahr einer Rißbildung.

Zur Beurteilung des Zusammenspiels von chemischen und mechanischen Belastungen haben sich seit langem Innendruckzeitstandversuche an mediengefüllten Rohren bewährt. Hierbei wird der Versagenszeitpunkt in Abhängigkeit von der Tangentialspannung (resultierend aus dem Innendruck) und der Art des Mediums registriert. Versagen kann hierbei sowohl der Bruch des Rohres als auch Schwitzen infolge verstärkter Permeation des Mediums durch die Wand sein. Wird die Zeitstandkurve mit der für Wasser verglichen, lassen sich aus den Bereichen der Kurven, die für die Betriebsverhältnisse maßgebend sind (meist die steilen Äste der Kurve), chemische Resistenzfaktoren bestimmen (Abb. 5.1). Bei Kenntnis des Zeitfaktors f_{CR_t} und des Spannungsfaktors f_{CR_σ} für eine Werkstoff/Medium Kombination können die zulässigen Betriebsbedingungen relativ genau angegeben werden. Der Prüfaufwand ist jedoch sehr hoch. Die Prüfzeiten verkürzen sich zwar erheblich, wenn bei erhöhten Temperaturen geprüft wird (z.B. 60°C, 80°C, 100°C). Über eine Zeit-Temperatur-Verschiebung (Arrhenius-Gesetz) läßt sich dann z.B. auf Raumtemperatur auch für sehr lange Zeiten extrapolieren. Die Unsicherheit bei dieser Extrapolation liegt jedoch in möglicherweise zusätzlich auftretenden Alterungserscheinungen. Um deren Einfluß zu erfassen, sind Prüfzeiten von mehr als 5 Jahren für ein System Kunststoff/Medium keine Seltenheit.

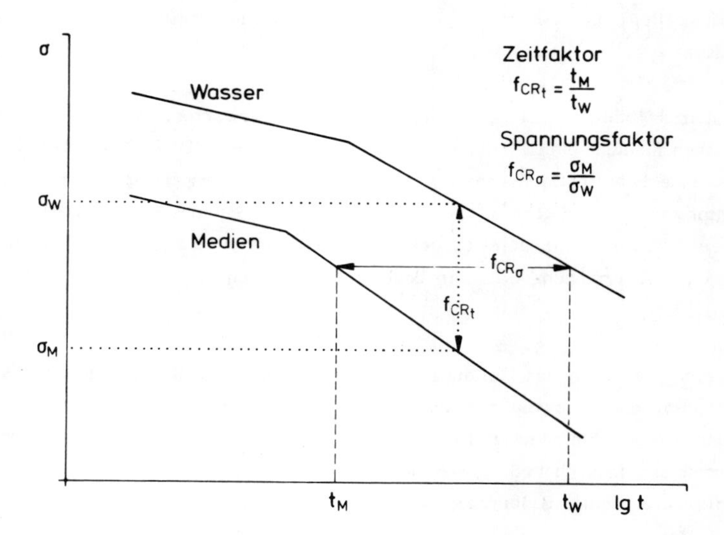

Abb. 5.1: Ermittlung des chemischen Resistenzfaktors f_{CR} aus dem Zeitstandversuch

Aufgabe 5.1.1 Nachweis von Eigenspannungen in Thermoplasten
Chromsäuretest

Eigenspannungen von PE- und PP-Halbzeugen sowie deren Schweißungen werden durch Rißbildung angezeigt.

Zubehör
Abschnitte von extrudierten PE- bzw. PP-Rohren, teils geschweißt, getempert und ungetempert
500 ml Glasgefäß mit Heizeinrichtung
600 g CrO_3 + 400 g H_2O (ca. 70% Chromsäure)

Methodik und Apparatur

In der Praxis wird häufig ein Schnelltest angewandt, der qualitativ nicht nur Anfälligkeit eines Kunststoffes gegen Spannungsrißkorrosion anzeigt, sondern auch Aufschluß über das Vorhandensein von Eigenspannungen gibt, die von der Verarbeitung herrühren.

Der Versuch wird als Dauertauchversuch durchgeführt (vgl. Aufg. 2.1.2).

Versuchsdurchführung

Die ungetemperten Proben werden voll in die Prüflösung von 40°C eingetaucht. Nach 1, 3, 7, 14 Tagen, und eventuell nach längeren Prüfzeiten, werden Kontrollen auf Rißbildung gemacht. Ein eventueller gleichmäßiger Flächenangriff ist zu berücksichtigen. Parallel dazu werden Proben untersucht, die vor der Einlagerung 8 Stunden bei 80°C warmgelagert und anschließend langsam abgekühlt wurden (Tempern).

Versuchsauswertung

Es wird das Auftreten von Rissen in Abhängigkeit von der Zeit festgestellt. Der Einfluß einer Temperung ist zu bewerten.

Aufgabe 5.1.2. Spannungsrißbildung an amorphen Thermoplasten
Einfluß von Werkstoffstruktur und Vorbelastung

Proben aus einer extrudierten PMMA-Platte werden einer konstanten Biegung ausgesetzt und mit Ethanol benetzt, wodurch Spannungsrisse hervorgerufen werden. Der Einfluß von herstellungsbedingten Anisotropien und einer Vorbelastung werden untersucht.

Zubehör
- Prüfkörper aus PMMA
- Prüfvorrichtung für Biegebelastung
- Ethanol
- Stoppuhr

Methodik und Apparatur

Die Prüfkörper werden entsprechend Abb. 5.2 einer konstanten Biegung ausgesetzt. Anschließend werden sie mit einem Filterpapier bedeckt, mit Ethanol benetzt und die Dauer bis zum Bruch ermittelt.

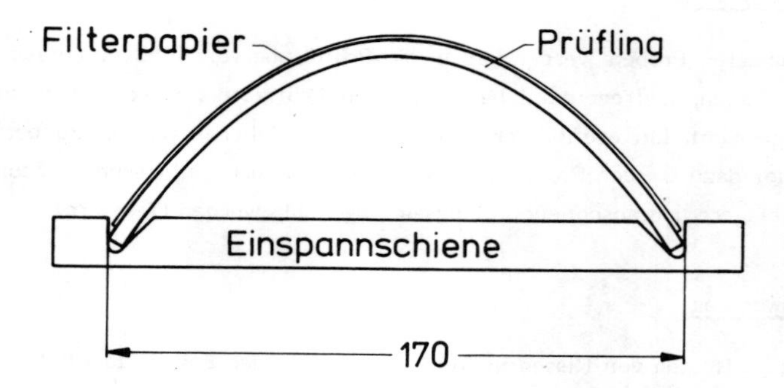

Abb. 5.2: Vorrichtung für konstante Biegung

Versuchsdurchführung

Hinweis: die Proben dürfen nur an ihren Enden mit den Fingern berührt werden, da Handschweiß im biegebeanspruchten Teil das Ergebnis verfälschen kann.

Teilaufgabe a) Struktureinfluß

Aus einer durch Extrusion hergestellten PMMA-Platte (mittleres Molekulargewicht $M_w \sim 450.000$ g mol^{-1}) wird jeweils ein Prüfkörper längs und quer zur Extrusionsrichtung herausgeschnitten (200x15x2mm). Diese Prüflinge werden entsprechend Abb. 5.2 in die Vorrichtung eingespannt, mit Filterpapier bedeckt, unmittelbar danach mit Ethanol benetzt und jeweils die Zeit bis zum Bruch gemessen.

Teilaufgabe b) Belastungsvorgeschichte

Zwei in Extrusionsrichtung herausgeschnittene Prüfkörper (200x15x2mm) werden wie unter a) zunächst nur der Biegebelastung ausgesetzt. Probe 1 wird bei Raumtemperatur 5 Tage eingespannt, Probe 2 wird 1,5 Stunden eingespannt, davon 1 h bei 80°C gelagert und ~30 min in Luft abgekühlt. Danach werden die Proben mit Filterpapier bedeckt, benetzt und die Zeiten von der Benetzung bis zum Bruch registriert.

Versuchsauswertung

zu Teilaufgabe a)

Woraus ergeben sich die unterschiedlichen Bruchzeiten und wie unterscheidet sich die Rißbildung?

zu Teilaufgabe b)

Welche physikalische Eigenschaft der Thermoplaste begründet die ermittelten Zeitunterschiede im Vergleich zu Teilaufgabe a)?

Aufgabe 5.1.3 Spannungsrißbildung an amorphen Thermoplasten
Ermittlung der Grenzspannung

Prüfkörper aus PMMA werden im Biegeversuch einer konstanten Belastung ausgesetzt. Für zwei spannungsrißauslösende Medien wird diejenige Grenzspannung ermittelt, die nach einer Stunde Belastung erste Spannungsrisse erzeugt.

Zubehör

- Prüfkörper aus gegossenem PMMA
- Belastungsvorrichtung mit Gewichten
- Tropfgefäß
- 50% Essigsäure
- Ethanol
- Filterpapier
- Meßlineal

Methodik und Apparatur

Die Bestimmung der Korrosionsgrenzspannung von spannungsrißempfindlichen Thermoplasten erfolgt auf der Biegeseite des einseitig eingespannten Prüfstabes, an dessen freiem Ende die konstante Prüfkraft F angreift (Abb. 5.3). Die mechanische Belastung aus der äußeren Kraft F ist das Biegemoment M (Kraft x Hebelarm), das von seinem Maximum an der Einspannstelle über die Länge des Probestabes auf Null abfällt. Entsprechend ist die Ausbildung von Spannungsrissen an der Einspannstelle am stärksten und klingt zu kleineren Spannungen hin ab. Die gesuchte Grenzspannung wird aus der Länge des rißfreien Teils des Prüfkörpers berechnet.

Bei vorzeitigem Bruch des Prüfstabes oder bei Rißbildung bis zum Gebiet der Lastaufhängung muß der Versuch mit geringerer mechanischer Belastung wiederholt werden.

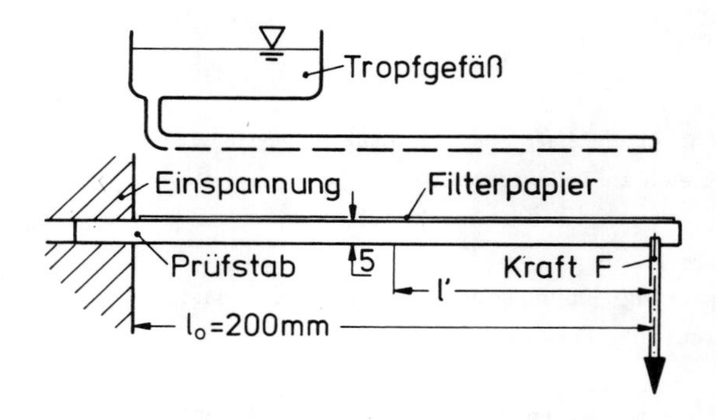

Abb. 5.3: Einseitig eingespannter Prüfstab mit Benetzungseinrichtung

Versuchsdurchführung

In die Belastungsvorrichtung werden 4 Prüfkörper aus gegossenem PMMA (mittleres Molekulargewicht $M_w \sim 2.000.000$ g mol^{-1}) so eingespannt, daß die freie Biegelänge L_o = 200 mm beträgt. Über die freie Länge der Stäbe werden Filterpapierstreifen gelegt, aus dem Tropfgefäß mit Medium benetzt und der Stab sofort durch Anhängen und allmählichem Freigeben des Gewichtes belastet. Da die Medien verdunsten, muß das jeweilige Medium ständig aus dem Tropfgefäß nachgefüllt werden.

Die Belastungen betragen in beiden Medien 20 N, 30 N, 40 N, 50 N, 60 N. Die Versuchsdauer beträgt 60 Minuten bei Raumtemperatur.

Nach 60 Minuten werden die Probestäbe ausgebaut, gespült, abgetrocknet und auf Spannungsrisse untersucht.

Versuchsauswertung

Die rißfreie Länge L' wird ermittelt und die Korrosionsgrenzspannung errechnet nach

$$\sigma_{bG} = \frac{M_{bG}}{W} \tag{5.1}$$

mit dem Grenzbiegemoment $M_{bG} = F \cdot L'$ (N m) (5.2)

dem Biegewiderstandsmoment $W = \frac{b \cdot h^2}{6}$ (m^3) (5.3)

und b Probenbreite (m)

h Probendicke (m)

Welche Aussage ist durch die Grenzspannung im Vergleich zur Angabe "bedingt beständig" aus Beständigkeitstabellen möglich?

Aufgabe 5.1.4 Spannungsrißbildung an geschweißten und ungeschweißten Thermoplasten
Kugel- und Stifteindrückverfahren

An ungeschweißten und geschweißten Proben aus Polyvinylchlorid (PVC) werden die Rißbildungsgrenzen bei konstanten Verformungen in Luft und in Methanol ermittelt.

Zubehör

Proben 80x10x4mm mit 3,0mm Bohrung (Normprüfstäbe), ungeschweißt, warmgasgeschweißt, heizelementstumpfgeschweißt

Vorrichtung zum Kugel- bzw. Stifteindrücken

Kugeln, Stifte

Zugprüfmaschine

Methanol

Lupe

Methodik und Apparatur

Die Prüfung auf Spannungsrißbildung erfolgt entsprechend DIN 53449, Teil 1. In die Bohrungen der Proben werden Kugeln oder Stifte mit steigendem Übermaß eingedrückt, wodurch sich eine Deformationsreihe ergibt. Sie umfaßt mehrere Deformationsstufen und beginnt mit der Deformationsstufe 0. Die Proben werden anschließend über bestimmte Zeiten in Luft bzw. Medium gelagert. Oberhalb einer vom Werkstoff und Medium abhängigen Deformationsstufe entstehen mit zunehmender Versuchsdauer Schädigungen, die sich zu sichtbaren Rissen entwickeln können (Methode A). An äußerlich rißfreien Proben wird die Festigkeit im Zugversuch bestimmt (Methode B).

Versuchsdurchführung

Prüfung von PVC nach Methode A

In jeweils 4 ungeschweißte, heizelementstumpfgeschweißte und warmgasgeschweißte Proben werden Stifte folgender Übermaße eingedrückt:

0,08 mm 0,10mm 0,15 mm 0,20 mm

Anschließend werden die Proben eine Stunde in Methanol gelagert und danach mit der Lupe auf sichtbare Schädigungen (Risse) untersucht.

Zur Gegenüberstellung wird an ungeschweißten Proben eine Vergleichsreihe in Luft mit folgenden Stiftübermaßen durchgeführt:

0,08 mm 0,15 mm 0,4 mm 0,6 mm

Um einen Vergleich zwischen Stifteindrückversuch und Kugeleindrückversuch herzustellen, wird an ungeschweißten Proben eine Deformationsreihe in Methanol mit folgenden Kugelübermaßen geprüft:

0,15 mm 0,20 mm 0,4 mm 0,6 mm

Prüfung von PVC nach Methode B

Es wird eine Deformationsreihe in Methanol mit folgenden Kugelübermaßen geprüft:

0,00 mm 0,10 mm 0,15 mm 0,20 mm 0,30 mm 0,40 mm

Nach einer Stunde Einlagerung werden die Proben dem Medium entnommen, mit Filterpapier abgetrocknet und auf Risse untersucht. Anschließend werden im Zugversuch bei einer Abzugsgeschwindigkeit von 1 mm min^{-1} die Kraft-Verlängerung-Diagramme ermittelt. Ebenso wird ein Zugversuch an einer nichteingelagerten Probe mit dem Kugelübermaß 0,00 mm durchgeführt.

Versuchsauswertung

Methode A

Die Probekörper werden mit der Lupe auf Rißbildung in der Umgebung der Stifte bzw. Kugeln untersucht. Als Rißbildungsgrenze wird das Übermaß festgehalten, bei dem erste Risse sichtbar sind. Die unterschiedlichen Grenzwerte für die ungeschweißten und geschweißten Proben beim Stifteindrückversuch mit Methanol sind zu begründen. Was geschieht bei der Deformationsreihe in Luft? Wie lassen sich die Unterschiede zwischen Kugel- und Stifteindrückversuch in Methanol bei den ungeschweißten Proben interpretieren?

Methode B

Die Rißbildungsgrenze nach einstündiger Einlagerung ist anzugeben. Die gemessenen Zugfestigkeiten werden als Funktion der Übermaße grafisch aufgetragen. Was kann aus dem Kurvenverlauf bezüglich der Schädigung des Werkstoffs geschlossen werden?

6 Untersuchung des Korrosionsschutzes

6.1 Elektrochemische Schutzverfahren

Literatur:	W.v. Baeckmann, W. Schwenk:	Handbuch des kathodischen Schutzes; Verlag Chemie, 1980
	W.v. Baeckmann:	Elektrochemischer Korrosionsschutz; VDI-Berichte 365, S. 149, 1980
	DIN 50927	Planung und Anwendung des elektrochemischen Korrosionsschutzes für den Innenschutz von Apparaten, Behältern und Rohren

Bei elektrochemischen Schutzverfahren wird der Metalloberfläche ein Potential aufgezwungen, bei dem die Korrosionsgeschwindigkeit praktisch vernachlässigbar ist und bestimmte lokale Korrosionserscheinungen, wie z.B. Lochkorrosion und Spannungsrißkorrosion, vermieden werden. Sind in dem System mehrere Korrosionsarten möglich, so sind diese sämtlich hinsichtlich der Potentialabhängigkeit ihrer Geschwindigkeiten zu betrachten. Im allgemeinen gibt es für jede Korrosionsart einen Potentialbereich, innerhalb dessen die Korrosionsraten vernachlässigbar gering sind. Die Grenzpotentiale dieser Bereiche (Schutzbereiche) heißen Schutzpotentiale.

Die Potentialeinstellung wird durch Polarisation mit Gleichstrom erreicht und heißt je nach der Richtung der Potentialänderung kathodischer oder anodischer Schutz. Der dabei fließende Strom wird mit Schutzstrom bezeichnet.

Wird der Korrosionsprozeß durch Streuströme hervorgerufen, dann kann durch elektrische Trennung, durch Ableiten des Streustromes und durch "Streustromabsaugung" mittels einer Zusatzspannung die Korrosion verringert und ein Korrosionsschaden vermieden werden. Bei diesen Methoden wird das Potential abgesenkt, so daß sie im Prinzip dem kathodischen Schutz zuzuordnen sind.

6.1.1 Kathodischer Schutz

Zur Erzeugung einer kathodischen Schutzwirkung wird das Potential der zu schützenden Metalloberfläche in negative Richtung verschoben, wobei zwei Methoden zur Verfügung stehen:

a) Das zu schützende Metall wird mit einem zweiten unedleren Metall in derselben Lösung kurzgeschlossen. Es bildet sich ein Korrosionselement, bei dem das unedlere Metall anodisch in Lösung geht und in bestimmten Zeitabständen erneuert werden muß (galvanische Anode, Schutzanode), während das edlere Metall kathodisch geschützt wird.

b) Das zu schützende Metall wird mit dem negativen Pol einer äußeren Gleichstromquelle verbunden und bildet zusammen mit einer unangreifbaren Anode (FeSi-Legierung, Inertmetall, Eisenschrott usw.) und dem Medium einen Stromkreis.

Für die richtige Anwendung des kathodischen Schutzes ist die Kenntnis der Stromdichte-Potential-Kurve des betreffenden Systems Metall/Medium notwendig. Da die anodische Teilstromdichte und die Summenstromdichte im allgemeinen in dem interessierenden Potentialbereich voneinander abweichen, ist die Aufnahme von Massenverlust-Potential-Kurven notwendig. Bei lokaler Korrosion (Lochkorrosion, Spannungsrißkorrosion usw.) müssen entsprechende andere Korrosionsgrößen wie Lochzahl, Lochtiefe, Rißfortschritt und Standzeit im Zugversuch usw. herangezogen werden. Aus solchen Messungen ergibt sich das Grenzpotential des Schutzbereiches,das unterschritten werden muß, um kathodischen Schutz zu erreichen. Für die Korrosion von Eisen in belüfteten, neutralen, wässrigen Medien zeigt die Erfahrung, daß bei Potentialen negativer als U_H = -530 mV bzw. U_{Mess} = -850 mV, bezogen auf die $Cu/CuSO_4$-Elektrode, ein kathodischer Schutz gewährleistet ist. Bei einer Reihe von Metallen, z.B. Pb, Ti, Ta, existiert auch ein unteres Grenzpotential, unterhalb dessen es zu Hydridbildung oder zu Korrosion durch Alkalien kommt.

Die elektrochemischen Vorgänge beim kathodischen Schutz sind stark zeitabhängig, was hauptsächlich auf Polarisationseffekte durch kathodisch gebildete Hydroxylionen und Deckschichten zurückzuführen ist. Diese Zeitabhängigkeit wird in den Aufg. 6.1.1 und 6.1.2 untersucht.

Zur Einstellung des gewünschten Potentials im Schutzbereich ist eine bestimmte Stromdichte notwendig. Da bei kathodisch geschützten Bauteilen und Anlagen oft eine ungleichförmige Stromverteilung herrscht, sind die örtlichen Stromdichten unterschiedlich, und es resultiert eine ungleichförmige Potentialverteilung an der Oberfläche des Schutzobjektes. Diese ist abhängig vom Elektrolytwiderstand, von der Geometrie des Schutzobjektes, vom Polarisationswiderstand und vom Ort der Anode. Die ungleichförmige Potentialverteilung bewirkt in der Nähe einer Fremdstromanode ein zu stark negatives (Überschutz) und in größerer Entfernung ein zu wenig negatives Potential (Unterschutz). Solche Zusammenhänge werden in den Aufg. 6.1.1 und 6.1.2 untersucht.

Bei der praktischen Anwendung des kathodischen Schutzes stellt die Messung des Potentials wegen der ohmschen Spannungsanteile ein Problem dar. Diese können durch Ausschaltmessungen eliminiert werden (Aufg. 6.1.2).

6.1.2 Anodischer Schutz

Die Stromdichte-Potential-Kurve eines Korrosionssystems ist entscheidend für die Beurteilung der Frage, ob eine anodische oder kathodische Polarisation in einen Schutzbereich führt. Nur wenn das System einen ausgeprägten Passivbereich besitzt, kann anodischer Korrosionsschutz angewandt werden. Er beruht darauf, daß das Potential des zu schützenden Metalles aus dem Aktiv- in den Passivbereich verschoben wird. Da hierbei keinesfalls das Potential des Übergangs passiv/transpassiv oder ein anderes kritisches Potential überschritten bzw. das Aktiv/Passiv-Potential unterschritten werden darf, wird in der Regel das Potential mittels eines Potentiostaten eingestellt, der damit gleichzeitig als Gleichstromquelle dient. Die Bestimmung des Schutzpotentials für ein gegebenes Korrosionssystem ist somit eine wichtige Aufgabe.

Für den anodischen Schutz ist typisch, daß die Stromquelle zunächst für den eigentlichen Passivierungsvorgang hohe Stromstärken liefern muß, während zur Aufrechterhaltung des Schutzzustandes nur ein geringer Strom notwendig ist. Der Schutzstrombedarf zu Beginn und nach beendeter Passivierung ergibt sich aus Strom-Zeit-Kurven (Aufg. 6.1.3).

Die Untersuchung der maßgebenden Einflußgrößen des anodischen Schutzes können im Labormaßstab insofern gut untersucht werden, als die geometrischen Dimensionen der Meßanordnung wegen der großen anodischen Polarisationswiderstände (Passivschichten) eine nur geringe Rolle spielen.

6.1.3 Streustromkorrosion und Streustromschutz

Befindet sich ein metallischer Leiter in einer von Gleichstrom durchflossenen Elektrolylösung, dann fließt in dem Leiter ein Strom, der angenähert dem Stromfluß im verdrängten Elektrolytvolumen entspricht (Zwischenleitereffekt). In einfacher Näherung, unter Annahme einer stabförmigen Elektrode und unter Vernachlässigung von Polarisationseffekten, gilt das Ohmsche Gesetz

$$I = \frac{\Delta U \cdot q \cdot \kappa}{l} \qquad (6.1)$$

mit

I	Zwischenleiterstrom	(A)
ΔU	Spannungsdifferenz in der Lösung über dem Leiter	(V)
q	Leiterquerschnitt	(cm^2)
l	Länge des Leiters	(cm)
κ	spez. Leitfähigkeit der Elektrolytlösung	($\Omega^{-1} cm^{-1}$).

Der Zwischenleiterstrom ist demnach bei gegebener spez. Leitfähigkeit proportional der an den Enden des Zwischenleiters herrschenden Potentialdifferenz ΔU.
Abb. 6.1 gibt die Zusammenhänge in vereinfachter Form wieder.

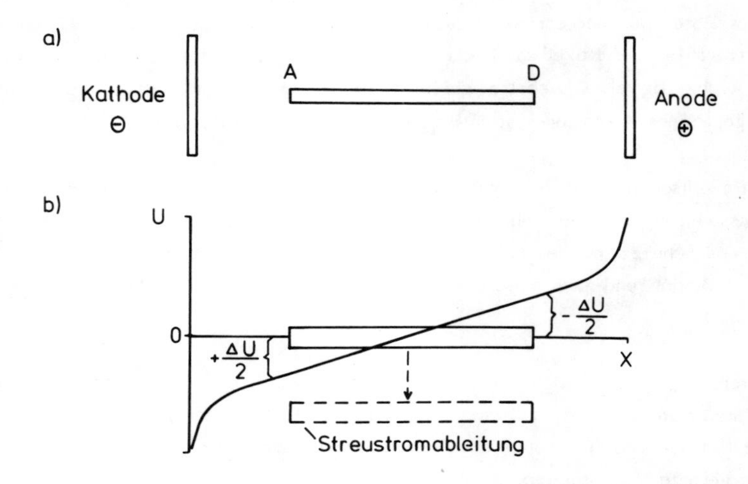

Abb. 6.1.: Stabförmiger Leiter in einer stromdurchflossenen Elektrolytlösung (vereinfachte Darstellung)
a) Anordnung
b) Potentialverlauf und Zwischenleitereffekt ohne und mit Streustromableitung

Zwischen Kathode und Anode des Außenstromkreises fließt durch die mit Elektrolytlösung gefüllte Zelle ein Gleichstrom, der in der Lösung ein ohmsches Potentialgefälle erzeugt. Der Zwischenleiter führt zwischen den Punkten A und D zu einem Kurzschluß, so daß seine gesamte Oberfläche zu einer Äquipotentialfläche wird. Das Potential des Zwischenleiters ist deshalb im Bereich A um $\Delta\frac{U}{2}$ positiver und im Bereich D negativer als das Freie Korrosionspotential des Zwischenleiters in der Elektrolytlösung. Der Bereich A wird deshalb zur Anode und der Bereich D zur Kathode. Als Folge dieses Zwischenleitereffekts tritt bei A Streustromkorrosion auf, vorausgesetzt, die Potentialdifferenz ΔU ist für den Ablauf der Elektrodenreaktion ausreichend (Ausgangsposition des Zwischenleiters in Abb. 6.1 b).

Bei dem Streustromschutz durch Streustromableitung wird der Zwischenleiter über einen variablen Außenwiderstand mit der Kathode des Streustrom erzeugenden Stromkreises verbunden (Prinzip des kathodischen Schutzes). Hierbei muß das Potential mindestens bis auf das Freie Korrosionspotential abgesenkt werden (verschobene Position des Zwischenleiters in Abb. 6.1 b).

Die hier gegebene Erläuterung ist eine stark vereinfachte Darstellung. In der Praxis sind die Verhältnisse sehr viel komplizierter, vor allem, wenn es um rechnerische Abschätzung von Streuströmen geht.

Aufgabe 6.1.1 Kathodischer Schutz durch galvanische Anoden

Der kathodische Schutz von unlegiertem Stahl durch Zink und Magnesium wird untersucht. Schutzstromaufnahme und Potentiale werden bestimmt. Die Potentialverteilung längs eines zur Hälfte verzinkten Rohres wird bei zwei Elektrolytleitfähigkeiten unter simulierten Bedingungen der Erdbodenkorrosion gemessen.

Zubehör

Proben aus unlegiertem Stahl; desgl. halbverzinkt
Zink- und Magnesiumanoden
Kalomel-Bezugselektrode mit Haber-Luggin-Kapillare
Zellengefäß
"Bodenlösung A" mit einem spez. Widerstand von 1000 Ω cm der Zusammensetzung:

313 mg l^{-1} $MgSO_4 \cdot 7\ H_2O$ — 218 mg l^{-1} $CaSO_4 \cdot 2\ H_2O$
372 mg l^{-1} $CaCl_2 \cdot 2\ H_2O$ — 106 mg l^{-1} $NaHCO_3$

"Bodenlösung B" mit 10.000 Ωcm hergestellt durch Verdünnen von Bodenlösung A

Voltmeter

Widerstand (1 Ω)

Vorrichtung zum Verschieben der Bezugselektrode

Methodik und Apparatur

Der kathodische Schutz wird durch Kurzschließen der Stahlprobe mit der Zink- bzw. Magnesiumanode entsprechend Abb. 6.2 erzeugt. Die Strommessung erfolgt über eine Spannungsmessung an einem kleinen Widerstand, das Potential wird mit einer Bezugselektrode bestimmt.

Die Potentialverteilung längs des halbverzinkten Rohres wird mit Hilfe einer Verschiebevorrichtung für die Bezugselektrode gemessen. Dabei interessiert insbesondere der Ort, an dem das Schutzpotential des Stahls eben noch besteht (U_H = -530mV). Die Messung wird mit einer wenig leitfähigen (10.000 Ωcm) und einer stärker leitfähigen (1000 Ωcm) Elektrolytlösung durchgeführt. Das Prinzip der Potentialverteilungsmessung ist in Abb. 6.3 gezeigt.

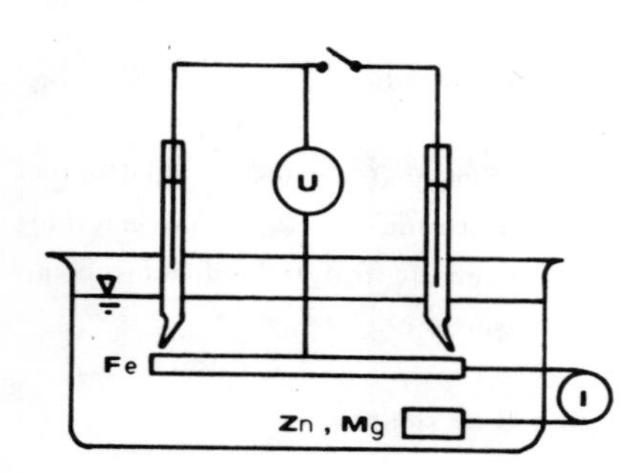

Abb. 6.2: Strom- und Potentialmessungen beim kathodischen Schutz durch galvanische Anoden

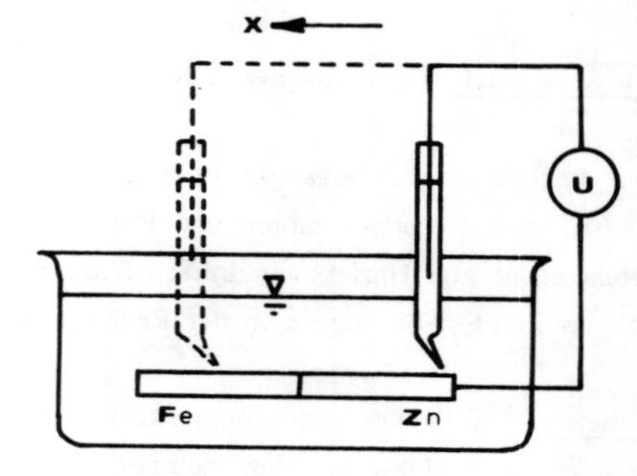

Abb. 6.3: Messung der Potentialverteilung an einer halbverzinkten Probe aus unlegiertem Stahl

Versuchsdurchführung

Teilaufgabe a) Strom- und Potential-Zeit-Kurven

Eine geschliffene und entfettete Probe aus unlegiertem Stahl wird in die Lösung A mit 1000 Ω cm gebracht und deren Freies Korrosionspotential gemessen. Ebenso wird das Freie Korrosionspotential der galvanischen Zinkanode gemessen und dann die Zink- mit der Stahlelektrode über einen niederohmigen Widerstand verbunden. Der fließende Strom und das Potential des entfernten Probenendes werden in Abständen von einer Minute über einen Zeitraum von 10 Minuten gemessen. Während des Versuches muß darauf geachtet werden, daß die Elektrolytlösung nicht bewegt wird. Nach Beendigung der Strommessung wird das Potential der Probe an dem der Zinkelektrode zugewandten Ende gemessen. Bei Versuchsende wird gerührt und die Stromänderung notiert.

Danach wird das Experiment mit einer Magnesiumanode in gleicher Weise wiederholt.

Teilaufgabe b) Potentialverteilung

In einem weiteren Experiment wird eine halbverzinkte Probe aus unlegiertem Stahl in die wenig leitfähige Elektrolytlösung B getaucht (10.000 Ω cm), und die Potentiale werden längs der Probe gemessen. Dabei sollte sich die Spitze der Kapillare etwa in einem Abstand 2d (d = äußerer Durchmesser der Kapillare) befinden. Bei der Messung ist die Kapillare nur langsam zu bewegen, um keine Konvektion zu erzeugen. Gemessen wird in Abständen von 5 mm, ausgehend vom verzinkten Ende der Probe.

Danach wird der spezifische Widerstand der Elektrolytlösung durch Zugabe von konzentrierter Lösung A auf 2000 Ω cm abgesenkt und die Potentialverteilung nochmals gemessen.

Versuchsauswertung

Teilaufgabe a)

Die im Kontakt mit der Zink- und Magnesiumanode gemessenen Elementströme und Potentiale werden in ein Strom (Potential)-Zeit-Diagramm eingetragen. Welches ist die Ursache der Zeitabhängigkeit des Schutzstromes, und warum ist der Strom abhängig von der Rührgeschwindigkeit?

Die bei offenem und geschlossenen Stromkreis gemessenen Potentiale der Metalle sind zu erklären.

Die an den Probenenden gemessenen Potentiale sind hinsichtlich des Grenzpotentials des Schutzbereiches von Eisen in belüfteten, neutralen Medien (U_H = -530 mV) zu beurteilen. Warum sind die Potentiale unterschiedlich?

Teilaufgabe b)

Die an der halbverzinkten Probe gemessenen Potentialverteilungen werden in ein Diagramm mit dem Probenpotential als Ordinate und der Probenlänge als Abszisse eingetragen.
Der Verlauf der Potentialverteilung und der Einfluß der Elektrolytleitfähigkeit sind zu erläutern.
Welche Reaktionen laufen an der Eisen- und Zinkoberfläche ab?

Aufgabe 6.1.2 Kathodischer Schutz durch Fremdstrom

Der kathodische Schutz von unlegiertem Stahl durch Fremdstrom wird unter Bedingungen der Bodenkorrosion untersucht. Es wird eine Potential-Zeit-Kurve bei konstantem Strom und eine Strom-Zeit-Kurve bei konstantem Potential aufgenommen. Das Prinzip der Eliminierung von ohmschen Spannungsanteilen durch Ausschaltmessungen wird gezeigt.

Zubehör
- Proben aus unlegiertem Stahl (L = 8mm, Ø = 20mm)
- Gegenelektrode (Anode) aus aktiviertem Titan
- 2 Kalomel-Bezugselektroden mit Haber-Luggin-Kapillaren
- Zellengefäß
- "Bodenlösungen" mit den spez. Widerständen von 1000 Ωcm und 10.000 Ωcm entsprechend Aufgabe 6.1.1
- Potentiostat
- Voltmeter
- Galvanostatenwiderstand
- Schneller Schalter für Ausschaltmessungen
- Transientenrecorder oder Speicheroszillograph

Methodik und Apparatur

Der kathodische Schutz wird mit Hilfe eines Stromkreises bestehend aus der zu schützenden Probe, einer unangreifbaren Anode, der Elektrolytlösung und einer Stromquelle

(Galvanostat und Potentiostat) untersucht. Die Meßanordnung entspricht den in Aufgabe 1.2.2 gezeigten galvanostatischen und potentiostatischen Schaltungen. Zellengefäß und Vorrichtung zur Verschiebung der Bezugselektroden sind identisch mit denen in Aufgabe 6.1.1.

Folgende Versuche werden durchgeführt:

a) Potential-Zeit-Messungen und Ausschaltmessungen zur Eliminierung des ohmschen Spannungsabfalles in der Elektrolytlösung unter galvanostatischen Bedingungen

b) Strom-Zeit-Messungen unter potentiostatischen Bedingungen.

Versuchsdurchführung

Teilaufgabe a) Potential-Zeit-Kurven und Ausschaltmessungen

Eine geschliffene und entfettete Probe aus unlegiertem Stahl wird in die Lösung mit einem spezifischen Widerstand von 1000 Ωcm getaucht. Je eine Bezugselektrode wird an dem der Gegenelektrode zu- und abgewandten Ende der Stahlprobe angeordnet (Abb. 6.4). Dabei ist ein Abstand der Bezugselektrode 2d (d = äußerer Kapillardurchmesser) einzuhalten. Dann wird ein Strom von 2,5 mA mit der galvanostatischen Schaltung eingestellt und das Potential des Stahls an den der Anode abgewandten und zugewandten Enden über eine Laufzeit von 15 min in Abständen von 1 min gemessen.

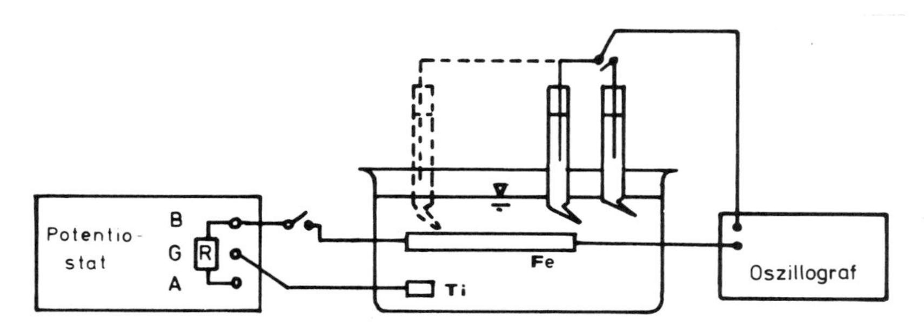

Abb. 6.4: Schematische Darstellung der Ausschaltmessung zur Eliminierung ohmscher Spannungsanteile

Danach wird die Bezugselektrode am abgewandten Ende in ca. 4 cm Abstand von der Probenoberfläche gebracht, ohne daß dabei der Schutzstrom unterbrochen wird. Zur Eliminierung des ohmschen Spannungsabfalls in der Elektrolytlösung am abgewandten

Ende der Stahlprobe wird der Strom schnell unterbrochen (Ausschaltmessung) und gleichzeitig die Potential-Zeit-Kurve mit einem schnellen Registriergerät aufgenommen. Die Messungen werden an dem der Gegenelektrode zugewandten Ende wiederholt.

Der Strom wird stets nur kurzzeitig unterbrochen, um den Polarisationszustand der Elektrode nicht zu sehr zu verändern.

Generell ist darauf zu achten, daß die Elektrolytlösung möglichst nicht bewegt wird. Bei Versuchsende kann der Einfluß der Rührgeschwindigkeit auf das Potential qualitativ untersucht werden.

Teilaufgabe b) Strom-Zeit-Kurven

Eine geschliffene und entfettete Probe aus unlegiertem Stahl wird in die Elektrolytlösung mit 1000 Ω cm gebracht und eine potentiostatische Schaltung nach Abb. 6.5 aufgebaut. Bei einem Potential von U_H = -530 mV an dem der Anode abgewandten Ende der Stahlprobe wird der Strom in Intervallen von 1 min bei einer Gesamtlaufzeit von 10 min gemessen. Gleichzeitig wird in Abständen von etwa 1 min mit einer zweiten Bezugselektrode das Potential an dem der Anode zugewandten Ende der Probe bestimmt.

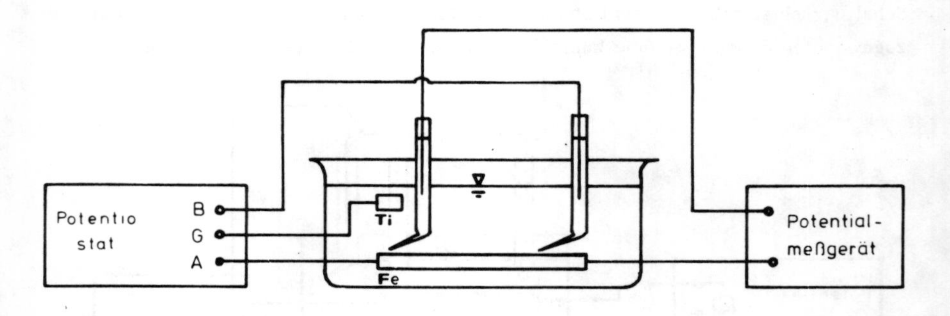

Abb. 6.5: Strom- und Potentialmessungen beim kathodischen Schutz durch Fremdstrom

Die Messung wird mit neu vorbehandelten Proben in einer Elektrolytlösung mit einem spez. Widerstand von 10.000 Ω cm wiederholt.

Danach wird der Einfluß der Rührgeschwindigkeit auf den Schutzstrom untersucht.

Versuchsauswertung

Teilaufgabe a)

Die Potentiale werden in ein Diagramm mit der Zeitachse als Abzisse eingetragen. Wie sind die Potentialunterschiede an den der Anode abgewandten und zugewandten Probenenden zu erklären und welche Reaktionen laufen dort jeweils ab?

Aus den registrierten Potential-Zeit-Kurven der Ausschaltmessungen ist der ohmsche Spannungsanteil in mV zu bestimmen.

Teilaufgabe b)

Die Ströme werden in ein Diagramm mit der Zeitachse als Abszisse eingetragen. Die am der Gegenelektrode zugewandten Probenende gemessenen Potentiale werden in ein Diagramm mit gleicher Zeitachse gezeichnet. Parameter ist die Leitfähigkeit der Elektrolytlösung.

Der Einfluß der Elektrolytleitfähigkeit auf den Strom- und Potential-Zeit-Verlauf ist zu diskutieren, und die jeweils ablaufenden Reaktionen sind zu formulieren.

Spezielle Literatur

W. v. Baeckmann
Kathodische Korrosion von Blei im Erdboden
Werkst. u. Korr. 20, 578 (1969)

W. v. Baeckmann
Potentialmessung beim kathodischen Korrosionsschutz
"3R international", 18, 545 (1979)

Aufgabe 6.1.3 Anodischer Korrosionsschutz

Der anodische Schutz von unlegiertem Stahl in einer Düngesalzlösung wird durch Massenverlustmessungen untersucht. Zur Bestimmung des Schutzpotentialbereiches wird eine Stromdichte-Potential-Kurve aufgenommen. Der Abfall des Schutzstromes über der Zeit wird bei vorgegebenem Arbeitspotential im Schutzbereich gemessen.

Zubehör

- Arbeitselektroden aus unlegiertem Stahl St 37 ($A = 15\ cm^2$)
- Platin-Gegenelektrode
- Hg/Hg_2SO_4-Bezugselektrode mit Haber-Luggin-Kapillare
- Filtrierbecher mit Probenhalterung
- 10% NH_4NO_3-Lösung mit 0,1 M Essigsäure/Natriumacetat-Pufferlösung, pH = 4,6
- Potentiostat
- Schreiber
- Hebestativ
- Magnetrührer

Methodik und Apparatur

Die Massenverlustraten einer potentiostatisch anodisch geschützten und einer ungeschützten Stahlprobe werden durch Wägung ermittelt. Dazu dient die in Abb. 6.6 gezeigte Apparatur.

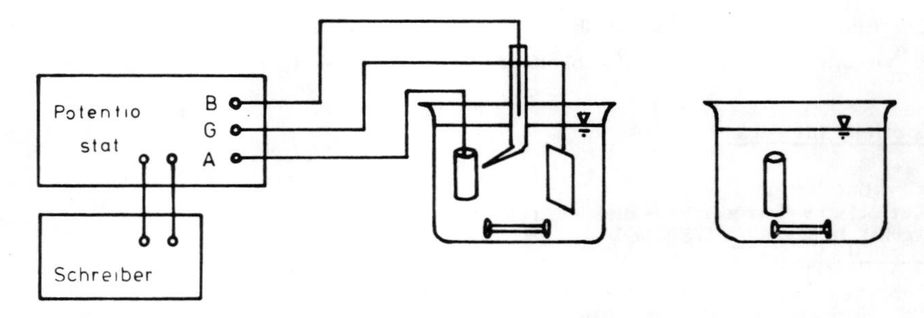

Abb. 6.6: Apparativer Aufbau zu Demonstration des anodischen Schutzes

Aus der potentiostatischen Stromdichte-Potential-Kurve wird ein Arbeitspotential etwa in der Mitte des Passivbereiches (Schutzpotentialbereich) gewählt. Der Schutzstrom wird in Abhängigkeit von der Zeit gemessen.

Versuchsdurchführung

Zur Aufnahme der Strom-Potential-Kurve wird eine zylindrische Arbeitselektrode geschliffen, entfettet und montiert. Die potentiostatische Schaltung wird hergestellt und das Freie Korrosionspotential gegen die Bezugselektrode gemessen. Dann wird der anodische Ast der Strom-Potential-Kurve ausgehend vom Freien Korrosionspotential in Schritten von 100 mV über den aktiven und passiven Bereich bis in den transpassiven Bereich gemessen. Bei einer Transpassivstromdichte von ca. 50 mA cm^{-2} wird die Messung abgebrochen. Aus der Strom-Potential-Kurve wird der Arbeitspunkt für den anodischen Schutz festgelegt.

Zur Untersuchung der anodischen Schutzwirkung werden zwei Proben in gleicher Weise vorbehandelt und gewogen. Die eine Probe wird bei dem oben bestimmten Arbeitspotential anodisch geschaltet, die andere Probe läßt man frei korrodieren. Zum Zeitpunkt 0 wird die Elektrodenanordnung in die Elektrolytlösung abgesenkt und mit Hilfe eines Schreibers über eine Zeit von 45 min der Schutzstrom gemessen. Dabei ist es wichtig, den Stromverlauf über die ersten Minuten genau zu erfassen. Danach werden die Elektroden aus der Elektrolytlösung gehoben, sofort mit dest. Wasser gespült, getrocknet und gewogen.

Versuchsauswertung

Die Stromdichte-Potential-Kurve wird entsprechend der Auswertung zu Aufgabe 1.2.2 gezeichnet. Danach wird die im Arbeitspunkt aufgenommene Stromdichte-Zeit-Kurve dargestellt. Aus den Massenverlusten der geschützten und ungeschützten Proben werden die Abtragsraten in mm a^{-1} berechnet. Wie groß wäre bei einem anodischen Schutz eines Tankwagens für Düngesalzlösung die Stromaufnahme zu Beginn (nach einer Minute) und am Ende des Versuchs bei einer inneren Oberfläche von 20 m^2?

Spezielle Literatur

W.P. Banks, M. Hutchinson;
Anodic Protection of Carbon Steel in Fertilizers
Mat. Protection 8, Febr. S. 31 (1969)

Aufgabe 6.1.4 Streustromkorrosion und Streustromschutz

Die Streustromkorrosion wird an unlegiertem Stahl und Aluminium unter Bedingungen der Erdbodenkorrosion untersucht. Die Grundlagen des Streustrom-Schutzes durch Stromableitung werden aufgezeigt und durch Massenverlustmessungen belegt.

Zubehör

- Proben aus unlegiertem Stahl und Aluminium 99,5 (L = 100 bzw. 50 mm; Ø 8 mm)
- Elektroden aus aktiviertem Titan
- Kalomel-Bezugselektrode mit Haber-Luggin-Kapillare
- Zellengefäß
- "Bodenlösung" mit einem spez. Widerstand von 1000 Ωcm entsprechend Aufgabe 6.1.1
- Potentiostat
- Voltmeter
- Galvanostatenwiderstand
- Regelwiderstand für die Stromableitung (max. 10 kΩ)

Methodik und Apparatur

Mit Hilfe zweier unangreifbarer Titanelektroden wird in einer Elektrolytlösung mit dem spezifischen Widerstand 1000 Ωcm ein Gleichstromfeld erzeugt. Das in der Elektrolytlösung entstehende ohmsche Potentialgefälle verursacht in der als Zwischenleiter wirkenden Probe einen Stromfluß, der am anodischen Ende (Stromaustritt) Korrosion verursacht.

Das Prinzip der Streustromableitung besteht darin, das anodische Ende des Zwischenleiters über einen Widerstand mit der Kathode des äußeren Stromkreises zu verbinden. Dabei muß das Potential der Stahlprobe in neutralen, belüfteten Medien mindestens auf das Freie Korrosionspotential oder auf noch negativere Werte abgesenkt werden. Die Streustromableitung wird nur an unlegiertem Stahl durchgeführt.

Die Versuchsanordnung wird in galvanostatischer Schaltung entsprechend Abb. 6.7 aufgebaut. Der Zwischenleiter besitzt in der Mitte ein Isolierstück, das durch einen niederohmigen Widerstand überbrückt wird. Auf diese Weise ist die Messung des Zwischenleiterstromes als Spannungsabfall möglich.

Die Zwischenleiterkorrosion und die Wirkung der Streustromableitung werden durch Massenverlustmessungen belegt.

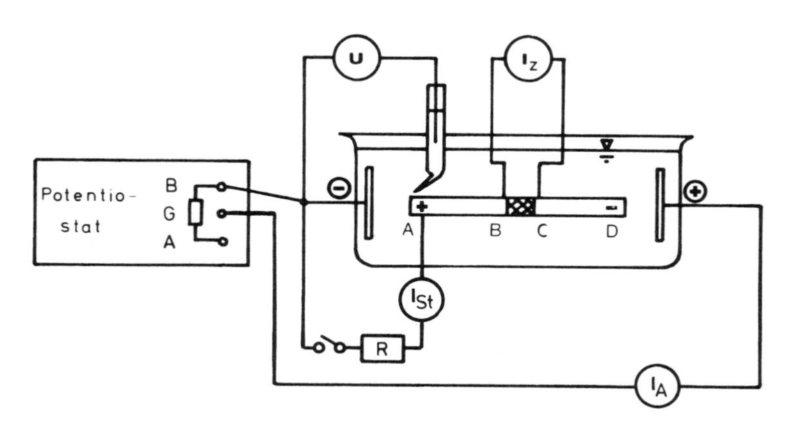

Abb. 6.7: Apparativer Aufbau zur Untersuchung der Streustromkorrosion und der Streustromableitung

I_A Außenstrom

I_Z Zwischenleiterstrom

I_{St} Streustrom in der Ableitung

U Potential bei A, B, C und D

R Widerstand der Streustromableitung

Versuchsdurchführung

Eine geschliffene und entfettete Probe aus unlegiertem Stahl wird entsprechend Abb. 6.7 als Zwischenleiter geschaltet und es werden im äußeren Stromkreis I_A folgende Stromwerte eingestellt:

0, 1, 2, 3, 4, 5, 10, 15, 20 mA.

Gleichzeitig wird der Zwischenleiterstrom I_Z und das Elektrodenpotential bei A in Abb. 6.7 (anodisches Ende des Zwischenleiters) gemessen, wobei bis zur Einstellung des stationären Zustandes jeweils etwa 30 s gewartet werden muß.

Danach wird ein konstanter Außenstrom von 5 mA eingestellt und das Potential des Zwischenleiters mit Hilfe einer Bezugselektrode an den Positionen A, B, C und D gemessen (Abb. 6.7). Der Versuch wird mit Aluminium als Zwischenleiter wiederholt.

In einem weiteren Versuch wird der Einfluß der Lage der Probe im Gleichstromfeld auf den Zwischenleiterstrom untersucht. Dazu wird ein kürzerer Zwischenleiter aus Stahl in folgende Winkelpositionen zu den Stromlinien gebracht:

0°, 30°, 45°, 60° und 90°.

Dabei wird der Außenstrom auf 5 mA eingestellt.

Zur Untersuchung der Streustromableitung wird die kurze Stahlelektrode gereinigt, erneut eingebaut und ein Außenstrom von 5 mA eingestellt. Der Ableitungswiderstand zwischen Position A und der Außenkathode wird zunächst groß gewählt und das Potential bei Position A gemessen. Dann wird der Widerstand verringert, bis das Schutzpotential U_H = -530 mV erreicht ist. Sowohl Ableit- als auch Zwischenleiterstrom werden registriert.

Der quantitative Nachweis der Zwischenleiterkorrosion erfolgt über Massenverlustmessungen. Die gleich großen Probenabschnitte AB und CD (Abb. 6.7) werden geschliffen, entfettet und gewogen und 1 h lang einer Zwischenleiterkorrosion bei 20 mA Außenstrom ausgesetzt. Gleichzeitig wird der Zwischenleiterstrom gemessen. Nach Versuchsende werden die Massenverluste bestimmt.

Die Wirksamkeit der Streustromableitung kann in gleicher Weise durch Massenverlustmessungen nachgewiesen werden. Der Ableitungstrom wird durch Einstellen des variablen Widerstandes so gewählt, daß sich an Position A das Schutzpotential einstellt. Zum Vergleich ist eine Massenverlustmessung an einer gleich großen Probe bei freier Korrosion durchzuführen.

Versuchsauswertung

Die Zwischenleiterströme I_Z werden als Funktion der Außenströme I_A für Eisen und Aluminium aufgetragen. Ebenfalls werden die sich in Position A einstellenden Potentiale in Abhängigkeit vom Außenstrom I_A dargestellt. Der Einfluß des Widerstands der Elektrolytlösung und der Polarisationswiderstände der Zwischenleiterelektrode ist zu diskutieren. Warum stellen sich bei konstantem Außenstrom unterschiedliche Potentiale an den Positionen A bis D des Zwischenleiters ein?

Die Winkelabhängigkeit des Zwischenleiterstromes ist tabellarisch darzustellen und zu erläutern.

Aus dem Versuch mit Streustromableitung werden die Zwischenleiter- und Ableitströme als Funktion des Potentials bei Position A dargestellt und gedeutet.

Warum kann bei Aluminium als Zwischenleiter eine Streustromableitung nicht vorgenommen werden?

Bei den Massenverlustmessungen werden die erhaltenen Massenverluste bei Streustromeinwirkung, Streustromableitung und bei freier Korrosion miteinander verglichen. Bei dem Versuch unter Streustromeinwirkung ist der Massenverlust der Probe AB mit der geflossenen Zwischenleiter-Strommenge zu vergleichen (Faradaysches Gesetz; vgl. Abschn. 1.2.3.2).

6.2 Inhibition

Literatur:

C.C. Nathan (Ed.): Corrosion Inhibitors; NACE, Houston 1973

H. Kaesche: Die Korrosion der Metalle; Springer-Verlag, S. 139 (1979)

Università Degli Studi Di Ferrara: Première et 2ème Symposium Européen sur les Inhibiteurs de Corrosion; Ferrara 1960, 1965

3rd, 4th, 5th Symposium on Corrosion Inhibitors; Ferrara 1970, 1975, 1980

Inhibitoren sind Substanzen, die, einem Medium zugesetzt, die Korrosionsgeschwindigkeit vermindern. Sie sind oft schon in kleinen Konzentrationen wirksam. Ihr Wirkungsmechanismus ist nur in wenigen Fällen aufgeklärt. Technische Inhibitoren enthalten oft mehrere Wirksubstanzen (Package).

Inhibitoren können beide Teilreaktionen der elektrochemischen Korrosion beeinflussen, sowohl die anodische Metallauflösung als auch die kathodische Reduktion eines Oxidationsmittels. Eine Inhibition der anodischen Teilreaktion wird anodische Inhibition genannt, eine Inhibition der kathodischen Teilreaktion kathodische Inhibition. Werden beide Teilreaktionen inhibiert, so wird von gemischter Inhibition gesprochen. Welche Teilreaktion inhibiert wird, kann aus Stromdichte-Potential-Kurven erkannt werden, vgl. Aufg. 6.2.1.

Anodische Inhibition ist oft auf eine Deckschichtbildung zurückzuführen. Bei unvollständiger Inhibition durch zu geringe Inhibitorkonzentration besteht deshalb die Gefahr einer lokalen Korrosion. Diese Gefahr besteht bei kathodischer Inhibition nicht. Bei anodisch wirkenden Inhibitoren ist deshalb eine sorgfältige Kontrolle der richtigen Dosierung besonders wichtig.

Die Schutzwirkung Z eines Inhibitors in Prozent wird definiert als

$$Z = \frac{w_o - w_i}{w_o} \cdot 100 \qquad (6.2)$$

mit w_o Abtragsrate ohne Inhibitor $(\mathrm{mm\ a^{-1}})$
w_i Abtragsrate mit Inhibitor $(\mathrm{mm\ a^{-1}})$

Die Inhibitionswirkung einer Substanz ist meist eine Funktion des Elektrodenpotentials. Deshalb sind viele Inhibitoren nur in bestimmten Potentialbereichen wirksam. Ursachen dieser potentialabhängigen Schutzwirkung können potentialabhängige Adsorptions- und Desorptionsprozesse oder oxidative bzw. reduktive Veränderungen des Inhibitors an der Metalloberfläche sein. Teildesorption eines anodischen Inhibitors führt zu Lochkorrosion.

Neben den Korrosionsreaktionen können Inhibitoren auch den Wasserstoffeintritt in das Metall vermindern, vgl. Aufg. 6.2.2.

Aufgabe 6.2.1 Potentiodynamische Untersuchung der Wirksamkeit von Inhibitoren

Der Einfluß von Inhibitoren auf die anodische und kathodische Teilreaktion wird qualitativ durch die Bestimmung des Ruhepotentials und die Aufnahme von Summenstromdichte-Potential-Kurven von Stahl in inhibitorfreien und inhibitorhaltigen Lösungen untersucht.

Zubehör
Proben aus unlegiertem Stahl
Platin-Gegenelektrode
Hg/Hg_2SO_4-Bezugselektrode mit Haber-Luggin-Kapillare
Medien A:
1) Trinkwasser
2) Trinkwasser + 1,65 % handelsüblicher Inhibitor (Natriumbenzoatbasis)
Medien B:
1) 1,0 M HCl
2) 1,0 M HCl + 10^{-6} M Säureinhibitor *
3) 1,0 M HCl + 10^{-3} M Säureinhibitor *
Potentiostat
Schrittmotorpotentiometer
Schreiber
Magnetrührer

* z.B. Tetramethylen-bis-triphenylphosphoniumbromid

Methodik und Apparatur

In einer elektrochemischen Zelle werden das Ruhepotential und die Summenstromdichte-Potential-Kurven von unlegiertem Stahl in den inhibitorfreien und inhibitorhaltigen Lösungen ermittelt. Die anodischen und kathodischen Bereiche der Stromdichte-Potential-Kurven werden potentiodynamisch gemessen und der Strom mit Hilfe eines Schreibers aufgezeichnet. Die Schaltung und Versuchsanordnung entsprechen der Abb. 2.7.

Versuchsdurchführung

Die Oberfläche der Stahlprobe wird geschmirgelt, entfettet und gespült. Danach wird die elektrochemische Zelle zusammengebaut, die zu untersuchende Lösung in das Versuchsgefäß gefüllt und leicht gerührt. Die Messungen erfolgen entweder in den Medien A oder in den Medien B.

Nach kurzer Zeit wird das Ruhepotential gemessen. Danach werden sowohl die anodischen als auch die kathodischen Summenstromdichte-Potential-Kurven aufgenommen. Zunächst wird, ausgehend vom Ruhepotential, die Probe in kathodischer Richtung polarisiert, bis bei den Medien A eine Stromdichte von ca. -0,5 mA cm^{-2} und bei den Medien B eine von ca. -5 mA cm^{-2} erreicht ist. Die Potentialänderungsgeschwindigkeit beträgt ca. 1,2 V h^{-1}. Danach wird die Probe wieder geschmirgelt, gespült und erneut ihr Ruhepotential gemessen. Jetzt erfolgt in gleicher Weise die anodische Polarisation bis zu einer Stromdichte von ca. 0,5 bzw. 5 mA cm^{-2}.

Versuchsauswertung

Es werden für die einzelnen Mediengruppen die Summenstromdichte-Potential-Kurven aufgetragen. Aus der Verlagerung der Kurven und der Verschiebung des Ruhepotentials durch die Inhibitoren ergibt sich qualitativ ihr Einfluß auf die anodische und kathodische Teilreaktionen.

Welche Teilreaktion beeinflußt der Inhibitor in Lösung A bzw. B stärker? Welcher Inhibitor ist bei Unterdosierung gefährlicher?

Aufgabe 6.2.2 Inhibition der Wasserstoffpermeation durch einen unlegierten Stahl

Die Inhibition der Wasserstoffpermeation durch einen unlegierten Stahl wird durch elektrochemische Oxidation des Wasserstoffs bestimmt.

Zubehör

1 mm starkes Blech aus Kohlenstoffstahl einseitig vernickelt

Pt-Ring-Gegenelektrode

1 M NaOH

K_2S

Potentiostat

Schreiber

Kalomel-Bezugselektrode mit Haber-Luggin-Kapillare

Meßzelle nach Devanathan

ca. 12% HCl

2 handelsübliche Inhibitoren A und B *)

Methodik und Apparatur

Methodik und Apparaturen sind identisch mit denen der Aufgabe 2.7.2 (vgl. dort auch Abb. 2.10).

Versuchsdurchführung

Ein einseitig vernickeltes Blech aus Kohlenstoffstahl wird als Trennwand in die Devanathan-Doppelzelle eingebaut. In die Meßzelle (A), die durch die vernickelte Seite des Stahlblechs begrenzt ist, wird 1 M NaOH eingefüllt. Mit Hilfe eines Potentiostaten wird das Kohlenstoffstahlblech als Anode (Arbeitselektrode), der in die Meßzelle eingebaute Pt-Ring als Kathode (Gegenelektrode) und die Kalomelelektrode als Bezugselektrode geschaltet. Bei einem Potential von U_H = +380 mV wird mit Hilfe eines Schreibers der Strom I als Funktion der Zeit registriert.

Hat sich ein konstanter passiver Summenstrom eingestellt, so wird in die Testzelle (B) 12% HCl gegeben. Der Anstieg des Stromes wird registriert, bis dieser wieder einen stationären Wert erreicht hat. Dann werden einige Körnchen K_2S in die Salzsäure gegeben und der Anstieg des Stromes verfolgt, bis dieser wieder einen konstanten Wert erreicht hat. Abschließend wird soviel von Inhibitor A oder Inhibitor B zur Salzsäure gegeben, daß seine Konzentration in der Lösung 0,2 - 0,5 Massenprozent beträgt. Der Abfall des Stromes wird registriert, bis er wieder einen konstanten Wert erreicht hat.

*) Die Wirksubstanzen sind bei Inhibitor A Propargylalkohol und Alkylpyridinchlorid und bei Inhibitor B Propargylalkohol und quartärnäres Arylammoniumchlorid.

Versuchsauswertung

Aus der Stromdichte wird unter Berücksichtigung des passiven Summenstroms die im stationären Zustand pro Zeit- und Flächeneinheit durch das Blech permeierende Wasserstoffmenge errechnet und zwar für

a) 12% Salzsäure
b) 12% Salzsäure + K_2S
c) 12% Salzsäure + K_2S + Inhibitor.

Dabei wird die Annahme gemacht, daß sämtlicher Wasserstoff, der die Grenzfläche Stahl/NaOH erreicht, quantitativ elektrochemisch nach Gl. 2.16

$$H_2 = 2H^+ + 2e^-$$

oxidiert wird. Nach dem Faradayschen Gesetz gilt Gl. 2.17

$$\dot{n} = \frac{dn}{dt} = \frac{I}{z \cdot F}$$

mit			
	n	Molzahl H_2	(mol)
	I	Strom	(A)
	t	Zeit	(s)
	z	Zahl der ausgetauschten Elektronen	(1)
	F	Faraday-Zahl 96487	(A s mol^{-1})

Das pro Zeiteinheit permeierende Wasserstoffvolumen $\dot{V}$ in cm^3 pro Permeationsfläche A in cm^2 unter Normalbedingungen folgt dann aus Gl. (2.18)

$$\dot{V} = \frac{dV}{dt} = \frac{22400\ \dot{n}}{A}$$

Es wird die Permeationsstromdichte i und das errechnete permeierende Wasserstoffvolumen $\dot{V}$ über der Zeit t aufgetragen.

Ist Inhibitor A oder Inhibitor B wirksamer bei der Unterdrückung der durch H_2S ausgelösten Stimulation der Wasserstoffpermeation?

6.3 Organische Beschichtungen

Literatur:		
	K.A. van Oeteren:	Korrosionsschutz durch Beschichtungsstoffe; Carl Hanser Verlag, 1980 (2 Bände)
	K.A. van Oeteren:	Korrosionsschutz - Beschichtungsschäden auf Stahl; Bauverlag, 1979
	J. Ruf:	Korrosion - Schutz durch Lacke + Pigmente; Verlag W. Colomb in H. Heenemann GmbH, 1972
	DIN 55928, Teil 1 bis Teil 9	Korrosionsschutz von Stahlbauten durch Beschichtungen und Überzüge
	DIN 50928:	Beurteilung des Korrosionsschutzes metallischer Werkstoffe durch Beschichten gegen Einwirken wäßriger Korrosionsmedien
	W. Schwenk:	Haftfestigkeitsverlust von Beschichtungen Ursachen und Bedeutung für den Korrosionsschutz; Metalloberfläche 34, 153 (1980)

Organische Beschichtungen besitzen ähnliche Eigenschaften wie Kunststoffe, da die Bindemittel und die Kunststofformmassen einen gleichartigen chemischen Aufbau besitzen. Für den Korrosionsschutz ist dabei bedeutsam, daß organische Beschichtungen sowohl Gase (O_2, CO_2, Wasserdampf), organische Lösungsmittel als auch - je nach polarer Struktur - Ionen (z.B. Na^+, Cl^-) lösen können. Das Letztere ist an einer deutlichen Erhöhung der elektrolytischen Leitfähigkeit der Beschichtung zu erkennen. Diese Substanzen können also durch Permeation (Diffusion und Phasengrenzdurchtritte) und bei Vorliegen elektrischer Felder aufgrund von Potentialdifferenzen auch durch Migration vom Medium an die Phasengrenze Untergrundwerkstoff/Beschichtung gelangen und am metallischen Untergrund elektrolytische Reaktionen auslösen: anodische (Lochkorrosion, anodische Blasen) und kathodische (Enthaftung, kathodische Blasen). Zur Verhinderung der Korrosion werden deshalb den Beschichtungen geeignete Korrosionsschutzpigmente zugesetzt, die die Funktion von Inhibitoren übernehmen.

Durch organische Beschichtungen werden überwiegend unlegierte und niedriglegierte Stähle geschützt. Zur Erzielung eines lang anhaltenden Schutzes sind eine Reihe von Faktoren zu beachten, von denen besonders wichtig sind:

- Eine korrosionsschutzgerechte Gestaltung des Bauteils
- Eine richtige Planung der gesamten Korrosionsschutzarbeiten
- Die sorgfältige Vorbereitung und Prüfung der Oberfläche
- Die richtige Auswahl der Beschichtungsstoffe und der Schutzsysteme

- Die sorgfältige Ausführung und Überwachung der Korrosionsschutzarbeiten.

Unabhängig von der Art der Beschichtungsstoffe wird zwischen

- Dünnbeschichtungen und
- Dickbeschichtungen

unterschieden. Dünnbeschichtungen bestehen meist aus mehrschichtigen Systemen oder Reaktionsharzen mit Gesamtschichtdicken unter etwa 0,8 mm. Beschichtungen mit größeren Dicken werden als Dickbeschichtungen bezeichnet. Sie bestehen meist aus bituminösen Stoffen oder aus thermoplastischen Halbzeugen, in wenigen Fällen auch aus Duroplasten. Sie werden z.B. für den Außenschutz erdverlegter Rohrleitungen, häufig in Verbindung mit einem kathodischem Schutz, eingesetzt.

Die Korrosionsbelastung kann sehr vielseitig sein. So kommen als Korrosionsmedien, gegen die die Beschichtungen selbst korrosionsbeständig sein müssen,

- Atmosphäre
- Wässer
- Erdböden und
- Chemikalien

in Betracht. Dem Einfluß des Mediums können

- eine kathodische Belastung,
- eine anodische Belastung oder
- ein Temperaturgefälle

überlagert sein. Eine kathodische Belastung der beschichteten Werkstoffoberfläche kann durch

- Korrosion des Grundwerkstoffes an unbeschichteten Stellen (Poren, Verletzungen),
- Kontakt mit Fremdanoden (unbeschichtete Werkstoffteile in der Konstruktion),
- kathodischen Korrosionsschutz oder
- Streustrom-Eintritt (z.B. aus elektrochemischen Schutzanlagen)

bewirkt werden. Zu einer anodischen Belastung der beschichteten Werkstoffoberfläche können führen:

- Passiver Grundwerkstoff an unbeschichteten Stellen im Bereich von Poren oder Verletzungen (setzt ein den Werkstoff passivierendes Medium voraus)
- Kontakt mit Fremdkathoden (Mischinstallation)
- Streustromaustritt (z.B. bei elektrochemischen Schutzanlagen).

Das Versagen einer Beschichtung oder eines Beschichtungssystems ist nur in seltenen Fällen auf die Korrosion der Beschichtung selbst zurückzuführen, sondern hat Ursachen wie

- Verminderung oder Verlust des Haftvermögens bei poren- und verletzungsfreier Beschichtung,
- Lochkorrosion des Grundwerkstoffs im Bereich von Poren oder Verletzungen in der Beschichtung,
- kathodische Unterwanderung und
- Blasenbildung.

Gute Haftung der Beschichtung auf der Werkstoffoberfläche ist erforderlich, damit die Schicht nicht abblättert. Das gilt besonders für die Auslieferung beschichteter Bauteile, um die Gefahr eines Verlusts der Korrosionsschutzwirkung beim Transport und bei der Installation klein zu halten. Der Verlust des Haftvermögens bei sonst intakter Schicht ist auf Reaktionen an der Phasengrenze Werkstoff/Beschichtung als Folge chemischer oder elektrochemischer Belastung zurückzuführen. Beruht die Korrosionsschutzwirkung allein darauf, die Permeationsgeschwindigkeit korrosiver Stoffe durch die Beschichtung hinreichend klein zu halten, so ist bei formstabilen Beschichtungen gute Haftung keine Voraussetzung für die Korrosionsschutzwirkung.

Lochkorrosion am Grundwerkstoff tritt im Bereich von Poren und Verletzungen besonders dann auf, wenn eine Elementbildung mit Fremdkathoden (Mischinstallation) oder mit der beschichteten Werkstoffoberfläche als Kathode vorliegt. Der letzte Fall tritt nur bei einigen Dünn- und in der Regel nicht bei Dickbeschichtungen auf.

Bei der von Poren und Verletzungen ausgehenden kathodischen Unterwanderung geht das Haftvermögen durch dort kathodisch gebildetes Alkalihydroxid verloren. Hydroxylionen entstehen durch elektrochemische Reduktion von Sauerstoff oder Wasser, vgl. Ergebnisse der Aufg. 1.2.2. Für die Bildung von Alkalihydroxid mit seinem hohen pH-Wert ist die Anwesenheit von Alkaliionen im Medium notwendig, vgl. Aufg. 6.3.1. Unlegierter Stahl erleidet dabei keinen oder nur einen geringfügigen Korrosionsangriff. Eine kathodische Unterwanderung ist unerwünscht, weil dadurch das Haftvermögen großflächig aufgehoben wird. Bei formstabilen Umhüllungen kann sie oft toleriert werden.

Je nach Mechanismus der Blasenbildung kann unterschieden werden zwischen

- osmotischen Blasen,

- Blasen als Folge von Temperaturgradienten,
- kathodische Blasen und
- anodische Blasen.

Osmotische Blasen entstehen, wenn eine mit Salzpartikeln oder anderen hydrophilen Komponenten behaftete Werkstoffoberfläche beschichtet wird und danach der Einwirkung von Wasser oder einer wasserdampfreichen Atmosphäre ausgesetzt wird. Da zwischen einer Salzlösung und reinem Wasser ein osmotischer Druck besteht, kommt es zur Wasseransammlung um die Salzpartikel. Die Größe des osmotischen Druckes nimmt mit steigender Differenz der Salzkonzentrationen in den beiden Lösungen zu. Deshalb ist die Gefahr der Bildung osmotischer Blasen bei Einwirkung von destilliertem Wasser wesentlich größer als bei Einwirkung einer hochkonzentrierten Salzlösung, vgl. Aufg. 6.3.2. Der Inhalt der Blase ist eine Salzlösung, dessen pH-Wert von der Art des Salzes abhängt (Hydrolyse).

Blasen als Folge eines Temperaturgradienten entstehen bei sauberen Oberflächen nur, wenn die Werkstoffoberfläche kälter als das Medium ist (Kühlfläche). Da der Dampfdruck von Wasser exponentiell mit der Temperatur zunimmt, kommt es an der kälteren Werkstoffoberfläche laufend zur Kondensation von Wasserdampf. Der Blaseninhalt besteht aus neutralem Wasser, vgl. Aufg. 6.3.3.

Kathodische Blasen mit alkalischem Inhalt entstehen bei kathodischer Belastung der Beschichtung. Da Sauerstoff und Wasserdampf durch die meisten Beschichtungen permeieren, können sie an der Werkstoffoberfläche kathodisch unter Bildung von OH-Ionen reduziert werden, vgl. Ergebnisse der Aufg. 1.2.2. Für den Ablauf dieser Reaktion ist aber die Anwesenheit von Kationen notwendig (Elektroneutralität). Deshalb müssen gleichzeitig auch Kationen (Na^+) durch die Schicht permeieren. Wegen der alkalischen Reaktion des Blaseninhalts wird Stahl nicht oder nur geringfügig angegriffen, vgl. Aufg. 6.3.4. Beschichtungen gelten als beständig gegen kathodische Blasen, wenn der spezifische Beschichtungswiderstand mind. 10^6 bis $10^8\,\Omega\,m^2$ beträgt, je nach Höhe der kathodischen Belastung.

Anodische Blasen sind Folge einer anodischen Belastung der Beschichtung. Durch anodische Auflösung des Metalls und Hydrolyse der Korrosionsprodukte entstehen Wasserstoffionen, vgl. Ergebnisse der Aufg. 1.2.2. Deshalb reagiert der Inhalt anodischer Blasen schwach sauer. Die elektrochemischen Reaktionen können jedoch nur ablaufen, wenn gleichzeitig Anionen (Cl^-, SO_4^{2-}, NO_3^-) durch die Beschichtung wandern. Die Neigung zur Blasenbildung nimmt mit ansteigendem Beschichtungswiderstand ab.

Aufgabe 6.3.1 Haftfestigkeitsverlust von organischen Dickbeschichtungen auf Stahl (Disbonding-Test)

Der von Verletzungen ausgehende Haftverlust von Dickbeschichtungen auf unlegiertem Stahl wird in verschiedenen Medien bei freier Korrosion und bei Elementbildung untersucht.

Zubehör
- dickbeschichtete Stahlbleche (Ethylen-Vinylacetat-Copolymer) mit Verletzungen
- galvanische Mg-Anoden
- Kupferelektrode
- Lösungen:
  - a) 0,1 M NaCl
  - b) 0,1 M $CaCl_2$
  - c) 0,1 M Na_2CrO_4

Methodik und Apparatur

Die Proben werden bei freier Korrosion sowie im Kontakt mit einer galvanischen Mg-Anode der Einwirkung einer 0,1 M NaCl-, einer 0,1 M $CaCl_2$- und einer 0,1 M Na_2CrO_4-Lösung ausgesetzt. In der NaCl-Lösung wird auch der Kontakt mit einer Kupferelektrode untersucht.

Versuchsdurchführung

Die Beschichtung der Proben wird mit einer Verletzung versehen, z.B. in Form eines Kreuzes von etwa 3 mm Breite und etwa 40 mm Länge.

Die Proben werden dann den Lösungen sowohl bei freier Korrosion als auch bei kathodischem Schutz durch eine galvanische Mg-Anode ausgesetzt. In der NaCl-Lösung wird zusätzlich ein Korrosionselement beschichteter Stahl/Kupfer untersucht. Nach etwa 10 Tagen werden die Proben ausgebaut und Art und Ausmaß der Korrosion des Stahls an den Verletzungen festgestellt. Um die Verletzungen herum wird die Tiefe der Zone ohne Haftfestigkeit durch Abreißen der Beschichtung ermittelt.

Versuchsauswertung

Der Einfluß des Mediums und eines Elementstroms auf das Ausmaß sowohl der Korrosion des Stahls an der Verletzung als auch des Haftverlustes sind zu erklären.

Aufgabe 6.3.2 Bildung osmotischer Blasen als Folge einer Beschichtung salzbehafteter Stahloberflächen

Die Bildung osmotischer Blasen als Folge des Beschichtens von salzbehafteten Stahloberflächen wird in destilliertem Wasser und in einer gesättigten Salzlösung untersucht.

Zubehör

- beidseitig beschichtete Proben aus unlegiertem Stahl mit "gereinigter" Oberfläche
- beidseitig beschichtete Proben aus unlegiertem Stahl mit NaCl verunreinigter Oberfläche
- Kristallisierschalen oder Bechergläser
- destilliertes Wasser
- NaCl-Lösung, gesättigt

Methodik und Apparatur

Die beschichteten Stahlproben werden etwa 10 Tage lang in den Lösungen bei Raumtemperatur gelagert und danach auf Blasen- und Rostbildung untersucht.

Versuchsdurchführung

Die Oberflächen der Stahlproben mit den ungefähren Abmessungen 60 x 40 x 2 mm werden mit feinem Schmirgelpapier gründlich von Korrosionsprodukten befreit, in einem heißen Entfettungsbad gereinigt, mit destilliertem Wasser gespült und getrocknet. Einige Proben werden danach sofort mit einem Klarlack beschichtet. Die Oberflächen der anderen Proben werden lokal mit kleinen NaCl-Kristallen verunreinigt (schnelles Antrocknen einer gesättigten NaCl-Lösung) und ebenfalls mit Klarlack beschichtet. Nach dem Trocknen und Aushärten werden die Kanten der Proben mit einem Teerpech-Epoxidharz gut abgedeckt.

Je eine Probe mit "sauberer" und salzverunreinigter Oberfläche wird etwa 10 Tage lang den beiden Medien ausgesetzt. Danach werden sie den Lösungen entnommen und auf Blasen- und Rostbildung untersucht. Außerdem wird das Haftvermögen der Beschichtungen qualitativ geprüft (Messer oder Skalpell).

Versuchsauswertung

Die Intensität der Blasenbildung und Unterrostung sowie des Haftverlusts sind qualitativ zu beschreiben. Wie ist das unterschiedliche Verhalten der Beschichtung in den beiden Medien zu erklären?

Aufgabe 6.3.3 Blasenbildung bei organischen Beschichtungen als Folge einer Temperaturdifferenz zwischen Grundwerkstoff und Medium

Es wird die Blasenbildung bei organischen Beschichtungen auf unlegiertem Stahl als Folge einer Temperaturdifferenz zwischen Grundwerkstoff und Medium untersucht.

Zubehör
Beidseitig beschichtete Stahlblechproben
Durchflußzellen zum Einspannen der Blechproben
Thermostate

Methodik und Apparatur

Die beidseitig beschichteten Stahlblechproben werden einem Temperaturgefälle zwischen Werkstoff und Medium ausgesetzt. Hierzu werden sie als Trennwand zwischen zwei Durchflußzellen gespannt, durch die Wasser mit unterschiedlicher Temperatur strömt, Abb. 6.8. Es besteht dadurch ein Wärmedurchgang von der einen zur anderen Zelle. Die eine Seite der beschichteten Probe ist somit Kühlfläche, die andere Heizfläche.

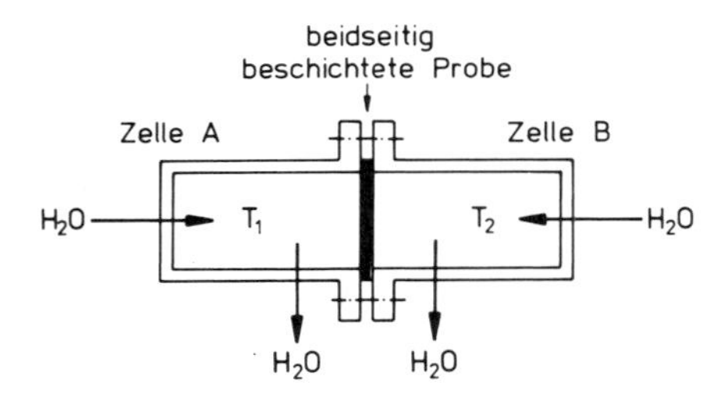

Abb. 6.8: Doppelzelle zur Erzeugung von Temperaturgradienten an beschichteten Metalloberflächen

Versuchsdurchführung

Die beidseitig beschichteten Proben werden als Trennwand zwischen zwei verschraubbare Durchflußzellen gespannt. Insgesamt werden so drei Doppelzellen verschraubt. Dann wird je eine Zelle der Doppelzelle im Durchfluß hintereinander geschaltet und mit Leitungswasser oder mit Hilfe eines Thermostaten auf konstanter Temperatur gehalten. Die anderen Hälften der Doppelzellen werden mit Hilfe weiterer Thermostaten mit Wasser unterschiedlicher Temperatur durchströmt, so daß Temperaturdifferenzen von 1°, 7° und 20°C in den einzelnen Doppelzellen entstehen. Der Versuch wird nach etwa 24 h beendet. Die Bleche werden unter Kennzeichnung der Wärmeflußrichtung den Durchflußzellen entnommen und beidseitig auf Blasen untersucht.

Versuchsauswertung

Die Versuchsergebnisse sind unter dem Gesichtspunkt einer Wasserdampfdiffusion durch die Beschichtung zu beurteilen und zu erklären.

Aufgabe 6.3.4 Bildung kathodischer Blasen unter Dünnbeschichtungen

Die Bildung kathodischer Blasen als Folge einer kathodischen Gleichstrombelastung organischer Dünnbeschichtungen wird untersucht.

Zubehör beschichtete Proben aus unlegiertem Stahl mit und ohne Stromzuführung

Bechergläser

Lösungen:

a) 0,2 M NaCl

b) 0,2 M $CaCl_2$

c) 0,2 M Na-Acetat

d) 0,2 M Zn-Acetat

Starterbatterien mit 1,5 V

Methodik und Apparatur

Je 2 beschichtete Proben werden in den vier Lösungen bis zu etwa 10 Tagen einer Gleichstrombelastung als Kathode bzw. Anode ausgesetzt. Zum Vergleich wird je eine weitere Probe ohne Strombelastung untersucht.

Versuchsdurchführung

Die gründlich gereinigten Proben mit Abmessungen von etwa 60 x 40 x 2 mm werden mit einem Klarlack beschichtet. Nach dem Aushärten werden die Kanten und die Stromzuführung zusätzlich mit einer Teerpech-Epoxidharz-Beschichtung sorgfältig abgedeckt. In jedes Medium werden drei Proben eingetaucht, von denen zwei mit einer Starterbatterie von 1,5 V und der Elektrolytlösung einen Stromkreis bilden. Die dritte Probe bleibt zum Vergleich ohne Strombelastung.

Die kathodisch belasteten Proben werden auf Blasenbildung beobachtet. Treten sehr große Blasen vor Ablauf von 10 Tagen auf, so ist der Versuch zu beenden. Alle anderen Proben werden nach 10 Tagen ausgebaut, gespült, getrocknet und auf Blasen- und Rostbildung untersucht. Die Blasen werden vorsichtig mit einem spitzen Gegenstand geöffnet, und der pH-Wert des Blaseninhalts wird mit pH-Papier bestimmt.

Versuchsauswertung

Die Intensität der Blasenbildung und der pH-Wert des Blaseninhalts sind für die verschiedenen Belastungsarten in den einzelnen Medien anzugeben. Das unterschiedliche Verhalten der Beschichtung in den verschiedenen Medien ist zu erklären.

7 Zerstörungsfreie Prüfverfahren zum Nachweis von Korrosionsschäden

Literatur:

K. Nagel, E. Müller: Zerstörungsfreie Werkstoffprüfung Ullmanns Enzyklopädie der technischen Chemie, 4. Aufl., Bd. 5, S. 945, 1980

E.A.W. Müller: Handbuch der zerstörungsfreien Materialprüfung, Oldenbourg-Verlag, München 1975

Apparate und Anlagen werden nach verfahrenstechnischen Gesichtspunkten ausgelegt. Für ihre Herstellung und ihren sicheren Betrieb müssen Werkstoffe ausgewählt werden, die den verfahrenstechnisch bedingten mechanischen und korrosiven Belastungen gewachsen sind. Trotz sorgfältiger Auswahl aufgrund von Erfahrungen sowie Labor-, Technikums- und eventuell Betriebsversuchen, sind Schäden, z.B. durch Korrosion, nicht auszuschließen. Deshalb sind Apparate und Anlagen ständig oder periodisch auf ihre Betriebssicherheit zu überprüfen. Schäden sind aufzudecken und in ihrer Bedeutung zu bewerten. Beim Auffinden von Schäden spielen zerstörungsfreie Prüfverfahren eine entscheidende Rolle.

Nachfolgend werden einige Verfahren kurz dargestellt, die zum Nachweis von Korrosionsschäden eingesetzt werden.

7.1 Sichtprüfung

Eine sorgfältige Betrachtung des zu untersuchenden Werkstückes oder Bauteils mit "unbewaffnetem" Auge oder einfachen Sehhilfen und die Beurteilung seines Oberflächenzustandes gibt Hinweise auf Korrosions- und Erosionserscheinungen sowie auf Verschleiß- und Rißschäden. Anhaftende Beläge und Verunreinigungen auf der zu inspizierenden Werkstückoberfläche müssen nötigenfalls vorher beseitigt werden.

Die Sichtprüfung wird hier nicht näher behandelt. Lediglich die Verwendung von Innensehrohren (Endoskopen) soll kurz erwähnt werden. Diese Instrumente werden benötigt, um auch an für unser Auge unzugänglichen Stellen in Hohlkörpern Sichtprüfungen aller Art vornehmen zu können.

Grundsätzlich unterscheidet man zwischen starren und flexiblen Endoskopen. Starre Endoskope können nur in einer Achse in den Hohlkörper eingeführt werden. Die Bildübertragung vom Objektiv zum Okular erfolgt hierbei über Linsensysteme. Wahlweise werden Objektive für Vorwärts- oder Rückwärtsblick, Schrägvoraus- oder Schrägzurückblick sowie Rundumblick verwendet.

Wenn gekrümmte Hohlkörper besichtigt werden müssen, ist der Einsatz flexibler Endoskope erforderlich. Da bei flexiblen Endoskopen für die Lichtzuleitung und die Bildübertragung ein Glasfaserbündel verwendet wird, ist die Bildgüte nicht mit der starrer Endoskope vergleichbar.

Der Abbildungsmaßstab wird neben der Größe des verwendeten Endoskopes im wesentlichen vom Abstand zwischen Objekt und Objektiv beeinflußt. Ohne Kenntnis des Abbildungsmaßstabes sind Angaben über die Größenverhältnisse erkannter Unregelmäßigkeiten nicht möglich. Noch schwieriger ist es, die Tiefe von lochartigen Vertiefungen einigermaßen zuverlässig anzugeben. Für die Ermittlung der Restwanddicke ist die Tiefe von Korrosionsmulden aber von großer Bedeutung. Zu ihrer Ermittlung kann an das Objektiv des Endoskopes ein Meßsystem angebracht werden, mit dessen Hilfe die Tiefe der Korrosionsmulden über einen mechanisch, elektromagnetisch oder pneumatisch betätigten Fühlstift ausgemessen werden kann.

7.2 Oberflächenfehlerprüfung

Gehen Risse von der Oberfläche des Werkstückes aus, sind sie oft so fein, daß sie mit "unbewaffnetem" Auge und auch bei Verwendung einfacher Sehhilfen (Lupe, binokulare Mikroskope) nicht zu erkennen sind oder leicht übersehen werden. Zum Nachweis solcher Risse sind deshalb spezielle Prüfmethoden entwickelt worden, die unter dem Namen "Eindringverfahren" (DIN 54152) und "magnetische Streuflußverfahren" (DIN 54130) bekannt sind.

Eindringverfahren

Eindringverfahren werden zum Nachweis solcher Risse und Poren verwendet, die von der Oberfläche der Prüfstücke ausgehen oder mit ihr unmittelbar in Verbindung stehen. Das Verfahren ist nicht auf bestimmte Werkstoffe beschränkt. Neben sämtlichen Eisen- und Nichteisenmetallen können auch Kunststoffe, Porzellan, Glas und andere Werkstoffe damit geprüft werden, vorausgesetzt, daß sie von den Prüfmitteln nicht angegriffen oder verfärbt werden und keine poröse Struktur aufweisen, wie z.B. Sintermetalle oder Metallspritzschichten.

Bei den Eindringverfahren läßt man Flüssigkeiten mit geringer Oberflächenspannung in die Oberflächenfehler eindringen und saugt die eingedrungenen Mengen durch eine anschließend aufgebrachte, poröse Kontrastfarbe teilweise wieder heraus. Als Eindringmittel werden entweder intensiv rot gefärbte Flüssigkeiten verwendet (Farbeindringprüfung) oder dünnflüssige, fluoreszierende Öle (Fluoreszenzeindringprüfung). Aufgrund der niedrigen Molekular-Struktur des Eindringmittels und der hohen Saugkraft des Entwicklers können mit diesem Verfahren auch sehr feine Risse und Poren erkannt werden (DIN 54152).

Die Prüfung wird in vier Arbeitsgängen ausgeführt, Abb. 7.1:

- Reinigen des Prüfstückes oder des zu prüfenden Werkstückbereiches von Zunder, Rost, Farbe, Schmutz und besonders von Fett- und Ölrückständen.
- Behandlung mit der Eindringflüssigkeit durch Eintauchen, Einpinseln oder Einsprühen.
- Abwaschen des überschüssigen Eindringmittels von der Oberfläche.
- Aufbringen der saugfähigen, weißen Entwicklerfarbe in dünner Schicht durch Tauchen oder Sprühen.

Nach ausreichender "Entwicklungszeit", die je nach Größe der Fehlstellen von einigen Sekunden bis zu 60 min dauern kann, wird das Austreten des Eindringmittels in die saugfähige Deckschicht sichtbar. Eine Angabe von Rißtiefen ist aus der Farb- oder Fluoreszenz-Anzeige nicht möglich.

Das Verfahren ist einfach in der Anwendung, erfordert aber Sorgfalt und Sachkenntnis, wenn einwandfreie Ergebnisse erzielt werden sollen. Da der zeitliche Aufwand für die Eindringprüfung nicht unbeträchtlich ist, wird sie in der Praxis vorwiegend bei Nichteisenwerkstoffen angewendet. Bei ferromagnetischen Werkstoffen ist, wegen der höheren Nachweisempfindlichkeit, den Streuflußverfahren der Vorzug zu geben.

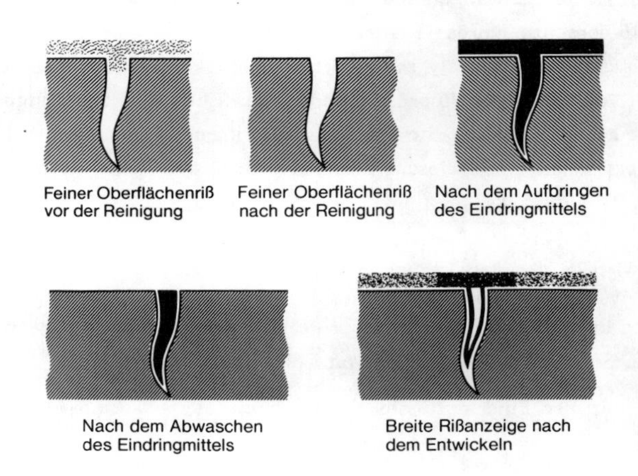

Abb. 7.1: Prinzip der Oberflächenfehlerprüfung nach dem Eindringverfahren

Magnetisches Streuflußverfahren

Zum Nachweis von Fehlern in oder unmittelbar unter der Oberfläche von ferromagnetischen Werkstoffen eignen sich magnetische Streuflußverfahren. Ursache des Streuflusses ist die sehr unterschiedliche magnetische Permeabilität ferromagnetischer Werkstoffe gegenüber Luft oder unmagnetischen Einschlüssen an Werkstofftrennungen.

Ändert sich der von den magnetischen Kraftlinien durchflossene Querschnitt plötzlich, so verlaufen nicht mehr alle magnetischen Kraftlinien im ferromagnetischen Werkstoff, sondern ein Teil tritt in Form eines magnetischen Streuflusses aus dem Werkstoff aus, siehe Abb. 7.2 b. Liegen die Risse im Inneren des Werkstückes, ist die Wirkung des Streuflusses kleiner, Abb. 7.2 c und 7.2 d. Es entsteht kein Streufluß, wenn die magnetischen Kraftlinien nicht senkrecht sondern parallel zum Riß verlaufen, Abb. 7.2 a.

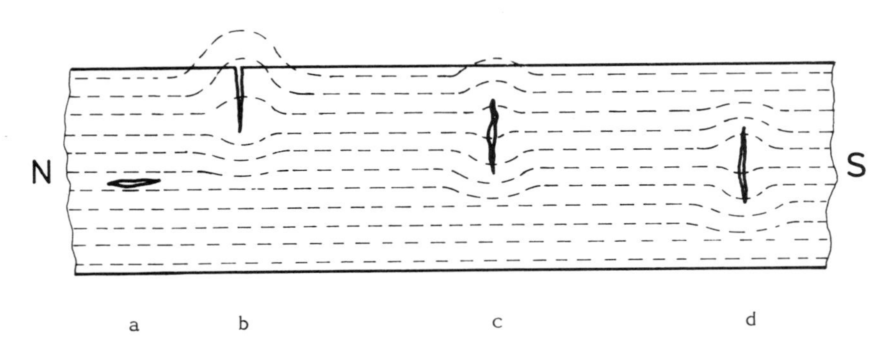

Abb. 7.2: Streufluß verschiedener Rißpositionen in einem magnetisierten Werkstück

Die Streuflußverfahren werden nach der Art der Magnetisierung und den Verfahren zum Nachweis des Streuflusses unterschieden (DIN 54130).

Magnetisierungsverfahren

Das Prinzip der einzelnen Magnetisierungsverfahren ist in den Abb. 7.3 bis 7.6 dargestellt. Welches Magnetisierungsverfahren im Einzelfall am zweckmäßigsten ist, hängt von der jeweiligen Prüfaufgabe ab. Bei der Prüfung von großen Werkstücken wie z.B. Behältern wird in der Regel die Jochmagnetisierung mit tragbaren Handjochmagnetisiergeräten eingesetzt. Dabei wird die zu prüfende Oberfläche abschnittsweise magnetisiert. Durch zwei um 90° zueinander versetzten Magnetisierungsrichtungen wird sichergestellt, daß alle möglichen Fehlerrichtungen erfaßt werden.

Bei Verwendung von Gleichstrom für die Magnetisierung (Gleichfeldmagnetisierung) wird erreicht, daß der gesamte Querschnitt des Prüfstückes gleichmäßig mit magnetischen Feldlinien durchsetzt wird. Gemäß Abb. 7.2 c können demnach in gewissen Grenzen auch unter der Oberfläche liegende flächenhafte oder volumenhafte Ungänzen nachgewiesen werden, bei ausreichend hoher magnetischer Feldstärke und besonders günstigen Voraussetzungen noch etwa 5 mm unter der Oberfläche.

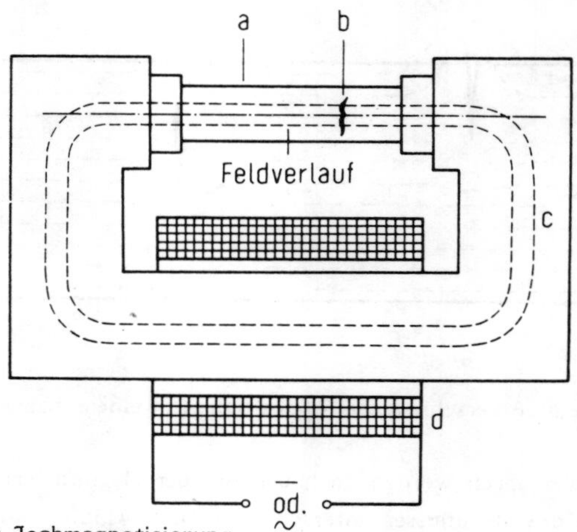

Abb. 7.3: Prinzip der Jochmagnetisierung
a Prüfobjekt, b Querriß, c Joch, d Erregerspule

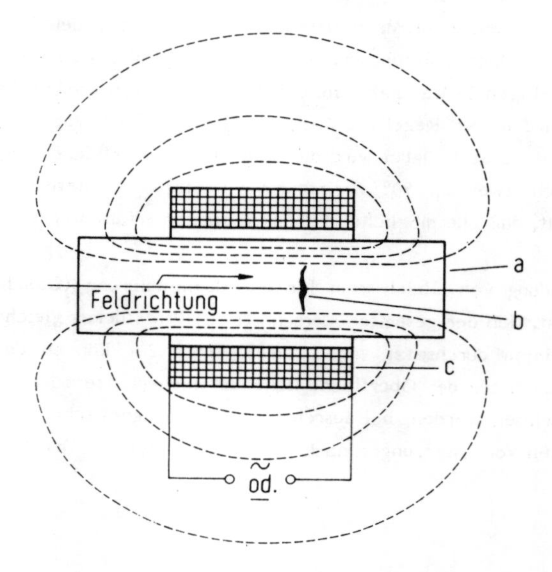

Abb. 7.4: Prinzip der Magnetisierung mit stromdurchflossener Spule
a Prüfobjekt, b Querriß, c Spule

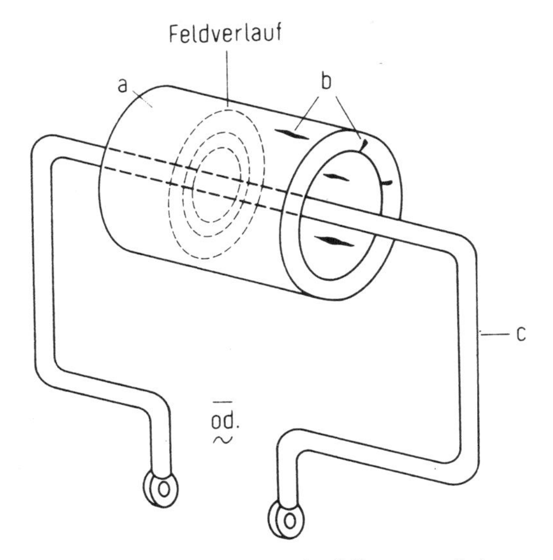

Abb. 7.5: Prinzip der Magnetisierung mit stromdurchflossenem Leiter
a Prüfobjekt (Hohlzylinder); b Risse (Längs- und Radialrisse); c Kupferleiter

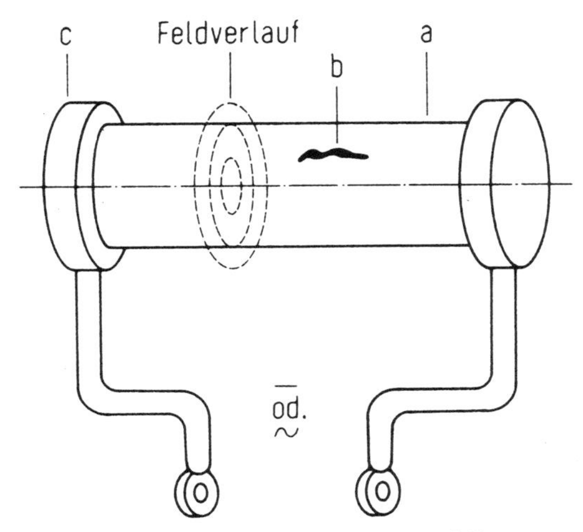

Abb. 7.6: Prinzip der Magnetisierung mittels Selbstdurchflutung
a Prüfobjekt; b Längsriß; c Kontaktelektrode

Im Gegensatz zur Gleichfeldmagnetisierung werden bei Verwendung von Wechselstrom (Wechselfeldmagnetisierung) durch den Skin-Effekt die magnetischen Feldlinien an der Oberfläche des Prüfstückes zusammengedrängt. Dadurch werden in einer Zone nahe der Oberfläche hohe Feldstärken wirksam, die von der Oberfläche ausgehende Risse mit kräftigem Streufluß anzeigen. Die "Tiefenwirkung" für Risse unter der Oberfläche ist jedoch geringer als bei Gleichstrom und liegt bei 1 bis max. 2 mm.

Nachweisverfahren für den Streufluß

Zum Nachweis des Streuflusses über einen Riß gibt es 3 Möglichkeiten:

- Magnetpulververfahren
- Sonden-Verfahren (Förster-Sonde oder Hall-Generator)
- Magnetographie-Verfahren

Beim Magnetpulververfahren wird auf die Oberfläche des magnetisierten Prüfobjektes ein feines magnetisierbares Pulver aufgebracht. Es kann entweder trocken aufgestäubt oder, was gebräuchlicher ist, als Pulver-Suspension in dünnflüssigem Öl oder entspanntem Wasser auf die zu prüfende Oberfläche aufgespült werden. Durch die magnetische Kraftwirkung des Streufeldes über einem Riß werden die Pulverteilchen festgehalten. Es entsteht über dem Riß eine mehr oder weniger breite "Pulverraupe". Diese "Pulverraupe" ist um ein vielfaches breiter als der eigentliche Rißspalt und ist deshalb mühelos zu erkennen, besonders wenn das Pulver eingefärbt ist oder fluoresziert.

Zur automatischen Prüfung von Serienteilen, wie z.B. Rohre und Stangen, werden zum Nachweis des Streuflusses magnetfeldempfindliche Halbleiter (Hall-Generatoren) oder Magnetfeld-Sonden (Förster-Sonden) verwendet. Die Sonden müssen in geringem Abstand zur Werkstückoberfläche geführt werden. Dabei bewegt sich entweder das Werkstück unter der feststehenden Sonde, oder die Sonde wird über entsprechende Mechaniken lückenlos über die zu prüfende Oberfläche geführt. Bei stark remanenten Werkstoffen kann die Sondenabtastung getrennt von der Magnetisierung erfolgen. Aus der elektrischen Messung der Streuflußgröße lassen sich Angaben über die Rißtiefe ableiten.

Beim Magnetographie-Verfahren wird mit einem Magnetband als Zwischenspeicher gearbeitet. Auf dieses Magnetband wird der Streufluß in folgender Weise übertragen: Das im magnetischen Sinne neutrale Band wird auf die zu prüfende Werkstückoberfläche gelegt. Danach wird das Werkstück magnetisiert. An Rissen austretende Streuflüsse übertragen sich auf das Magnetband, Abb. 7.7.

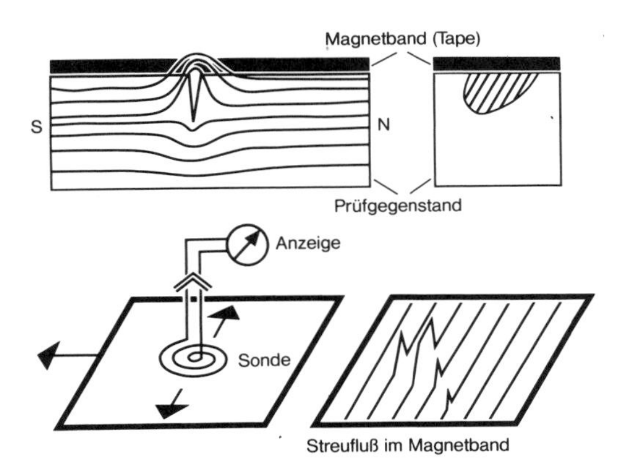

Abb. 7.7: Prinzip des Magnetographie-Verfahrens

Mit Hilfe von Magnetfeld-Sonden läßt sich das Magnetband auf einfache Weise auf das Vorhandensein von lokalen, durch Streuflüsse hervorgerufene Magnetisierungen des Bandes überprüfen. Auch dabei können anhand der übertragenen Streuflußgrößen und den daraus resultierenden Signalen in bestimmten Grenzen Angaben über die Rißtiefe abgeleitet werden.

7.3 Rißtiefenmessung nach Potentialsondenverfahren

Mit dem Potentialsondenverfahren wird die Tiefe der Risse bestimmt, die mit dem Eindring- oder dem magnetischen Streuflußverfahren nachgewiesen oder bei der Sichtprüfung erkannt wurden.

Wird durch ein Werkstück ein elektrischer Strom geleitet, so ist an seiner Oberfläche zwischen zwei Meßpolen (Spannungspolen), die im konstanten Abstand aufgesetzt werden, ein konstantes Potential (Spannungsabfall) meßbar, wenn der elektrische Widerstand des Werkstückes konstant bleibt und unter den Meßpolen kein Riß liegt (Abb. 7.8, linkes Teilbild). Liegt bei gleicher Anordnung zwischen den beiden Meßpolen jedoch ein Anriß, muß der Strom, bedingt durch den Anriß, einen größeren Weg zurücklegen (Abb. 7.8, rechtes Teilbild), was im Vergleich zu einer rißfreien Stelle zu einem erhöhten Spannungsabfall führt. Die Differenz ΔU zum rißfreien Zustand ist ein direktes Maß für die Rißtiefe.

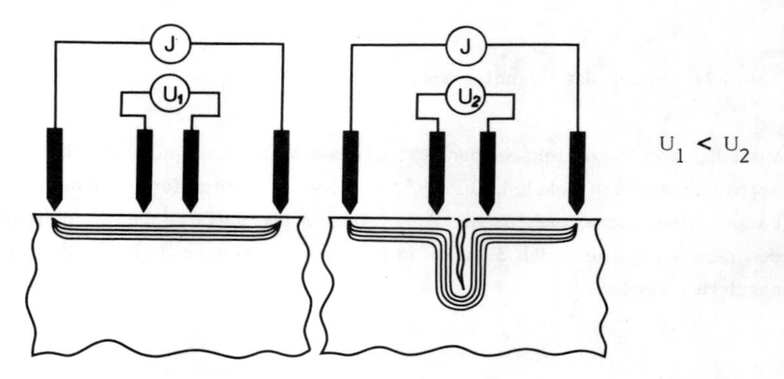

Abb. 7.8: Prinzip der Rißtiefenmessung mit dem Potentialsondenverfahren

Grundsätzlich kann zur Stromdurchflutung sowohl Gleich- als auch Wechselstrom verwendet werden. Beide Verfahren haben Vor- und Nachteile, wobei die Geräte, die nach dem Gleichstromprinzip arbeiten, die zuverlässigeren Ergebnisse liefern.

Für eine einwandfreie Durchführung der Rißtiefenmessung ist es erforderlich, daß störende Übergangswiderstände z.B. durch Rost oder Zunder beseitigt werden. Es können dann Rißtiefen bis zu 100 mm gemessen werden. Probleme gibt es, wenn in einem Netzwerk von Rissen Messungen durchgeführt werden sollen.

7.4 Wirbelstromprüfung

Wirkt ein durch eine Prüfspule erzeugtes magnetisches Wechselfeld auf ein Werkstück mit einer bestimmten elektrischen Leitfähigkeit und magnetischen Permeabilität, so werden in dem Werkstück Wirbelströme induziert, die ihrerseits ebenfalls ein magnetisches Wechselfeld hervorrufen, das jedoch der Lenzschen Regel zufolge dem Erzeugerfeld entgegengerichtet ist (Abb. 7.9). Es handelt sich also bei der Wirbelstromprüfung grundsätzlich um zwei magnetische Wechselfelder, die zueinander in Wechselwirkung stehen.

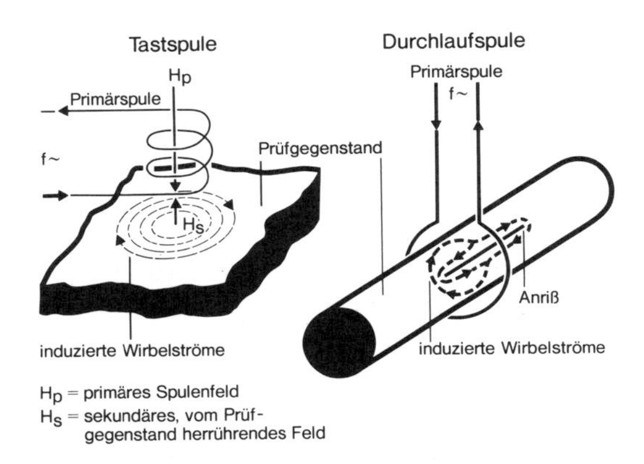

Abb. 7.9: Prinzip der Wirbelstromprüfung

Das im Prüfstück durch den Wirbelstrom erzeugte sekundäre magnetische Wechselfeld ist abhängig von:

- Form, Größe und Frequenz der Primärspule.
- Den elektrischen und magnetischen Eigenschaften des zu prüfenden Werkstückes.
- Form, Zustand und Abmessung des zu prüfenden Werkstückes.

Lokale Änderungen im Werkstoff beeinflussen den Wirkbereich des sekundären Wirbelstromfeldes. Dieser Effekt wird bei der Wirbelstromprüfung zum Auffinden von Werkstofftrennungen, wie z.B. Rissen oder Korrosionserscheinungen, ausgenutzt.

Das Prüfsystem mit der Tastspule oder Durchlaufspule gemäß Abb. 7.9 wird an einer fehlerfreien Stelle auf eine beliebige "Impedanzebene" eingestellt. Sobald die Spule über eine im Werkstück befindliche Werkstoffungänze geführt wird, verändert sich der durch die Primärspule im Werkstück erzeugte Wirbelstrom. Dadurch ändert sich das sekundäre magnetische Wechselfeld und damit tritt eine Beeinflussung des primären Erregerfeldes ein. Diese Änderung ergibt eine Verschiebung der vorher eingestellten "Impedanzebene". Dies wird für die Signalaufbereitung ausgenutzt.

Die Wirbelstromprüfung ist beispielsweise geeignet, eine Ungänze oder einen Korrosionsschaden in einem Wärmeaustauscherrohr anzuzeigen. Die Prüfung erfolgt im eingebauten Zustand mit einer sogenannten Innendurchlaufspule. Im Rahmen von Instandhaltungsmaßnahmen lassen sich die Ergebnisse solcher Überprüfungen mit Hilfe der Datenverarbeitung speichern, und somit können bei Wiederholungsprüfungen kritische Veränderungen an den Rohren schnell erkannt werden.

7.5 Wärmeflußverfahren

Die Temperaturänderung durch Wärmeleitung in einer Behälter- oder Rohrwand wird durch die Wärmeleitfähigkeit des betreffenden Werkstoffes und insbesondere durch die Wanddicke des Bauteils bestimmt. Beim Wärmedurchleitverfahren wird die Behälter- oder Rohrwand auf einer Seite gleichmäßig aufgeheizt. Auf der Gegenseite wird während des Aufheizens der Temperaturverlauf aufgezeichnet. Bei kleiner Wanddicke ist an der der Aufheizseite gegenüberliegenden Oberfläche sehr viel schneller ein Temperaturanstieg zu beobachten, als dies bei einer dicken Wand der Fall ist. Durch Ungänzen im Wandquerschnitt wird der Wärmefluß verlangsamt. Unterschiede des Wärmeflusses werden bei der integralen Prüfung von Behältern und Rohrleitungen ausgenutzt. Örtliche Wanddickenänderungen infolge korrosiver oder abrasiver Belastung werden dadurch ebenso sichtbar wie im Wandquerschnitt liegende Inhomogenitäten (Abb. 7.10).

Eine Variation dieses Wärmedurchleitverfahrens ist das Wärmeableitverfahren. Dabei wird die Wand an einer Seite erwärmt und nach einer bestimmten Wartedauer an der gleichen Oberfläche die Temperaturverteilung bestimmt.

Bei beiden Verfahren kann die Wärme durch Heißwasser, Dampf, durch Anstrahlen mit Flächenheizelementen und -brennern oder durch Auflegen von Heizplatten zugeführt werden. Zur quantitativen Anzeige der Temperaturverteilung können Thermocolorfarben, deren Farbe bei bestimmten Temperaturen umschlägt, oder cholesterinische Flüssigkeitskristalle mit in Abhängigkeit von der Temperatur reversibel veränderlichen Färbungen eingesetzt werden. Zur präzisen Messung des Temperaturfeldes großer Flächen ist die Verwendung einer Infrarotkamera (Thermovisionskamera) empfehlenswert, weil damit eine sehr empfindliche und berührungslose Erfassung ermöglicht wird.

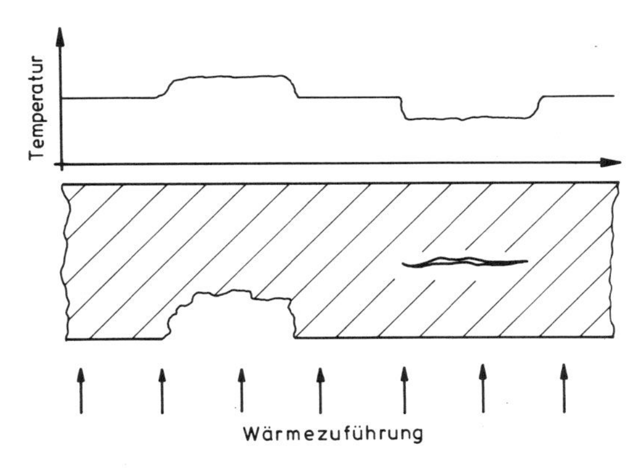

Abb. 7.10: Wärmeflußverfahren; prinzipielle Darstellung der Temperaturverteilung bei Wanddickenunterschieden und Inhomogenitäten in der Wand

Obwohl das Wärmeflußverfahren auf den ersten Blick vielfältige Einsatzmöglichkeiten zu eröffnen scheint, ist die Anwendung heute noch auf wenige Sonderfälle beschränkt. Das liegt in erster Linie an den Schwierigkeiten, große Flächen in dem erforderlichen Maße gleichmäßig zu beheizen und unter wechselnden Umgebungsbedingungen Temperaturverläufe aufzunehmen.

Unter Laborbedingungen funktioniert das Verfahren recht gut und kann hier für den Nachweis von Dopplungen in Blechen sowie von Plattier- und Lötfehlern verwendet werden. Lokale Wanddickendifferenzen in Form von Korrosionsmulden o.ä. werden nur dann zuverlässig angezeigt, wenn sie ausreichend groß und tief sind und die Mulden oder Vertiefungen nicht mit wärmedämmenden Korrosionsprodukten oder anderen Stoffen ausgefüllt sind.

Bewährt hat sich das Wärmeflußverfahren zum Nachweis von Schäden an Ausmauerungen von Hochtemperatur-Reaktoren, die zum Schutz der Außenwand mit hitzebeständigem Material ausgekleidet sind. Stellenweise auftretende Ausbrüche der Ausmauerung bewirken heiße Stellen (hot spots) an der Außenoberfläche des Reaktormantels, die aus großer Entfernung mit der Infrarotkamera festgestellt werden können. Bei nicht isolierten Rohrleitungen, Apparaten und Behältern kann das Wärmeflußverfahren im Rahmen geplanter Instandhaltungsmaßnahmen eingesetzt werden, um in groben Zügen Zonen mit Wanddickendifferenzen aufzudecken. Für die in solchen Fällen ohnehin vorgesehene Wanddickenüberprüfung kann eine solche Vorauswahl sehr hilfreich sein.

7.6 Ultraschallprüfung

Grundlagen

Mit Ultraschall werden mechanische Schwingungen bezeichnet, deren Frequenzen über 20 kHz betragen und somit vom menschlichen Ohr nicht wahrgenommen werden können. Die üblichen Arbeitsfrequenzen bei der Werkstoffprüfung liegen im Bereich von 100 kHz bis 20 MHz.

Zur Schallerzeugung und für den Empfang von Ultraschallwellen werden Prüfköpfe verwendet, die nach dem piezoelektrische Effekt arbeiten. An der Oberfläche bestimmter Kristalle treten bei Zug- oder Druckbeanspruchung elektrische Ladungen auf. Dabei ändert die Ladung ihr Vorzeichen, wenn die Richtung der Beanspruchung umgekehrt wird. Abwechselnd druck- und zugbeanspruchte Kristalle geben demzufolge eine Wechselspannung ab.

Der piezoelektrische Effekt ist umkehrbar, d.h. zur Erzeugung von Ultraschallwellen muß der Kristall mit einer elektrischen Wechselspannung beaufschlagt werden, während für den Empfang die elektrische Wechselspannung abgegriffen und verarbeitet werden muß.

Zur Übertragung der im Prüfkopf erzeugten Druckwellen muß zwischen Prüfkopf und Werkstück ein "Koppelmittel" (Öl, Wasser, Kleister) aufgebracht werden. In homogenen, festen Körpern pflanzen sich die Ultraschallwellen geradlinig mit geringer Schwächung fort.

Unter der Voraussetzung ausreichend guter Schalleitung ist die Ultraschallprüfung für alle metallische und nichtmetallische Werkstoffe anwendbar. Heterogen aufgebaute Werkstoffe wie Grauguß mit groblamellarem Graphit oder Kunststoffe mit hohen Füllstoffanteilen führen zu starker Schallschwächung durch Streuung und sind deshalb nur bedingt mit Ultraschall prüfbar. Bei Werkstoffen mit guten Schalleigenschaften lassen sich Reichweiten in der Größenordnung von 10 m erreichen.

Die Geschwindigkeit der Schallwellenausbreitung im Werkstoff ist eine Werkstoffkonstante. Bei Kunststoff liegt die Schallgeschwindigkeit bei ca. 2300 m s^{-1}, bei einem unlegiertem Baustahl bei 5930 m s^{-1}. Trifft die Schallwelle auf die Grenzfläche zweier Stoffe mit unterschiedlicher Schallgeschwindigkeit, so wird sie reflektiert und gebrochen. Der Nachweis von Ungänzen wie Rissen, Lunkerstellen oder sonstigen Werkstoffinhomogenitäten beruht somit darauf, daß die Ultraschallwellen an diesen Werkstofftrennungen ebenso wie an den Werkstückbegrenzungen reflektiert werden. Daraus ergeben sich zwei Verfahren für die Prüfung, das Durchschallungsverfahren und das Impuls-Reflexions-Verfahren.

Durchschallungsverfahren

Beim Durchschallungsverfahren wird der durch das Prüfstück hindurchgeleitete Ultraschallanteil ausgewertet. Das Prüfstück muß von beiden Seiten zugänglich sein, da auf der einen Seite der Schallsender und auf der anderen ein Schallempfänger angekoppelt wird. Die Schallintensität am Empfänger nimmt bei Vorhandensein eines Fehlers wegen der teilweisen oder vollständigen Reflexion ab oder wird Null (Abb. 7.11).

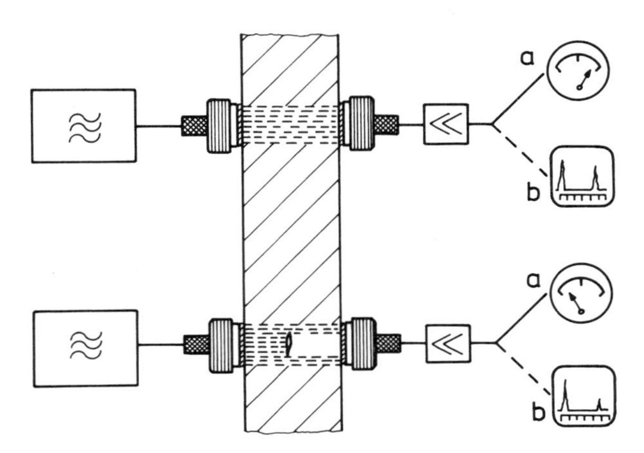

Abb. 7.11: Prinzip des Durchschallungsverfahrens
a) Zeigerinstrumentendarstellung
b) Leuchtschirmdarstellung

Dabei ist es gleichgültig, ob Impuls- oder Dauerschall für die Prüfung verwendet wird. Eine genaue geometrische Zuordnung zwischen Sender und Empfänger ist erforderlich. Bei entsprechender Justierung kann die Ausdehnung einer Werkstoffungänze ermittelt werden. In welcher Tiefe der Fehler im Werkstück liegt, kann nicht bestimmt werden.

Impuls-Reflexions-Verfahren

Bei diesem Verfahren, auch unter dem Namen Impuls-Echo-Verfahren bekannt, wird der reflektierte Schallanteil (Echo) zur Fehlerauswertung herangezogen. Der piezoelektrische Schwinger arbeitet in ganz kurzer Folge sowohl als Sender als auch als Empfänger. Der Schwinger im Prüfkopf wird durch einen sehr kurzzeitigen elektrischen Impuls angeregt und ruft eine ebenso kurze Ultraschallwelle hervor. Im Anschluß an den Sendevorgang, d.h. noch während die Wellenausbreitung im Werkstück stattfindet, befindet sich der gleiche Schwinger im empfangsbereiten Zustand. Die Schallwelle läuft in das Material hinein, bis infolge einer Grenzfläche eine teilweise oder völlige Reflexion stattfindet. Liegt die reflektierende Fläche senkrecht zur Ausbreitungsrichtung, so wird die Schallwelle in ihrer ursprünglichen Richtung zurückgeworfen und erreicht nach einer gewissen Laufzeit, die von der Schallgeschwindigkeit des untersuchten Werkstoffes und von der Entfernung Schwinger - reflektierende Fläche abhängig ist, wieder den Schwinger und wird in einen elektrischen Impuls zurückverwandelt. Die zeitliche Zuordnung vom Sendeimpuls zu den Echos von Fehlern und Rückwand wird mit Hilfe eines Oszilloskops dargestellt, Abb. 7.12.

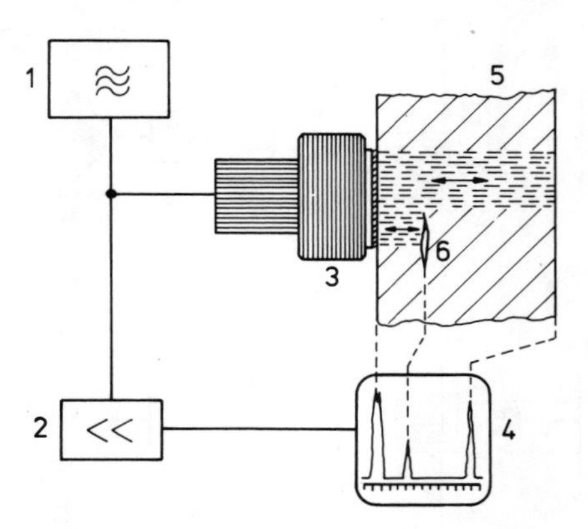

Abb. 7.12: Prinzip des Impuls-Reflexions-Verfahrens
1 Impulsmodulierter Hochfrequenzerzeuger; 2 Empfangsverstärker für amplitudenproportionale Vertikalablenkung; 3 Prüfkopf; 4 Oszilloskop; 5 Prüfstück; 6 Ungänze im Prüfstück;

Zurückkehrende Schallwellen von Fehlern und Rückwand können erneut in das Werkstück reflektiert werden und damit Mehrfachechos auslösen. Dies ist bei der Interpretation der Oszilloskop-Darstellungen zu berücksichtigen.

Die Laufzeit der Impulse ist der durchlaufenen Wegstrecke proportional. Dementsprechend kann auf der Zeitachse des Elektronenstrahloszilloskops die Tiefenlage der Inhomogenität bzw. die Dicke des Prüfstückes abgelesen werden. Die Höhe der Echoamplitude entspricht der zurückkehrenden Schallenergie und ist im Verhältnis zum Rückwandecho annähernd ein Maß für den reflektierten Anteil der Fehlstelle. Daraus lassen sich Beziehungen zur Fehlergrößenabschätzung herleiten.

Im Gegensatz zum Durchschallungsverfahren, bei dem beide Seiten eines Prüfstückes zugänglich sein müssen, hat das Impuls-Reflexions-Verfahren den Vorzug, daß die Prüfung auch an nur einseitig zugänglichen Objekten möglich ist. Deshalb wird in der Mehrzahl aller Fälle die Impuls-Reflexions-Methode angewandt.

In groben Zügen stehen zwei grundsätzlich verschiedene Prüftechniken zur Verfügung (Abb. 7.13):

- Die Senkrechteinschallung mit den sogenannten Normalprüfköpfen und
- die Schrägeinschallung mit Winkelköpfen.

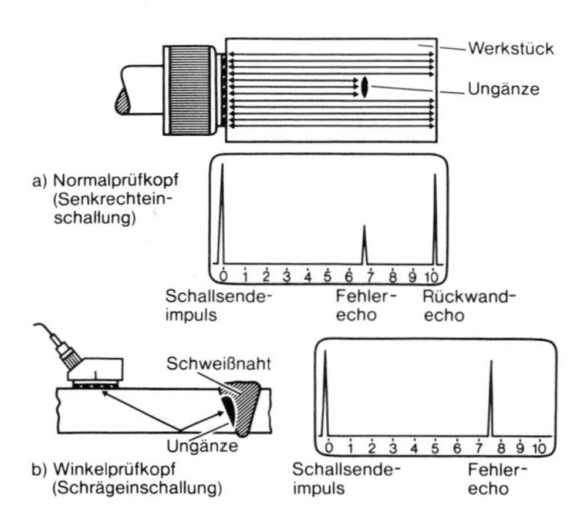

Abb. 7.13: Prüftechniken des Impuls-Reflexions-Verfahrens
a)Senkrechteinschallung; b) Schrägeinschallung

Da zur optimalen Auswertung die Schallwellen möglichst senkrecht auf die Fehlstellen auftreffen müssen, eignet sich die Senkrechteinschallung nur für wenige technische Probleme. Für die meisten Anwendungsfälle wird die Schrägeinschallung bevorzugt. Es stehen Prüfköpfe mit Einschall-Winkeln von 35 bis 80° zur Verfügung. Während Senkrechtschallköpfe mit Longitudinal-Wellen arbeiten, kommen bei Winkelprüfköpfen Transversalwellen zur Anwendung. Sie haben nur etwa die halbe Fortpflanzungsgeschwindigkeit der Longitudinalwellen.

Anwendungsbeispiele

Das Hauptanwendungsgebiet der Ultraschallprüfung mit Senkrechteinschallung ist die Prüfung von Blechen auf Dopplungen und die Prüfung von Blöcken und Schmiedestücken auf innere Ungänzen wie Risse und Schlackeneinschlüsse. Maschinenelemente, bei denen die Lage der Risse durch die mechanische Belastung bekannt ist (z.B. Schwingungsrisse an Kurbelwellen, Kolbenstangen usw.), können im Rahmen von Instandhaltungsmaßnahmen mit Senkrechteinschallung überprüft werden. Voraussetzung für diese Prüfung ist eine entsprechende konstruktive Gestaltung des Bauteils. Die Schrägeinschallung mit Winkelprüfköpfen wird hauptsächlich für die Schweißnahtuntersuchung und für die Rohrprüfung eingesetzt.

Die seit längerer Zeit bewährten Prüftechniken haben inzwischen in vielen Spezifikationen und Richtlinien ihren Niederschlag gefunden. Zur einheitlichen Beschreibung der Fehlergröße stehen Bewertungsmethoden zur Verfügung, die durch einen Vergleich mit in Kontrollkörpern eingebrachten Testfehlern Größenabschätzungen der bei der Prüfung gefundenen Ungänzen erlauben.

Noch häufiger als für die Fehlersuche wird die Ultraschallprüfung für die Wanddickenmessung eingesetzt. Vor allem an durch Korrosion oder Verschleiß beanspruchten Bauteilen werden regelmäßig Wanddickenüberprüfungen mit Ultraschall ausgeführt. Dazu sind in jüngster Zeit spezielle, leicht handhabbare Wanddickenmeßgeräte konzipiert worden.

7.7 Durchstrahlungsprüfung

Die Durchstrahlungsprüfung mit Röntgen- oder Gammastrahlung erlaubt einen Einblick in das Innere des Werkstücks und ermöglicht damit den Nachweis verborgener Fehler. Röntgenstrahlen und die energiereicheren Gammastrahlen sind ihrer physikalischen Natur nach elektromagnetische Strahlung. Ihre sehr kurze Wellenlänge von 10^{-7} bis 10^{-10} cm versetzt sie in die Lage, feste Materie zu durchdringen. Sie pflanzen sich im Vakuum und praktisch auch in der Atmosphäre mit etwa 300.000 km s^{-1} (Lichtgeschwindigkeit) geradlinig fort und werden dabei nicht wie die Ultraschallwellen reflektiert oder gebrochen. In flüssigen und festen Medien variiert die Geschwindigkeit der elektromagnetischen Strahlung und damit ihre Wellenlänge, während die Frequenz der Schwingungen konstant bleibt.

Die Strahlung wird beim Durchgang durch die Materie geschwächt. Die Schwächung wird mit Hilfe empfindlicher Detektoren aufgezeichnet und liefert somit Aussagen über den Zustand der durchstrahlten Materie. Die Schwächung von Röntgen- und Gammastrahlen beim Durchgang durch Materie ist eine Funktion der Dichte und Dicke des durchstrahlten Objektes. Daraus folgt, daß an Fehlstellen und an Bereichen mit kleinerer Wanddicke eine geringere Strahlenabsorption auftritt. Als Detektor für die Strahlenabsorption wird häufig ein fotografischer Film verwendet. Das Durchstrahlungsbild entsteht dann dadurch, daß die hinter dem durchstrahlten Objekt ankommende Strahlung infolge unterschiedlicher Strahlenabsorption an Werkstoffungänzen oder verschiedenen Wanddicken den Röntgenfilm unterschiedlich belichtet, (Abb. 7.14).

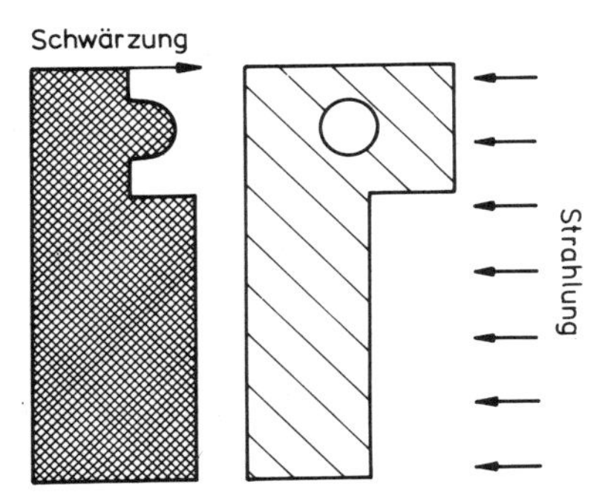

Abb. 7.14: Zusammenhang zwischen Strahlenabsorption und Filmschwärzung (schematisch)

Durchstrahlung mit Röntgenstrahlen

Mit der Entwicklung transportabler Röntgengeräte hat dieses Prüfverfahren schon etwa 1930 erste Anwendung in der Werkstoffprüfung gefunden. Die notwendige Energie der Röntgenstrahlung und damit die Strahlenhärte richtet sich nach der Art und Dicke des zu untersuchenden Werkstoffes. Um leicht durchstrahlbare Werkstoffe mit geringer Wanddicke zu prüfen, benötigt man eine Beschleunigerspannung von 20 - 60 keV. Zur Prüfung von Stahldicken in der Größenordnung von 100 mm bedarf es Geräte mit einer Beschleunigerspannung bis 400 keV. Ultraharte Strahlung bis zu 31 MeV für Werkstücke mit noch größerer Wanddicke - die obere Grenze liegt für Stahl bei etwa 500 mm - wird mit Hilfe von Linear- oder Zirkularbeschleunigern erzeugt. Wegen des großen apparativen Aufwandes und der erforderlichen Strahlenschutzmaßnahmen beschränkt sich ihr Einsatz auf in eigens dafür konzipierte Röntgenschutzräume.

Die für den ortsveränderlichen Einsatz vorgesehenen Röntgenanlagen bestehen aus der Röntgenröhre, die in einem hochspannungs- und strahlensicheren Schutzgehäuse eingebaut ist, den Hochspannungserzeugern, der Kühlmittelpumpe zur Kühlung der Anode, dem Schaltkasten mit den erforderlichen Regeleinrichtungen und den Hochspannungskabeln zur Verbindung der Gleichspannungserzeuger mit der Röntgenröhre.

Durchstrahlungsprüfung mit Gammastrahlen

Gammastrahlen entstehen bei der Umwandlung radioaktiver Stoffe. Im Spektrum der elektromagnetischen Strahlung liegt die Gammastrahlung dicht bei der Röntgenstrahlung. Sie ist jedoch im allgemeinen energiereicher, kurzwelliger und damit auch durchdringender. Jeder radioaktive Strahler kann durch Angabe von 6 Kenndaten eindeutig beschrieben werden:

- Die Energie E der emittierten Gammastrahlen wird wie bei Röntgenstrahlen in Elektronenvolt (eV) angegeben.
- Die Aktivität eines radioaktiven Strahlers ist durch die Zahl der Zerfallsakte in der Zeiteinheit definiert. Die Maßeinheit ist für einen Zerfall pro Sekunde das Becquerel (Bq).
- Die spezifische Aktivität eines radioaktiven Strahlers wird durch den Quotienten Aktivität/Masse definiert.
- Die Halbwertzeit (HWZ) kennzeichnet die Zeitspanne, in welcher die Aktivität eines Strahlers auf die Hälfte des Ausgangswertes abgeklungen ist.

- Die Halbwertschicht (HWS) ist als die Schichtdicke eines Absorbers definiert, die die Strahlung auf die Hälfte reduziert.
- Die Dosisleistungskonstante gibt die Ionen-Dosisleistung in 1 m Abstand vom Strahler bezogen auf die Aktivität und die Zeiteinheit an. Die Ionen-Dosisleistung, integriert über die Zeit, ergibt die Dosis.

Strahler mit natürlicher Radioaktivität, wie Radium oder Mesothor, haben wegen der hohen Beschaffungskosten nur wenig Bedeutung. Die Gammaradiographie benutzt preiswerte, künstliche radioaktive Stoffe, die z.B. in Form von Spaltprodukten bei der Uranspaltung anfallen. Aus der großen Reihe von radioaktiven Isotopen werden im wesentlichen nur Kobalt 60 (Co-60) und Iridium 192 (Ir-192) und neuerdings Ytterbium 169 (Yb-169) für Durchstrahlungsprüfungen verwendet. Ihre Eigenschaften sind in der nachfolgenden Tabelle denen des Radiums gegenübergestellt.

Nuklid	Halbwertszeit	wirksamste γ-Komponenten MeV	Dosisleistung vom $3{,}7 \cdot 10^{10}$ Bq (1 Ci) in 1 m Abstand mrem h^{-1}	Halbwertsschicht mm Blei	Anwendungsbereich für Stahl (Dicke in mm)
Radium (Ra)	1622 Jahre	1,7;0,6	0,81	13	50-150
Yb-169	32 Tage	0,008-0,308	0,21	0,9	3- 15
Ir-192	74,4 Tage	0,48;0,31	0,48	2,8	10-100
Co-60	5,27 Jahre	1,173;1,333	1,30	13	50-150

Das derzeit am häufigsten in der Praxis verwendete Nuklid ist der Ir-192 Strahler. Co-60 wird eingesetzt, wenn Wanddicken $>$ 50 mm durchstrahlt werden müssen. Wegen der kurzen Halbwertszeit des Yb-169 wird es nur für ganz spezielle Prüffälle eingesetzt.

Anwendungsbeispiele

Zum Nachweis von voluminösen Ungänzen wie Poren, Lunkern, Gas- und Schlackeneinschlüssen eignet sich die Röntgen- und Gammadurchstrahlung in vorzüglicher Weise. Flächenhafte Werkstofftrennungen wie Risse und Bindefehler können nur dann nachgewiesen werden, wenn sie in Strahlenrichtung verlaufen. Die Entscheidung, ob mit Röntgenstrahlen oder mit Gammastrahlen geprüft werden soll, hängt zum einen von der Aufgabenstellung zum anderen aber auch von den Randbedingungen (Zugänglichkeit) ab. Der Schwerpunkt der Durchstrahlungsprüfungen liegt auch heute noch auf dem Sektor Gütesicherung von Schweißverbindungen. Ein Beispiel für eine typische Aufnahmeanordnung bei der Radiogammagraphie einer Schweißnaht ist in Abb. 7.15 gezeigt.

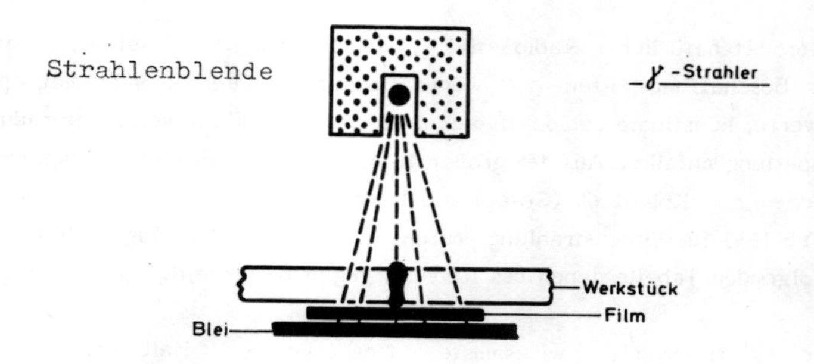

Abb. 7.15: Typische Aufnahmeanordnung bei der Radiogammagraphie. Der radioaktive Strahler befindet sich während der Aufnahme in einer Strahlenblende. Unnötige Sekundärstrahlung wird von der Strahlenblende abgehalten.

Auch die Durchstrahlungsprüfung der Schweißverbindungen Rohr-Rohrboden in Rohrbündelapparaten ist durch eine spezielle Prüftechnik heute möglich. Zur Untersuchung von durch SpRK geschädigten Apparaten wird die Durchstrahlungsprüfung ebenfalls eingesetzt. Beispielsweise werden mit aggressiven Medien gefüllte Autoklaven im Betrieb an kritischen Stellen geprüft.

Die Durchstrahlungsprüfung dient auch dem

- Nachweis von Verstopfungen und Ankrustungen sowie der
- Überprüfung von korrosiv oder abrasiv beanspruchten Objekten auf Wandabtragungen.

Es gibt eine Reihe von Vergleichsbilderatlanten, anhand derer es möglich ist, für ganz bestimmte immer wiederkehrende Bauteilprüfungen, weitgehend objektive Bewertungen vorzunehmen.

Abschließend ist darauf hinzuweisen, daß es viele Prüfaufgaben gibt, die sich in überzeugender Weise nur mit der Durchstrahlungsprüfung lösen lassen.

Spezielle Literatur

K. Kolb; W. Kolb
Grobstrukturprüfung mit Röntgen- und Gammastrahlen
Vieweg-Verlag, Braunschweig 1970

H. Vogg
Strahlendiagnostik - in der Medizin ja, für die Verfahrenstechnik nein?
Ein kritischer Vergleich, Chem.-Ing.-Techn. 55, 467 (1983)

7.8 Dichtheitsprüfung (Lecksuche)

Im wesentlichen gibt es drei Gründe für eine Dichtheitsprüfung:

- Die Funktionsfähigkeit eines Bauteiles wird durch das Vorhandensein eines Lecks beeinträchtigt.
- Zur Erzeugung sauberer, hochwertiger Produkte müssen die Umschließungen der Apparaturen dicht sein.
- Die Vermeidung von Emissionen umweltschädigender Stoffe setzt lecksichere Umschließungen voraus.

Ein einzelnes Objekt oder ein aus mehreren Bauteilen zusammengesetztes System ist niemals absolut dicht, sondern nur unter ganz definierten Bedingungen (Füllmedium, Druck, Temperatur) als dicht zu bezeichnen. Ein Behälter, der "flüssigkeitsdicht" ist, braucht nicht "gasdicht" zu sein. Ursachen für Undichtheiten sind z.B. werkstoffbedingte Ungänzen wie Risse, Poren und sonstige Materialtrennungen in den Wandungen und Schweißverbindungen der Behälter und Apparate sowie Fehler in und an den Dichtungen.

Die Dichtheit läßt sich über die Leckrate quantitativ beschreiben. Als Leckrate wird die durch eine Undichtigkeit in einen Behälter eindringende oder austretende Gas- oder Flüssigkeitsmenge je Zeiteinheit bezeichnet. Die übliche Einheit der Leckrate für Gase, mbar l s^{-1}, ist aus dem Vakuumbereich (DIN 28400 Teil 3) entnommen, gilt aber auch für den Überdruckbereich.

Für das Vermögen eines Stoffes, eine Leckstelle zu durchdringen, ist seine

- dynamische Viskosität und sein
- Molekulargewicht maßgebend.

Alle Lecksuchverfahren beruhen auf dem Nachweis des Stoffes, der durch das Leck tritt. In der Regel lassen sich kleine Leckraten mit unseren Sinnesorganen nicht wahrnehmen. Aus diesem Grunde werden unterschiedliche Verfahren und spezielle Lecksuchgeräte eingesetzt. Im technischen Sinne gilt ein Bauteil als dicht, wenn mit einem vorher festgelegten Prüfverfahren und einer bestimmten, dem Zweck entsprechenden Prüfempfindlichkeit das Durchtreten eines geeigneten Prüfmediums von einem Raum in einen anderen nicht nachgewiesen werden kann.

Dichtheitsprüfung mit Flüssigkeiten

Die Dichtheitsprüfung mit Flüssigkeiten wird üblicherweise gleichzeitig mit der im Regelwerk für Druckbehälter vorgeschriebenen Wasserdruckprüfung ausgeführt. Während der Befüllung ist das Prüfobjekt sorgfältig zu entlüften, da bei nicht einwandfreier Entlüftung Leckstellen im Bereich der Luft- oder Gaspolster unentdeckt bleiben. Zur Steigerung der Nachweisempfindlichkeit können der Flüssigkeit Netzmittel oder auch Farbzusätze beigemengt werden. Eine weitere Erhöhung der Nachweisempfindlichkeit ist mit einer saugfähigen Beschichtung möglich, auf der sich die gefärbte Flüssigkeit kontrastreich abhebt. Die kleinste nachweisbare Leckrate liegt bei 0,5 mbar $l\ s^{-1}$.

Dichtheitsprüfung nach dem Blasenverfahren

Bei der Eintauchblasenmethode (auch Blasen- oder Bubble-Test genannt) wird der Prüfgegenstand mit einem Gas gefüllt und unter Überdruck in ein Wasserbad eingetaucht. Ein Leck macht sich durch aufsteigende Gasblasen bemerkbar. Um die Blasenbildung zu erleichtern, kann dem Wasser zur Verringerung der Oberflächenspannung ein Netzmittel beigemengt werden. Damit steigert man die Nachweisempfindlichkeit, die bei diesem Verfahren in der Größenordnung von 10^{-4} mbar $l\ s^{-1}$ liegt.

Auch bei der Blasenmethode mit schaumbildender Flüssigkeit wird der Prüfgegenstand mit einem Gas unter Überdruck gesetzt. Als Indikator wird eine schaumbildende Flüssigkeit benutzt, mit der die zu prüfende Stelle bespült wird. An der Leckstelle entstehen mehr oder weniger feine Schaumpilze. Die Nachweisempfindlichkeit dieser Methode wird ebenfalls mit 10^{-4} mbar $l\ s^{-1}$ angegeben.

Eine Abwandlung der vorgenannten Blasenmethode mit schaumbildendem Mittel stellt die Blasenmethode mit der Vakuumglocke dar. Sie wird angewandt, wenn das Prüfobjekt nur von einer Seite zugänglich ist (z.B. Schweißnaht eines Tankbodens). Anstelle des zur Schaumbildung nötigen Überdruckes im Prüfobjekt wird mit einer durchsichtigen Vakuumglocke an der Außenoberfläche des Prüfobjektes abschnittsweise ein Unterdruck erzeugt. Er soll etwa 500 mbar betragen. Durch den unter der Vakuumglocke herrschenden Unterdruck wird von außen her durch das Leck Luft eingesaugt. An der Leckstelle entsteht über dem vorher aufgetragenen Film der schaumbildenden Flüssigkeit ein der Größe des Lecks entsprechender Schaumpilz. Die Nachweisempfindlichkeit der Blasenmethode mit Vakuumglocke liegt in der Größenordnung von 10^{-3} mbar l s^{-1}.

Dichtheitsprüfung mit Testgasen

Die beiden prinzipiellen Verfahren der Dichtheitsprüfung mit Gasen sind in Abb. 7.16 dargestellt. Bei der Vakuummethode wird der Prüfling evakuiert und von außen mit dem Testgas bespült. Der Lecksuchdetektor befindet sich im Vakuumkreis und zeigt das von außen eingesaugte Testgas an.

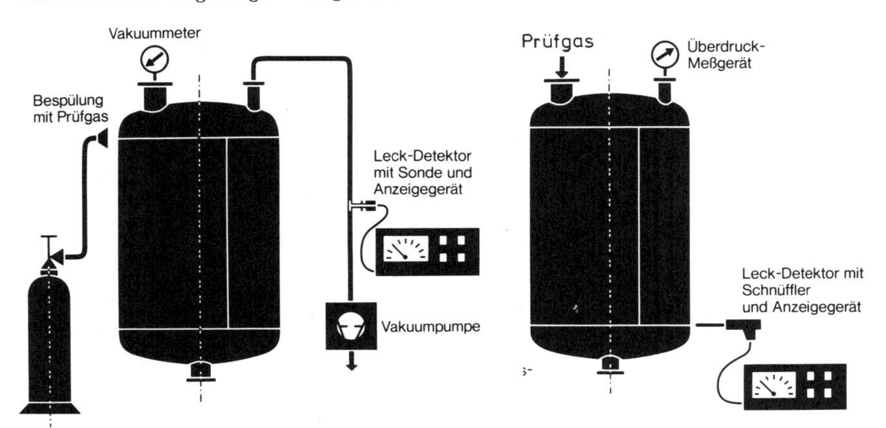

Abb. 7.16: Gasdichtheitsprüfung
a) Vakuumprinzip mit im Vakuumkreis eingebautem Detektor
b) Überdruckprinzip mit Schnüffeldetektor

Bei der Schnüffelmethode wird der Prüfling mit dem Prüfgas unter Überdruck gesetzt und die Atmosphäre im Prüfbereich abgeschnüffelt. Durch Verunreinigungen in der

Umgebungsluft kann die Prüfung beeinträchtigt werden.

Je nach Prüfgas wird unterschieden in

- Halogen-Lecksuchverfahren
- SF_6-Lecksuchverfahren
- Helium-Lecksuchverfahren.

Die Halogen-Lecksuchverfahren beruhen auf dem Langmuir-Taylor-Effekt, bei dem die Ionenemission einer mit Alkaliatomen dotierten, geheizten Platinanode durch auf die Oberfläche dieser Anode auftreffende Halogen-Gasmoleküle erhöht wird. Die Menge der an der Platinanode emittierten positiven Ionen ist ein Maß für die Leckrate. Das Meßprinzip funktioniert im Gesamtbereich zwischen Atmosphärendruck und 10^{-6} mbar und erreicht dabei eine Nachweisempfindlichkeit von 10^{-6} mbar l s^{-1}.

Beim SF_6-Lecksuchverfahren treten eine Reihe von Problemen, die beim Halogen-Lecksuchverfahren bestehen - z.B. die thermische Stabilität - nicht auf. Allerdings ist der Preis für dieses Testgas im Vergleich zu Halogenen sechs- bis siebenmal so hoch. Im Inneren des Detektors befindet sich eine schwache radioaktive Quelle, die vom Trägergas Argon umströmt wird. Die ß-Strahlung erzeugt durch Ionisation des Gases Elektronen, die zwischen Gehäuse und innerer Elektrode einen Stromfluß, den sogenannten Grundstrom, ergeben. In Gegenwart eines elektroneneinfangenden Gases, z.B. Schwefelhexafluorid, lagert sich ein Teil der Elektronen an diese Moleküle und verringern den Stromfluß. Die Differenz zum Grundstrom wird verstärkt und ist ein Maß für die Leckrate. Unter günstigen Bedingungen können mit diesem Verfahren Leckraten bis zu $5 \cdot 10^{-9}$ mbar l s^{-1} nachgewiesen werden. Da für den Funktionsablauf ein Trägergas benötigt wird, ist das Detektorsystem für den Einsatz im Vakuumbetrieb ungeeignet.

Beim Helium-Lecksuchverfahren ist zum Nachweis des Testgases Helium ein besonders eingestelltes Massenspektrometer erforderlich. Im Vakuumbetrieb lassen sich dabei Leckraten bis zu 10^{-11} mbar l s^{-1} nachweisen. Zur Prüfung im Überdruckbetrieb muß vor dem Massenspektrometer eine Drosselstelle geschaltet werden, die das zum Betrieb des Massenspektrometers nötige Hochvakuum zum Atmosphärendruck drosselt. Dadurch liegt die Nachweisempfindlichkeit deutlich niedriger als bei der Helium-Lecksuche im Vakuumbetrieb und erreicht nur 10^{-6} mbar l s^{-1}.

Das Helium-Lecksuchverfahren ist mit einem erheblichen Aufwand bezüglich des notwendigen Vakuum-Pumpstandes verbunden. Deshalb wird diese Prüfung nur an solchen

Objekten durchgeführt, die besondere Anforderungen an die Dichtheit stellen (z.B. Kerntechnik). Für die üblichen Anforderungen, wie sie auch im Chemiebetrieb überwiegend vorliegen, genügen zumeist Nachweisverfahren mit einer Empfindlichkeit von 10^{-2} bis 10^{-4} mbar l s^{-1}.

Spezielle Literatur

Lecksuche an Chemieanlagen,
Dechema-Monographien Bd. 89, Verlag Chemie, 1980

Dichtheitsprüfung an Apparaten und Komponenten von Chemieanlagen,
Dechema-Informationsblatt ZfP1, 1977

Wegen des Umfanges und des Aufwandes bei der Durchführung der Zerstörungsfreien Prüfung werden hier keine Aufgaben beschrieben, sondern einzelne Verfahren werden im Rahmen der Dechema-Kurse demonstriert.

8 Untersuchung von Schadensfällen

Literatur: H. Gräfen: Aufklärung von Schadensfällen, Ursachen und Folgerungen, in 1. Korrosionum "Die Bedeutung der Korrosion bei Planung, Bau und Betrieb von Anlagen der chemischen und petrochemischen Technik sowie in der Mineralölindustrie" (Herausgeber: H. Gräfen, F. Kahl und A. Rahmel), Verlag Chemie, 1974

H.-J. Schüller: Schadenuntersuchungen an metallischen Werkstoffen Prakt. Metallographie 15, 517 u 568 (1978)

Bei der Planung und Herstellung technischer Anlagen arbeiten Konstrukteure, Fertigungstechniker, Werkstoffachleute und Betriebsingenieure zusammen mit dem Ziel, eine über möglichst lange Zeiten störungsfrei arbeitende Anlage zu erstellen. Die Werkstoffauswahl erfolgt dabei einerseits nach den Anforderungsprofilen, denen die Werkstoffe gerecht werden müssen und andererseits aufgrund der Erfahrungen über das Verhalten der Werkstoffe. Kenntnisse über das Werkstoffverhalten basieren aber nicht allein auf Labor- und Technikumsversuchen, sondern ganz maßgeblich auf dem Betriebsverhalten unter Berücksichtigung der Fertigungseinflüsse, weil im Betrieb die oft idealisierten Bedingungen der Versuche nicht vorliegen. Ein nicht unwesentlicher Teil der Betriebserfahrungen wird aus Schadensfällen gewonnen. Sie sind zwar unerwünscht, lassen sich aber nicht vollständig vermeiden. Sie bieten mit das beste Lehrmaterial, um Arten und Möglichkeiten von Störungen und Gefahren zu erkennen, hieraus Maßnahmen zur Vermeidung abzuleiten und diese Erkenntnisse bei nachfolgenden Planungen zu berücksichtigen. Schadensaufklärung und Schadensforschung sind deshalb wichtige Bestandteile der technischen Weiterentwicklung. Die Ergebnisse sollten durch einen vielseitigen Erfahrungsaustausch möglichst über den Rahmen des eigenen Betriebes hinaus verbreitet werden.

Zwei Beispiele mögen die Bedeutung der Schadensanalyse für die Werkstoffentwicklung aufzeigen. Die Neigung nichtrostender Stähle zur interkristallinen Korrosion führte früher häufig zu Undichtigkeiten neben Schweißnähten. Durch Absenken des Kohlenstoffgehalts der Stähle oder durch stabile Abbindungen des Kohlenstoffs durch Titan oder Niob konnten diese Schäden beseitigt werden, nachdem als Ursache das Ausscheiden von chromreichen Carbiden auf den Korngrenzen bei Wärmeeinwirkung erkannt wurde, die eine Chromverarmung im korngrenzennahen Bereich bewirkt. Ein anderes Beispiel ist die Entkohlung unlegierter und niedriglegierter Stähle durch Druckwasserstoff oberhalb etwa 200°C, die zu Schäden bei der Einführung der Ammoniak-Synthese führte. Durch Legieren der Stähle mit Chrom, Molybdän oder Vanadium können solche Schäden vermieden werden, da diese Elemente den Kohlenstoff fester binden.

Grundlage der Schadensanalyse ist die Ermittlung der zur Bearbeitung und Beurteilung notwendigen Daten, die im wesentlichen die Bereiche Fertigung, Belastung und Werkstoffeigenschaften betreffen. Für die praktische Durchführung ist insbesondere für den Anfänger eine Checkliste in vielen Fällen nützlich. Sie erleichtert das lückenlose Erfassen der notwendigen Informationen - soweit sie erhältlich sind -, die wiederum Voraussetzung für die Entwicklung eines zweckmäßigen Prüf- und Untersuchungsprogramms sind. Die folgende Zusammenstellung versucht die wichtigsten Daten für eine derartige Checkliste zu erfassen.

- Allgemeine Informationen

  Anlage, Anlageteil, Schadensort

  Betriebsbedingungen beim Auftreten des Schadens (z.B. An- oder Abfahren, Stillstand, Heizen, Kühlen etc.)

  Sind früher bereits Schäden aufgetreten?

- Betriebsdaten

  Korrosionsbelastung (Medium, Druck, Temperatur, Strömungszustand, Potential)

  Inbetriebnahme der Anlage

  Inbetriebnahme des Schadensteiles

  Abweichung von den normalen Betriebsbedingungen

  Änderung der Betriebsbedingungen seit Inbetriebnahme

  Zahl von Betriebsunterbrechungen

  Zeitlicher Verlauf von mechanischer und thermischer Belastung

  Veränderungen des Mediums

- Werkstoffdaten

  Art des Schadensstücks (Rohr, Ventil, Welle, Schraube, Drahtseil, Flansch etc)

  Werkstoff (chemische Zusammensetzung, Erschmelzungsart, Verarbeitung)

  Lieferzustand

  Oberflächenqualität (gefordert und geliefert)

- Verarbeitungsdaten

  Steht der Schaden im Zusammenhang mit Verarbeitungsvorgängen (Schweißen, Löten, Formen, Beizen etc.)?

Welches Schweißverfahren, welcher Zusatzwerkstoff, welche Nahtvorbereitung
Art der Vorwärmung und Wärmenachbehandlung
Ausführungsqualität (Wurzelfehler, Poren, Schlacken, Einbrandkerben, Härteverlauf, Gefügeveränderungen)
Welche Abnahmeprüfungen erfolgten?

- Probenentnahme

  Welche Proben wurden an der Schadensstelle entnommen (Skizze oder Photographie, Strömungsrichtung des Mediums kennzeichnen)?
  Art der Probennahme (Vorsicht bei Brennschnitt wegen möglicher Gefügeveränderung)
  Bezeichnung der Proben
  Welche Untersuchungsstellen erhielten Proben, wie erfolgte die Aufteilung?

- Untersuchungsprogramm

  Festlegung von Zahl und Lage der Untersuchungsproben (Skizze)
  Prüfung der mechanisch-technologischen Eigenschaften (Zugfestigkeit, Dehngrenze, Härte, Zähigkeit, Alterungsneigung, Warmversprödung, Schwingfestigkeit etc.)
  Metallographische Untersuchung (Gefüge, Ausscheidungen, Seigerungen, Risse, Korrosionsart, Schweißfehler etc.)
  Zusammensetzung und Aufbau von Korrosionsprodukten
  Sonderuntersuchungen (Röntgenfeinstruktur, Mikrosonde, Rasterelektronenmikroskopie etc.)
  Simulationsversuche zur Nachahmung der Betriebsbelastung, Ermittlung kritischer Parameter

- Berichtswesen

  Hierzu sei auf Abschn. 1.1.3 verwiesen.

Ein Problem ist häufig die Ermittlung der genauen Betriebsdaten. Das trifft besonders zu, wenn die Untersuchung durch eine nicht zur Firma gehörende Stelle erfolgt. Oft sind die Aufzeichnungen unvollständig oder die Betriebsleitung und Bedienungsmannschaft kennt die korrosionschemische Bedeutung von Verfahrens- und Mediumsänderungen nicht. Deshalb unterbleiben trotz Bereitschaft zur Mitarbeit u.U. wichtige Angaben. Die Bedienungsmannschaft ist über Störsituationen und Verfahrensprobleme oft besser informiert als die Betriebsleitung, so daß detektivische Nachforschungen oft hier ansetzen müssen.

Ein wichtiges Hilfsmittel der Schadensaufklärung ist der Analogiefall. Das unterstreicht die Bedeutung einer guten Fallsammlung und der Erfahrung des Untersuchenden. Die Erfahrung kann nur durch langjährige Tätigkeit auf dem Gebiet der Schadensforschung erworben werden.

Es gibt eine nicht geringe Zahl von Schadensfällen, die trotz Vorliegen aller Daten nicht eindeutig zu klären sind. Ihre Aufklärung erfordert umfangreiche wissenschaftliche Untersuchungen, die schließlich zu neuen Kenntnissen über Korrosionsmechanismen und ihren komplexen Parametern führen.

Anhang

A1 Ergebnisse und Diskussion der Experimente

Aufgabe 1.2.1	Nachweis der Korrosionsprodukte eines austenitischen CrNi-Stahls in verschiedenen Bereichen der Strom-Potential-Kurve

Die Strommessung ergibt vor Versuchsbeginn I = 9,5 mA, im eingetauchten Zustand I = 11,5 mA. Die Stromzunahme ist auf den parallel geschalteten Elektrolytleiter zurückzuführen.

An den Proben Nr. 1 und 2 tritt Gasentwicklung, an den Proben Nr. 7 bis 8 Blaufärbung und an den Proben Nr. 22 bis 24 Rotfärbung auf. In einzelnen Bereichen der schematisierten Strom-Potential-Kurve der Abb. A 1.1 laufen folgende Reaktionen ab:

Proben Nr.	Phänomene	Reaktion	Erklärung
1 und 2	Gasentwicklung	$H^+ + e^- \rightarrow \frac{1}{2} H_2$	kath. H_2-Entwicklung
7 und 8	blaues Produkt	$Fe \rightarrow Fe^{2+} + 2e^-$	aktive Metallauflösung zu Fe^{2+}; Bildung von Turnbulls Blau
22 bis 24	rotes Produkt	$Fe \rightarrow Fe^{3+} + 3e^-$	transpassive Metallauflösung zu Fe^{3+}; Bildung des Eisenrhodanidkomplexes

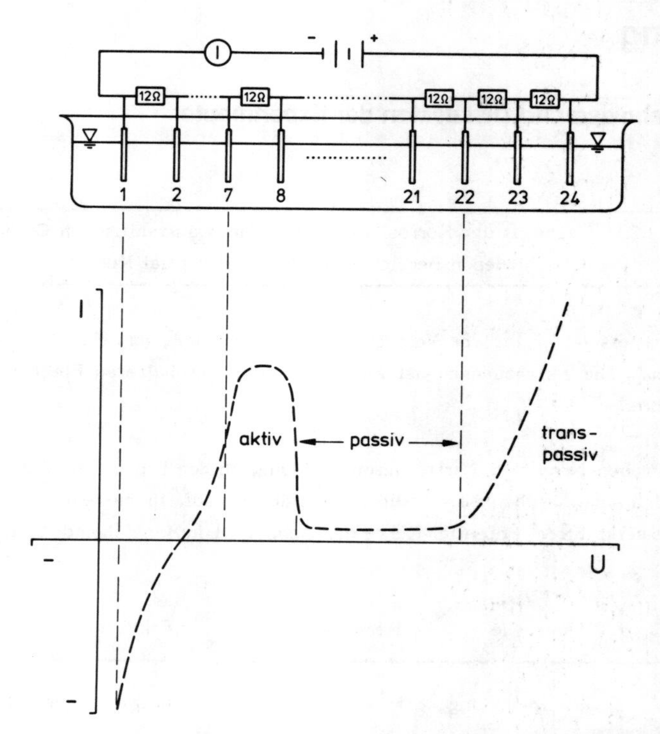

Abb. A 1.1: Schematische Strom-Potential-Kurve resultierend aus den beobachteten Phänomenen

Da ein austenitischer CrNi-Stahl verwendet wird, laufen in den einzelnen Bereichen noch folgende zusätzlichen Elektrodenreaktionen ab:

Aktiver Bereich

$$Cr \longrightarrow Cr^{3+} + 3e^-$$

$$Ni \longrightarrow Ni^{2+} + 2e^-$$

Transpassiver Bereich

$$Cr + 4\ H_2O \longrightarrow CrO_4^{2-} + 8\ H^+ + 6e^- \quad \text{(Chromatbildung)}$$

$$Ni \longrightarrow Ni^{2+} + 2e^-.$$

Aus den beobachteten Phänomenen läßt sich qualitativ eine Strom-Potential-Kurve wie in Abb. A 1.1 darstellen.

Aufgabe 1.2.2 Stationäre Stromdichte-Potential-Kurven
Korrosionssysteme mit Passivbereich

Die erhaltenen (quasi) stationären Stromdichte-Potential-Kurven sind in Abb. A 1.2 zusammengestellt. Die Umrechnung des auf die Bezugselektrode bezogenen Potentials der Arbeitselektrode U_{Mess} auf die Standardwasserstoffelektrode U_H erfolgt nach der Beziehung

$$U_H = U_{Mess} + U_{Bez}$$

wobei U_{Bez} das Bezugselektrodenpotential auf der Standardwasserstoff-Skala ist.

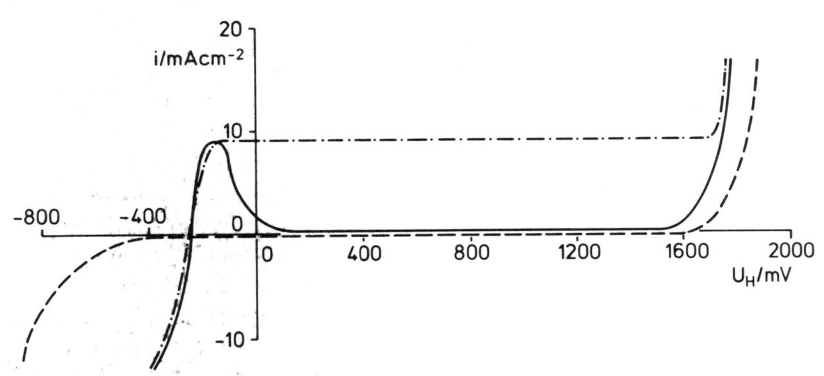

Abb. A 1.2: Stromdichte-Potential-Kurven und Ruhepotentiale U_R eines 13%-Cr-Stahles

a) 0,2 M H_2SO_4, potentiostatisch ————————
b) 0,2 M Na_2SO_4, potentiostatisch — — — — — —
c) 0,2 M H_2SO_4, galvanostatisch —·—·—·—

Teilaufgabe a)

Kurve a) zeigt folgende charakteristischen Bereiche mit jeweils folgenden elektrochemischen Vorgängen:

Kathodischer Summenstrom	Kathodischer Bereich mit überwiegender Wasserstoffentwicklung $H^+ + e^- \longrightarrow \frac{1}{2}H_2$ (Sauerstoffreduktion und Metallauflösung vernachlässigt)

Anodischer Summenstrom

Aktivbereich mit überwiegender anodischer Metallauflösung

$$Fe \longrightarrow Fe^{2+} + 2e^-$$
$$Cr \longrightarrow Cr^{3+} + 3e^-$$

Passivbereich mit Bildung einer Passivschicht aus Chrom- und Eisenoxiden und langsamer Korrosion im Passivzustand

Transpassiver Bereich mit transpassiver Metallauflösung und Sauerstoffentwicklung

$$Fe \longrightarrow Fe^{3+} + 3e^-$$
$$Cr + 4\ H_2O \longrightarrow CrO_4^{2-} + 8H^+ + 6e^-$$
$$H_2O \longrightarrow \frac{1}{2}\ O_2 + 2H^+ + 2e^-$$

Im Aktivbereich gehen Metalle in ihren niederwertigen und im Transpassivbereich in höherwertigen Oxidationsstufen in Lösung (vgl. Aufg. 1.2.1 Nachweis der Korrosionsprodukte).
Der Beginn des Transpassivbereiches wird auch mit Durchbruchspotential bezeichnet. In Lochkorrosion erzeugenden Elektrolytlösungen verschiebt sich das Durchbruchspotential in negativer Richtung und wird zu einem Lochfraßpotential (vgl. Aufg. 2.3.1 bis 2.3.3).

Teilaufgabe b)

Kathodischer Summenstrom

Kathodischer Bereich mit Sauerstoffreduktion und Wasserstoffentwicklung

$$\frac{1}{2}\ O_2 + H_2O + 2e^- \longrightarrow 2OH^-$$
$$H_2O + e^- \longrightarrow \frac{1}{2}\ H_2 + OH^-$$

Anodischer Summenstrom

Passivbereich mit Bildung einer Passivschicht aus Chrom- und Eisenoxiden und vernachlässigbarer Metallauflösung

Anodischer Summenstrom (Fortsetzung)

Transpassiver Bereich mit transpassiver Metallauflösung und Sauerstoffentwicklung

$$Fe \longrightarrow Fe^{3+} + 3e^-$$

$$Cr + 4\,H_2O \longrightarrow CrO_4^{2-} + 8\,H^+ + 6e^-$$

$$H_2O \longrightarrow \frac{1}{2}\,O_2 + 2\,H^+ + 2e^-$$

Im Gegensatz zu Kurve a) (saures Medium) tritt bei b) (neutrales Medium) kein Aktivbereich auf. Dies ist eine Folge des bis zu stark negativen Potentialen reichenden stabilen Passivzustandes. Ferner ist Kurve b) gegenüber a) im Transpassivbereich nach etwas positiveren, im kathodischen Bereich stark nach negativeren Werten verschoben. Ursache dieser Verschiebungen sind zusätzliche Überspannungen der anodischen Metallauflösung bzw. der kathodischen Wasserstoffentwicklung. Die Sauerstoffreduktion ist wegen starker Reaktionshemmung an diesem Werkstoff kaum feststellbar.

Teilaufgabe c)

Bei der galvanostatischen Versuchsführung wird kein Passivbereich deutlich. Dies läßt sich wie folgt erklären:

Schneidet man die potentiostatische Stromdichte-Potential-Kurve durch Parallelen zur Stromachse, so erkennt man, daß die Kurve bei vorgegebenem Potential eindeutig ist, d.h. jedem Potential ist eindeutig nur eine Stromdichte zugeordnet. Legt man dagegen Parallelen zur Potentialachse durch die Kurve, so erkennt man, daß ein anodischer Bereich existiert, innerhalb dessen die Kurve dreideutig ist, d.h. jeder Stromdichte sind drei Potentiale zuzuordnen. Innerhalb eines solchen mehrdeutigen Bereiches stellt sich bei galvanostatischen Messungen aus energetischen Gründen stets das kleinste (am stärksten kathodische) Potential ein. Nimmt man, von der kathodischen Seite kommend, eine galvanostatische Strom-Potential-Kurve auf, so folgt der Kurvenverlauf zunächst dem anodischen Ast im Aktivbereich. Wird der Strom am Maximum des Aktivbereiches auch nur geringfügig überschritten, so existieren solche Stromwerte nur im Transpassivbereich, und das Elektrodenpotential verschiebt sich sehr rasch um fast 2V in anodischer Richtung.

Bereiche mit fallender Stromdichte-Potential-Charakteristik und Minima der Stromdichte können mit der galvanostatischen Schaltung nicht erfaßt werden und erfordern stets eine potentiostatische Schaltung.

Bei den in saurer Lösung aktiv korrodierenden Proben liegt das Ruhepotential (Freies Korrosionspotential) bei etwa U_H = -290 mV. In der neutralen Na_2SO_4-Lösung stellen sich keine reproduzierbaren Ruhepotentiale ein, da die Strom-Potential-Kurve sehr flach verläuft. Je nach Vorbehandlung oder elektrochemischer Vorbelastung der Probe werden Werte zwischen U_H = +300 und -100 mV gemessen.

Aufgabe 1.2.3 Stationäre Stromdichte-Potential-Kurven Metalle im Aktivzustand

Nach Umrechnung der Elektrodenpotentiale auf die Standardwasserstoffskala ergeben sich die in Abb. A 1.3 gezeigten Kurvenverläufe.

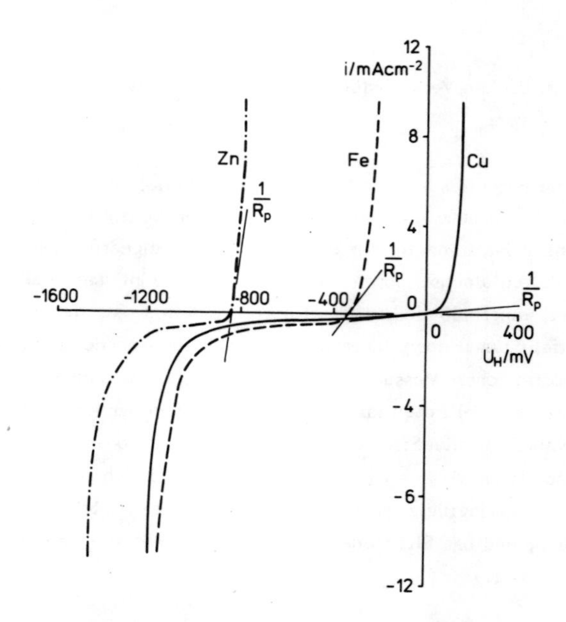

Abb. A 1.3: Stromdichte-Potential-Kurven von Zn, Fe und Cu in 3% NaCl-Lösung, pH = 5,5

Die anodischen Äste der Strom-Potential-Kurven zeigen einen exponentiellen Anstieg, der sich in einer log i/U-Darstellung nachweisen läßt (wird hier nicht durchgeführt, vgl. K.J. Vetter, Elektrochemische Kinetik, Springer-Verlag, 1961). Die Lage der Ruhepotentiale zeigt qualitativ die gleiche Reihenfolge wie die Standardpotentiale der Metalle Zn, Fe und Cu.

Die anodischen Teilreaktionen lauten:

$$Zn \longrightarrow Zn^{2+} + 2e^-$$

$$Fe \longrightarrow Fe^{2+} + 2e^-$$

$$Cu \longrightarrow Cu^{2+} + 2e^-.$$

In Nähe des Freien Korrosionspotentials kann Kupfer in Gegenwart von Chloriden als Komplexbildnern auch einwertig in Lösung gehen.

Die kathodischen Äste der Strom-Potential-Kurven zeigen in einem Übergangsbereich einen Grenzstrom, der durch die diffusionskontrollierte kathodische Sauerstoffreduktion zustande kommt. Daran schließt sich ein exponentieller kathodischer Strom der Wasserstoffentwicklung an. Da die Wasserstoffentwicklung an Zn gehemmter als an Fe und Cu ist, verläuft sie bei negativeren Potentialen (größere Überspannung) als an Fe und Cu.

Die kathodischen Teilreaktionen lauten:

Im Grenzstrombereich

$$\frac{1}{2}\, O_2 + H_2O + 2e^- \longrightarrow 2OH^-$$

Im Bereich der Wasserstoffentwicklung

$$2\, H_2O + 2e^- \longrightarrow H_2 + 2OH^-$$

Neben der kathodischen Wasserstoffentwicklung läuft auch die Sauerstoffreduktion weiter. Sie bleibt jedoch wegen ihres Grenzstromcharakters potentialunabhängig und ist wegen ihrer geringen Größe bei entsprechend negativen Potentialen gegenüber der Wasserstoffentwicklung vernachlässigbar.

Im Bereich des Freien Korrosionspotentials besitzen die Strom-Potential-Kurven unterschiedliche Steigungen, aus denen sich Polarisationswiderstände näherungsweise bestimmen lassen, vgl. Tab. A 1.1.

Tab. A 1.1: Aus Stromdichte-Potential-Kurven abgeschätzte Polarisationswiderstände

Metall	$\Delta i/mA\ cm^{-2}$	$\Delta U/mV$	$R_p = \frac{\Delta U}{\Delta i}$ $(\Omega\ cm^2)$
Zn	5,0	220	44
Fe	3,0	200	67
Cu	0,66	700	1060

Der Polarisationswiderstand ist ein spezifischer Flächenwiderstand mit der Dimension $\Omega\ cm^2$ und ein Maß für die Hemmung der elektrochemischen Reaktionen im Bereich des Ruhe- bzw. Freien Korrosionspotentials. Große Polarisationswiderstände bedeuten gute Polarisierbarkeit, d.h. Verschiebbarkeit des Elektrodenpotentials, kleine Polarisationswiderstände deuten auf schwache Polarisierbarkeit. Die Polarisierbarkeit spielt bei der Kontaktkorrosion eine Rolle (vgl. Aufg. 2.5.2).

Aufgabe 1.2.4 Summen- und Teilstromdichte-Potential-Kurven von Aluminium in Natronlauge

Der gemessene Summenstrom sowie die errechneten anodischen und kathodischen Teilströme sind als Funktion des Elektrodenpotentials in Abb. A 1.4 dargestellt.

Eine genauere Betrachtung der Ergebnisse zeigt, daß besonders nahe des Freien Korrosionspotentials Abweichungen von der Beziehung

$$i_{ges} = i_{anod} + i_{kath}$$

auftreten. Dafür gibt es folgende Erklärungen:

- Die Lösung ist nicht vollständig sauerstofffrei, so daß parallel zur H_2-Entwicklung auch eine Sauerstoffreduktion nach

  $$\frac{1}{2} O_2 + H_2O + 2e^- \longrightarrow 2\ OH^-$$

  als weitere kathodische Teilreaktion zu berücksichtigen ist. Ihr Anteil wird mit zunehmender Wasserstoffentwicklungsrate abnehmen.

- Die Bestimmung kleiner H_2-Mengen wird mit abnehmender H_2-Menge ungenauer werden
- Die Bestimmung des geringen Massenverlustes von Aluminium ist mit Fehlern behaftet.

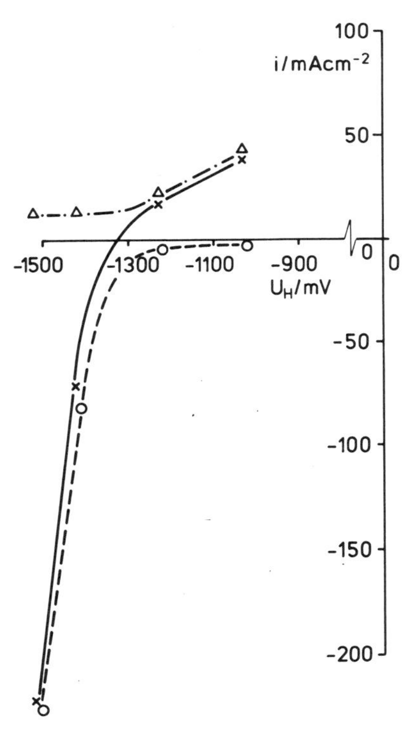

Abb. A 1.4: Summenstromdichte- und Teilstromdichte-Potential-Kurven des Korrosionssystems Al/NaOH

x gemessene Summenstromdichte

Δ anodische Teilstromdichte

o kathodische Teilstromdichte

Aufgabe 1.2.5 Ohmscher Spannungsabfall

Die als Funktion des Abstandes gemessenen Elektrodenpotentiale sind in Abb. A 1.5 dargestellt.

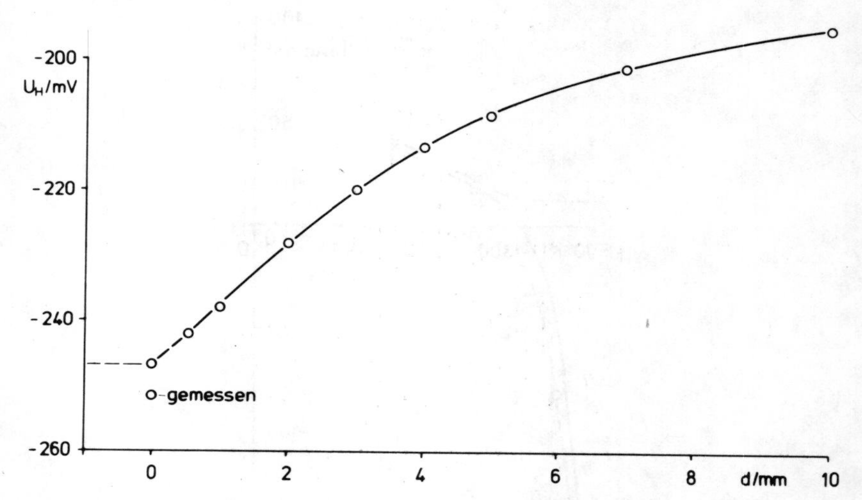

Abb. A 1.5: Gemessene Potentiale in Abhängigkeit vom Abstand der Haber-Luggin-Kapillare von der Elektrodenoberfläche

Man erhält bei Abständen 0,5 < d < 4 mm eine Gerade, die auf den Abstand Null extrapoliert, ein wahres Elektrodenpotential von

$$U_H = -247 \text{ mV}$$

ergibt. Durch Abschirmeffekte wird beim Abstand Null ein um einige mV negativeres Potential gemessen. Eine ähnliche Abweichung ergibt sich infolge Auffächerung der Stromlinien bei Abständen d > 5 mm.

Aus der Neigung der Geraden läßt sich nach Gl. 1.29 mit I = 5 mA, U = 9 mV und d = 1 mm ein längenbezogener Elektrolytwiderstand von

$$R_{El} = \frac{9}{5 \cdot 1{,}0} = 1{,}8\,\Omega\,\text{mm}^{-1}\,.$$

berechnen.

Der Versuch zeigt, daß bei Verwendung von Haber-Luggin-Kapillaren eine kritische Fehlerabschätzung erforderlich ist, insbesondere dann, wenn mit hohen Strömen oder kleinen Elektrolytleitfähigkeiten gearbeitet wird. Bei der im Versuch benutzten Anordnung und Elektrolytlösung würde sich z.B. bei einem Kapillarabstand von 2 mm und einem Strom von 100 mA ein Fehler von

$$\Delta U = R_{El} \cdot I \cdot \Delta d$$

$$= 1{,}8 \cdot 100 \cdot 2$$

$$\Delta U = 360 \text{ mV}$$

ergeben.

Wird das Potential am Rande der Probe gemessen, so besteht wegen ungleichmäßiger Stromlinienverteilung kein linearer Zusammenhang zwischen Potential und Abstand mehr.

Die folgende einfache Prüfung zeigt, ob ein Meßsystem von ohmschen Spannungsanteilen beeinflußt wird: man verändert den Abstand der Haber-Luggin-Kapillare und prüft, ob sich das angezeigte Elektrodenpotential (bei potentiostatischen Messungen der Strom) ändert.

Aufgabe 1.2.6 Korrosionsgeschwindigkeit aus Polarisationswiderstands- und Massenverlustmessungen

In Tab. A 1.2 ist die Auswertung der Polarisationswiderstandsmessungen für eine Probenoberfläche von $A = 15\ \text{cm}^2$ vorgenommen.

Tab. A 1.2: Bestimmung der reziproken Polarisationswiderstände

t/min	+I/mA (+10mV)	-I/mA (-10mV)	$\bar{I}$/mA	$i = \frac{\bar{I}}{A}$	$\frac{1}{R_p} = \frac{\Delta i}{\Delta U}$ $(\Omega^{-1}cm^{-2})$
5	2,4	2,5	2,45	0,16	0,016
15	3,1	2,7	2,90	0,19	0,019
25	3,4	2,6	3,0	0,20	0,020
35	3,6	2,6	3,10	0,21	0,021
45	3,6	2,8	3,20	0,21	0,021
55	3,4	2,7	3,05	0,20	0,020

Die Auftragung von $1/R_p$ über der Zeit zeigt Abb. A 1.6.

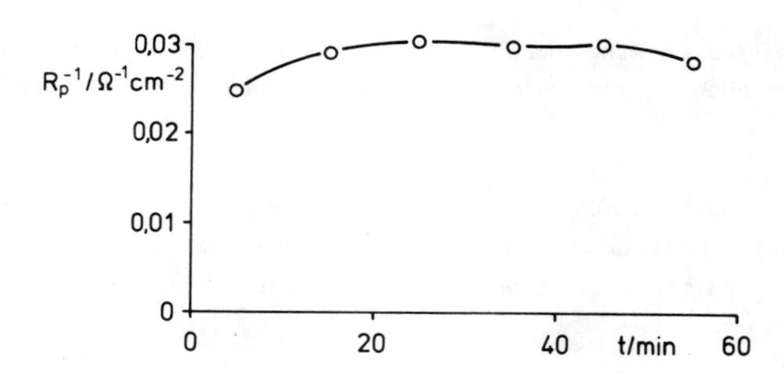

Abb. A 1.6: Auftragung des reziproken Polarisationswiderstandes über der Zeit

Die Kurve zeigt zu Beginn einen leichten Anstieg und dann einen nahezu konstanten Verlauf. Da reziproker Polarisationswiderstand und Korrosionsgeschwindigkeit einander proportional sind, ergibt die Darstellung den zeitlichen Verlauf der differentiellen Korrosionsgeschwindigkeit.

Der Mittelwert von $\overline{\frac{1}{R_p}}$ wird wie folgt gebildet:

$$\overline{\frac{1}{R_p}} = \frac{\sum \frac{1}{R_p}}{n}$$

$$= \frac{0,175}{9}$$

$$= 0,019\ \Omega^{-1}\mathrm{cm}^{-2}$$

Die Bestimmung des Massenverlustes ergibt $\Delta m = 8$ mg. Die Berechnung des Korrosionsstromes und der Korrosionsstromdichte aus dem Massenverlust mit 1 mA = 1,04 mg Fe/h führt zu

$$I = \frac{8}{1,04} = 7,7\ \mathrm{mA}$$

$$i_{Korr} = \frac{7,7}{15} = 0,51\ \mathrm{mA\ cm}^{-2}$$

Der B-Wert errechnet sich aus der Gleichung

$$B = i_{Korr} \cdot R_p$$

$$= 0,51 \cdot 52,6$$

$$B = 27\ \mathrm{mV}\ .$$

Der B-Wert von 27 mV fällt in die Streubreite von Literaturwerten für Eisen in chloridhaltigen Medien:

$$20 < B < 35\ \mathrm{mV}$$

Die Streubreite der B-Werte ist groß, da metall- und mediumseitige Parameter die B-Werte beeinflussen. Ohne eine gesonderte B-Bestimmung durch nichtelektrochemische Methoden sind Korrosionsratenmessungen über R_p-Messungen mit einem relativ großen Fehler behaftet. Andererseits läßt sich der Einfluß einiger Korrosionsparameter, wie z.B. Versuchsdauer, Strömungsgeschwindigkeit, einfach und schnell aufzeigen.

Voraussetzungen für die Anwendbarkeit der Methode sind:

- Der Korrosionsmechanismus darf sich während der Versuchsdauer nicht ändern.
- Neben der Korrosionsreaktion dürfen keine anderen elektrochemischen Reaktionen ablaufen (z.B. Redoxreaktionen).
- Lokale Korrosion, wie z.B. Loch-, Spalt- und Spannungsrißkorrosion, darf nicht auftreten.
- Ohmsche Widerstände dürfen bei der Messung keine Rolle spielen (z.B. hochohmige Deckschichten).

Deshalb ist die Anwendbarkeit für jedes Korrosionssystem gesondert zu prüfen.

Aufgabe 1.2.7 Korrosionsgeschwindigkeit aus Polarisationswiderstandsmessungen mit Hilfe kommerzieller Geräte

Die Ergebnisse der Messungen sind für unterschiedliche Versuchsbedingungen und Meßgeräte in Abb. A 1.7 zusammengestellt:

Meßreihe A: Dreielektrodengerät; Proben sofort nach dem Beizen und Entfetten eingesetzt.

Meßreihe B: Zweielektrodengerät; Proben nach dem Schleifen und Entfetten eingesetzt.

In Tab. 1.3 wird die aus Massenverlustmessungen bestimmte Abtragsrate mit der Geräteanzeige verglichen. Für unlegierte Eisenwerkstoffe gilt

$$1 \text{ mg cm}^{-2}\text{h}^{-1} \approx 11{,}1 \text{ mm a}^{-1}$$

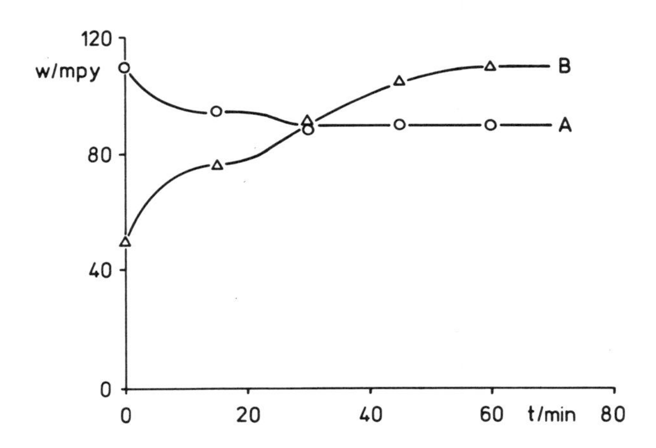

Abb. A 1.7: Differentielle Abtragsraten über der Zeit in mpy (mils per year) für die Meßreihen A und B (1 mpy = 25,4 μm a^{-1})

Tab. A 1.3: Vergleich der integralen Abtragsraten aus Massenverlustmessung mit den zeitlichen Mittelwerten der Ablesungen an den Geräten A und B

Gerät	Probe	Massenverlustmessung			Geräteanzeige	
		Δm	Oberfläche	Abtragsrate	Abtragsrate	
	Nr.	mg	cm^2	mm a^{-1}	mpy	mm a^{-1}
A	1	1,9	7,2	2,9		
	2	1,1	7,2	1,7	93,6	2,4
	3	2,3	7,2	3,5		
B	1	0,4	4,5	1,0		
	2	1,4	4,5	3,4	88,3	2,2

Trotz starker Streuung der gravimetrisch ermittelten Abtragsraten stimmen die Mittelwerte in diesem Fall mit den Geräteanzeigen befriedigend überein.

Meßgeräte mit direkter Anzeige der Abtragsrate werden zur kontinuierlichen Überwachung (Monitoring) von Anlagen verwendet. Ihre Aufgabe ist, Änderungen der Korrosivität des Mediums bei gegebenen Werkstoffen aufzuzeigen. Dabei ist die direkte quantitative Anzeige der Abtragsrate weniger von Bedeutung als ihr zeitlicher Verlauf und ihre relative Größe.

Die vorliegenden Versuchsergebnisse wurden in Kurzzeitversuchen an frisch behandelten Proben erhalten, deren Korrosionsgeschwindigkeiten relativ groß sind und von einer Reihe von Faktoren, z.B. der örtlichen Strömungsgeschwindigkeit, abhängen.

Für den Einsatz von kommerziellen Geräte gelten im Prinzip die gleichen Einschränkungen wie für die Polarisationswiderstandsmessungen in Aufg. 1.2.6, nämlich eindeutige elektrochemische Reaktionen und Abwesenheit von Deckschichten mit hohen ohmschen Widerständen.

Aufgabe 1.2.8 Lichtmikroskopische, rasterelektronenmikroskopische und elektronenstrahl-mikroanalytische Untersuchung von Korrosionsschadensfällen

Während der Dechema-Fortbildungskurse "Korrosion und Korrosionsschutz" werden die Probenpräparation und die Gefügeentwicklung an praktischen Beispielen erläutert, die Erscheinungsformen verschiedener Korrosionsarten in metallographischen Schliffen demonstriert und die Anwendung von Rasterelektronenmikroskopie und Elektronenstrahlmikrosonde bei der Korrosionsschadensuntersuchung an einigen Beispielen aufgezeigt. Auf Einzelheiten kann im Rahmen dieses Buches nicht eingegangen werden, vgl. auch Abschn. 1.2.6.

Aufgabe 2.1.1 Korrosion von Eisen unter einem Tropfen einer Salzlösung

Die im und unter dem Salztropfen ablaufenden Teilreaktionen der Eisenkorrosion sind in Abb. A 2.1 schematisch dargestellt.

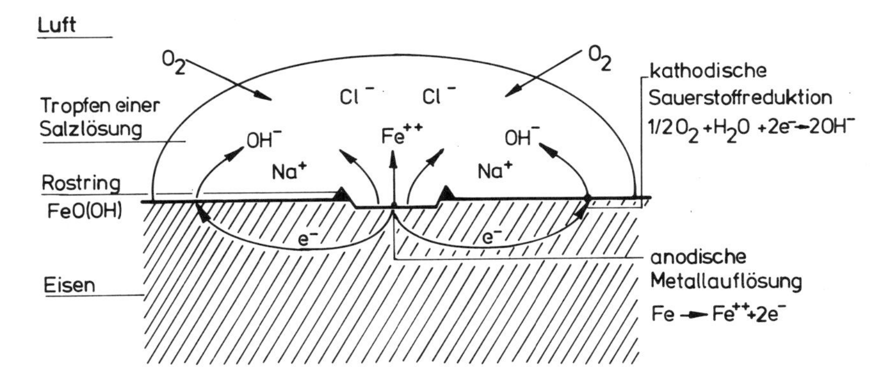

Abb. A 2.1: Ablauf der Korrosion von Eisen unter einem Salztropfen

Im Zentrum des Tropfens läuft überwiegend die anodische Auflösung des Eisens nach

$$Fe \longrightarrow Fe^{2+} + 2e^-$$

ab. Die Fe^{2+}-Ionen reagieren mit $K_3Fe(CN)_6$ unter Bildung von Turnbulls Blau. Die frei werdenden Elektronen fließen durch das Metall zum Tropfenrand, wo besonders an der Dreiphasengrenze Luft/Tropfen/Eisen die Sauerstoffreduktion nach

$$\frac{1}{2}O_2 + H_2O + 2e^- \longrightarrow 2\ OH^-$$

erfolgt. Die Anhebung des pH-Wertes führt dort zur Rotfärbung des Phenolphthaleins.

In einer Folgereaktion werden nach

$$2\ Fe^{2+} + \frac{1}{2}O_2 + H_2O \longrightarrow 2\ Fe^{3+} + 2\ OH^-$$

die 2-wertigen zu 3-wertigen Eisenionen oxidiert, die dann nach

$$Fe^{3+} + 3\ OH^- \longrightarrow FeO(OH) + H_2O$$

schwerlösliches rotbraun gefärbtes Eisenhydroxid bilden.

Aufgabe 2.1.2 Dauertauchversuche

Teilaufgabe a): Standversuch

Die Zeitabhängigkeiten der flächenbezogenen Massenverluste enthalten die Abb. A 2.2 und A 2.3. Die Ergebnisse lassen sich wie folgt zusammenfassen:

- Unlegierter Stahl korrodiert etwa um einen Faktor zehn schneller als Kupfer
- Bei unlegiertem Stahl führt das Fehlen eines Mediumwechsels bei den voll eingetauchten Proben zu einem Abfall der Korrosionsrate; bei allen anderen Bedingungen sind die Korrosionsraten etwa konstant
- Bei Kupfer steigt die Korrosionsrate bei fehlendem Mediumwechsel mit der Zeit an (Rückwirkung von gelösten Korrosionsprodukten); bei Versuchen mit Mediumwechsel sind die Korrosionsraten etwa konstant
- Bei halb eingetauchten Proben sind die Korrosionsraten etwa gleich denen der voll eingetauchten Proben
- Örtlich verstärkte Korrosion läßt sich innerhalb der gewählten Versuchszeit bei keiner der Proben feststellen.

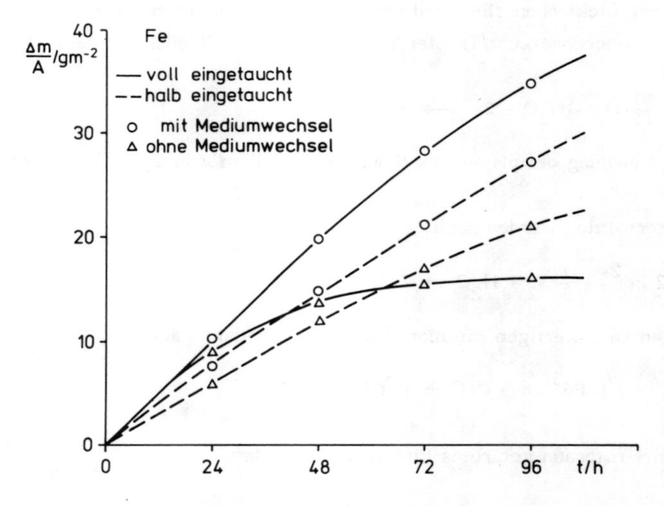

Abb. A 2.2: Zeitabhängigkeit der flächenbezogenen Massenverluste von unlegiertem Stahl

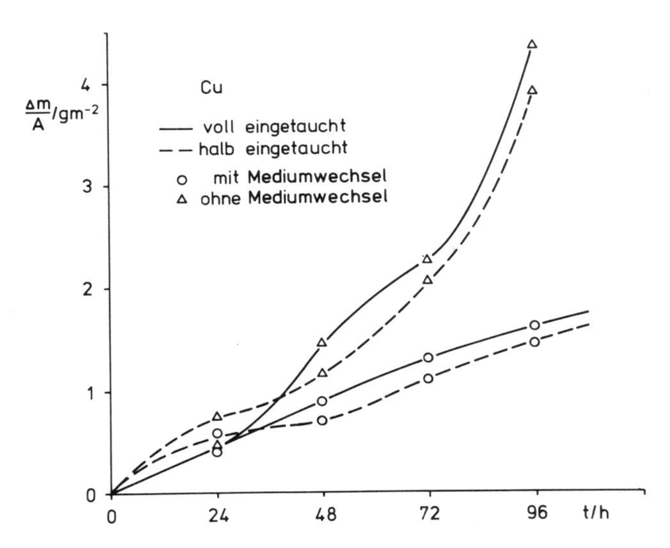

Abb. A 2.3: Zeitabhängigkeit der flächenbezogenen Massenverluste von Kupfer

Teilaufgabe b): Kochversuch

Die flächenbezogenen Massenverluste sind in Abb. A 2.4 über der Zeit aufgetragen.

Die Ergebnisse lassen sich wie folgt zusammenfassen:

- Nur bei den voll eingetauchten Proben ist eine gleichförmige Korrosion festzustellen.
- Bei den halb eingetauchten Proben tritt Muldenkorrosion im nicht eingetauchten Teil und bei den Proben in der heißen Kondensatzone auf der gesamten Oberfläche auf.
- Die Probe in der kalten Kondensatzone zeigt starke örtliche Korrosion (beginnende Lochkorrosion).

Die unterschiedlichen Korrosionsgeschwindigkeiten bei den einzelnen Probenpositionen in der Apparatur kommen durch die folgenden (z.T. gegenläufigen) Effekte zustande:

- Abnehmender Sauerstoffpartialdruck von oben nach unten
- Abnehmende Temperatur von unten nach oben
- Sauerstoffhaltiges Kondensat in Verbindung mit chloridhaltigem Spritzwasser führt bei den halb eingetauchten Proben zur stärksten Korrosion.

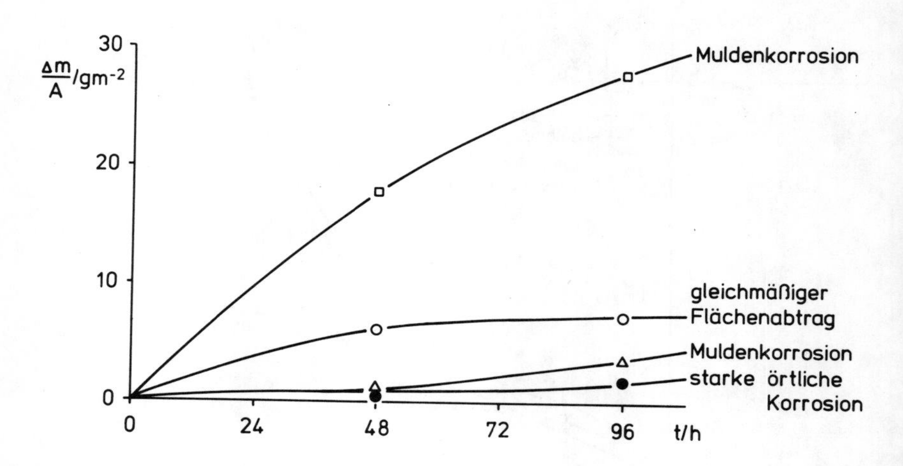

Abb. A 2.4: Zeitabhängigkeit der flächenbezogenen Massenverluste von unlegiertem Stahl beim Kochversuch
O voll eingetaucht ● kalter Kondensatraum
□ halb " Δ heißer "

Eine Betrachtung der Proben im Stereomikroskop ergibt bei den Fällen von Muldenkorrosion eine Konzentrierung des Korrosionsangriffs auf etwa die halbe, im Falle der starken örtlichen Korrosion auf etwa ein Zehntel der Probenfläche. Die auf die korrodierende Fläche bezogenen Korrosionsraten sind also um die Faktoren 2 bzw. 10 grösser als die auf die Gesamtfläche bezogenen. Für die Probe in der kalten Kondensatzone ergibt sich aus dem Massenverlust von 20 g m^{-2}, wenn er auf die korrodierte Fläche bezogen wird, eine Abtragsrate von etwa 0,9 mm a^{-1} (vgl. Tabelle Anhang A 2).

Aufgabe 2.1.3 Parameter der Sauerstoffkorrosion

Potentialmessungen

Die gegen die Bezugselektrode gemessenen und auf die Standardwasserstoffelektrode umgerechneten Elektrodenpotentiale betragen:

	Elektrodenpotentiale U_H/mV		Potentialänderungen ΔU/mV
	Fe	Cu	
offener Stromkreis	-286	-34	null
geschlossener Stromkreis (I = 3,5 mA)	-264	-256	einige mV

Bei offenem Stromkreis unterscheiden sich die Elektrodenpotentiale beträchtlich, und die Position der Haber-Luggin-Kapillare spielt keine Rolle.

Bei geschlossenem Stromkreis bildet sich ein Mischpotential aus, das in der Nähe des Potentials der Eisenelektrode liegt. Die Eisenelektrode ist demnach wenig, die Kupferelektrode stärker polarisierbar (vgl. Aufg. 1.2.3). Bei Änderung der Position der Haber-Luggin-Kapillare ändert sich das Potential um einige mV (vgl. Aufg. 1.2.5).

Einfluß der Rührgeschwindigkeit

Der Einfluß der Rührgeschwindigkeit auf den Elementstrom ist in Abb. A 2.5 dargestellt. Insbesondere bei niedrigen Drehzahlen ergibt sich eine starke Rührabhängigkeit. Sie ist darauf zurückzuführen, daß ein Reaktand an die Oberfläche heran oder ein Produkt abtransportiert werden muß. Über die Natur der transportierten Spezies macht das Experiment keine Aussage.

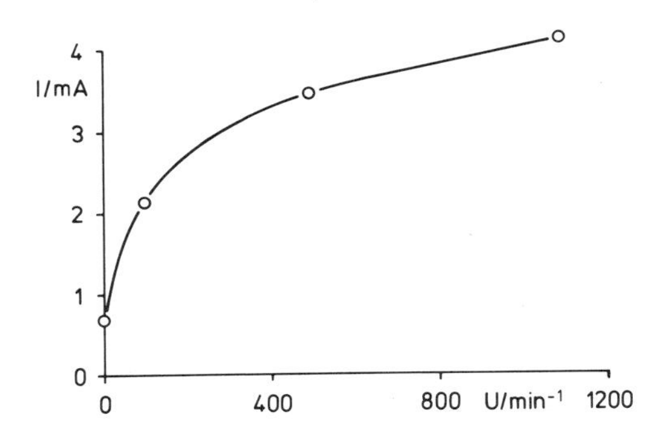

Abb. A 2.5: Einfluß der Rührgeschwindigkeit auf den Elementstrom

Einfluß des Sauerstoffpartialdruckes

Abb. A 2.6 zeigt einen fast linearen Zusammenhang zwischen Elementstrom und Sauerstoffpartialdruck. Damit ist nachgewiesen, daß der Partialdruck des Sauerstoffs in Verbindung mit seiner Transportgeschwindigkeit an die Metalloberfläche (vgl. Einfluß der Rührgeschwindigkeit) eine maßgebende Einflußgröße ist.

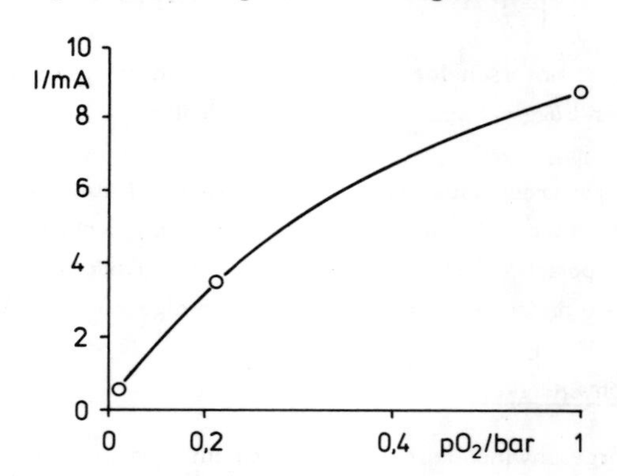

Abb. A 2.6: Einfluß des Sauerstoffpartialdrucks auf den Elementstrom

Geschwindigkeitsbestimmender Schritt

Der geschwindigkeitsbestimmende Schritt läuft an der Kathode ab. Aus dem Rühreinfluß und dem Einfluß des Sauerstoffpartialdrucks folgt, daß es sich um die kathodische Reduktion des Sauerstoffs handelt. Insgesamt laufen folgende Teilreaktionen ab:

Teilreaktion an der Kupferelektrode

$$\frac{1}{2}O_2 + H_2O + 2e^- \longrightarrow 2\ OH^-$$

Teilreaktionen an der Eisenelektrode

$$Fe \longrightarrow Fe^{2+} + 2e^-$$

$$Fe^{2+} + 2\ OH^- \longrightarrow Fe(OH)_2$$

$$2Fe(OH)_2 + \frac{1}{2}O_2 \longrightarrow 2\ FeO(OH) + H_2O$$

$$\frac{1}{2}\ O_2 + H_2O + 2e^- \longrightarrow 2OH^-.$$

Die Sauerstoffreduktion läuft an beiden Metallen des Elements ab. Aus diesem Grund ist der Elementstrom kleiner als der Korrosionsstrom der Eisenelektrode (vgl. Aufg. 2.5.2).

Eine Korrosionsschutzmaßnahme bei Sauerstoffkorrosion besteht in der Herabsetzung des Sauerstoffpartialdrucks und/oder der Strömungsgeschwindigkeit.

Aufgabe 2.2.1 Strömungsabhängige Korrosion Rotierende Scheibe

Die Auftragung i_{Korr} gegen $\omega^{0,5}$ ist in Abb. A 2.7 vorgenommen. Die theoretische Gerade der konvektiven Diffusion von Sauerstoff beträgt

$$\frac{\Delta i}{\Delta \omega^{0,5}} = 8 \cdot 10^{-5} \text{ mA s}^{-0,5}\text{cm}^{-2}$$

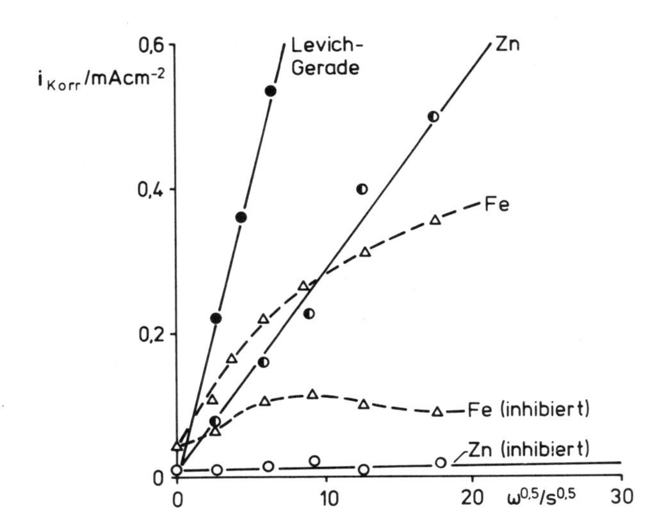

Abb. A 2.7: Korrosionsstromdichten von Zn und Fe in Abhängigkeit von der Wurzel aus der Winkelgeschwindigkeit

Für Zink ergibt sich in nicht inhibierter Lösung eine Gerade, die auf einen rein stofftransportbestimmten Mechanismus schließen läßt. Die Abweichung von der Levich-Geraden könnte auf eine teilweise Blockierung der Oberfläche durch Korrosionsprodukte zurückzuführen sein. In inhibierter Lösung wird die Reaktion völlig strömungsunabhängig, da sich eine schützende Zinkphosphatschicht ausgebildet hat.

An Eisen wird eine gekrümmte Kurve erhalten, die im Falle der alkalisierten Lösung sehr ausgeprägt ist. Hier macht sich besonders bei höheren Drehzahlen eine Hemmung, vermutlich die Bildung von Eisenhydroxiden, bemerkbar. Das Auftreten eines schwachen Maximums in inhibierter Lösung kann mit einer Änderung der Deckschichtstruktur (dichtere Schichten) erklärt werden.

Aufgabe 2.3.1 Untersuchung der Lochkorrosion an hochlegierten Chrom-Nickel-Stählen mit Hilfe eines Indikatortests

Die Intensität der Lochkorrosion der untersuchten Werkstoffe in den Lösungen mit unterschiedlichen Chloridkonzentrationen nach ca. 4 h ist aus Tab. A 2.1 zu ersehen.

Tab. A 2.1: Intensität des Lochfraßes nach ca. 4 h

Werkstoffbezeichnung nach		NaCl-Lösungen			
DIN 17007	DIN 17006	0,1 M	0,3 M	1,0 M	3,0 M
1.4301	X5 CrNi 18 9	-	x	xx	xxx
1.4401	X5 CrNiMo 18 10	-	-	x	xx
1.4439	X3 CrNiMoN 17 13 5	-	-	-	-
1.4439 sensibilisiert	X3 CrNiMoN 17 13 5	-	x	xx	xx

Zeichenerklärung:
- \- kein Angriff
- x wenige kleine Löcher
- xx mittlerer Angriff
- xxx sehr starker Angriff

Das Ergebnis läßt sich kurz folgendermaßen zusammenfassen:

- Steigender Chloridgehalt begünstigt die Lochkorrosion
- Steigender Mo-Gehalt des Werkstoffs verbessert die Lochfraßbeständigkeit
- Wärmebehandlungen, die zur Ausscheidung von Chromcarbiden auf den Korngrenzen führen, begünstigen die Lochkorrosion sehr.

Die Redoxpotentiale der Lösungen betragen:

0,1 M NaCl $U_H \approx + 460$ mV
0,3 M NaCl $U_H \approx + 470$ mV
1,0 M NaCl $U_H \approx + 500$ mV
3,0 M NaCl $U_H \approx + 540$ mV

Die Redoxpotentiale aller vier Lösungen liegen damit über den potentiostatisch ermittelten Lochfraßpotentialen des Werkstoffs 1.4301, vgl. Abb. A 2.11. Es ist deshalb auch Lochkorrosion dieses Werkstoffs zu erwarten.

Aufgabe 2.3.2 Bestimmung des Lochfraßpotentials nach der potentiostatischen und potentiodynamischen Methode Einfluß der Chloridkonzentration

Teilaufgabe a)

Den Einfluß der Potentialvorschubgeschwindigkeit $\frac{dU}{dt}$ auf den Verlauf der Stromdichte-Potential-Kurve zeigt Abb. A 2.8 und auf das scheinbare Lochfraßpotential Abb. A 2.9. Das Lochfraßpotential wird mit steigendem $\frac{dU}{dt}$ scheinbar zu positiveren Potentialen verschoben. Die Lochkorrosion setzt sich aus einer Inkubationsphase und einer anschließenden Lochwachstumsphase zusammen. Wegen dieser Inkubationszeit wird das wahre Lochfraßpotential mit steigendem $\frac{dU}{dt}$ immer stärker "überfahren".

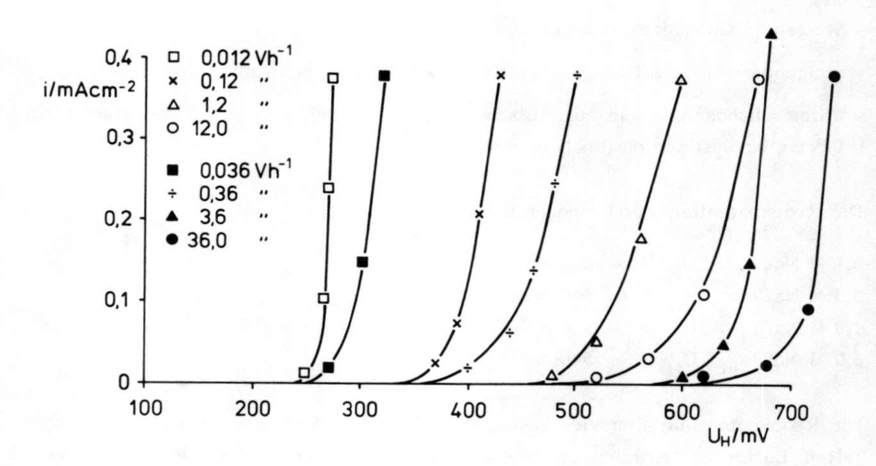

Abb. A 2.8: Einfluß der Potentialänderungsgeschwindigkeit auf den Verlauf der Stromdichte-Potential-Kurve. Werkstoff 1.4301 in 0,1 M Na_2SO_4 + 1 M NaCl

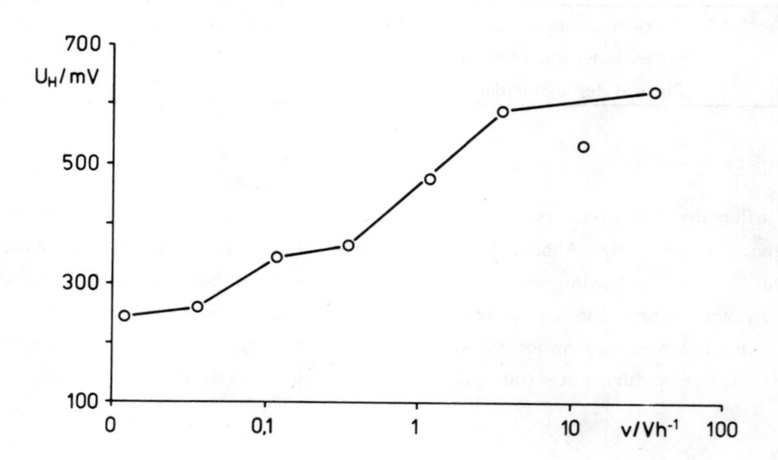

Abb. A 2.9: Einfluß der Potentialänderungsgeschwindigkeit auf die Lage des scheinbaren Lochfraßpotentials. Werkstoff 1.4301 in 0,1 M Na_2SO_4 + 1 M NaCl

Teilaufgabe b)

Den Einfluß der Chloridkonzentration auf den Verlauf der Stromdichte-Potential-Kurve zeigt Abb. A 2.10 und auf das so ermittelte Lochfraßpotential Abb. A 2.11. Das Lochfraßpotential verschiebt sich mit steigender Chloridkonzentration zu negativeren Potentialen. Wegen der relativ hohen Potentialvorschubgeschwindigkeit liegen die hier gemessenen U_L-Werte über den wahren U_L-Werten, vgl. Teilaufgabe a), Abb. A 2.9.

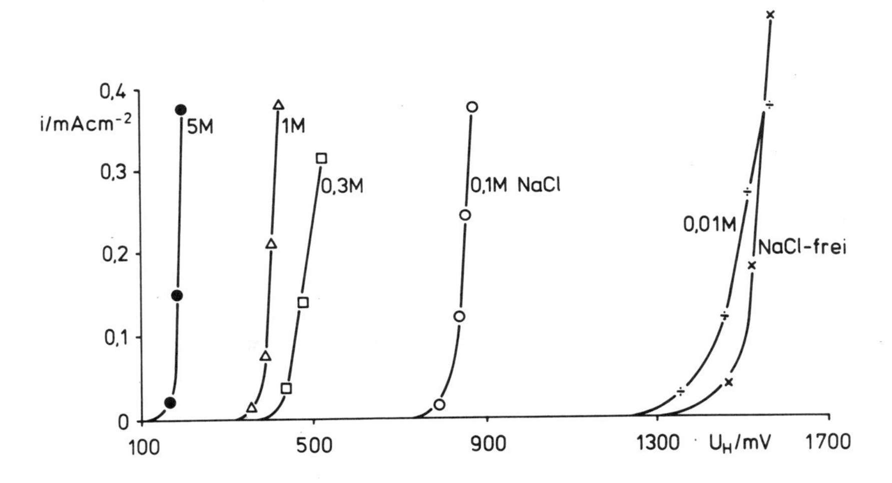

Abb. A 2.10: Einfluß der Chloridionenkonzentration auf den Verlauf der Stromdichte-Potential-Kurve von Werkstoff 1.4301, v = 0,12 V h^{-1}

Teilaufgabe c)

Die Ergebnisse der potentiostatischen Halteversuche sind ebenfalls in Abb. A 2.11 eingetragen. Diese Abbildung gestattet einen Vergleich der nach verschiedenen Meßmethoden in Lösungen mit unterschiedlicher Chloridkonzentration ermittelten Lochfraßpotentiale.

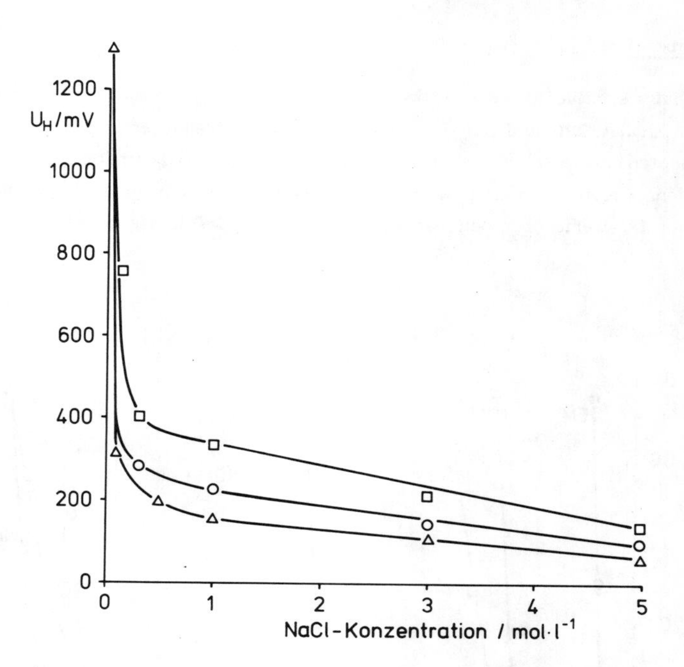

Abb. A 2.11: Einfluß der Chloridionenkonzentration und der Meßmethode auf die Lage des Lochfraßpotentials von Werkstoff 1.4301

□ potentiodynamisch, v = 0,12 V h^{-1}

O potentiostatisch

Δ galvanostatisch

Aufgabe 2.3.3	Bestimmung des Lochfraßpotentials nach der galvanostatischen Methode

Den Potential-Zeit-Verlauf bei drei verschiedenen Chloridkonzentrationen zeigt Abb. A 2.12. Die so ermittelten Lochfraßpotentiale enthält Abb. A 2.11. Diese Abbildung vergleicht potentiodynamisch mit $\frac{dU}{dt}$ = 0,12 V h^{-1}, potentiostatisch und galvanostatisch ermittelte Lochfraßpotentiale als Funktion der Chloridkonzentration, vgl. auch Aufg. 2.3.2.

Bei galvanostatischer Schaltung wird stets U_p gemessen.

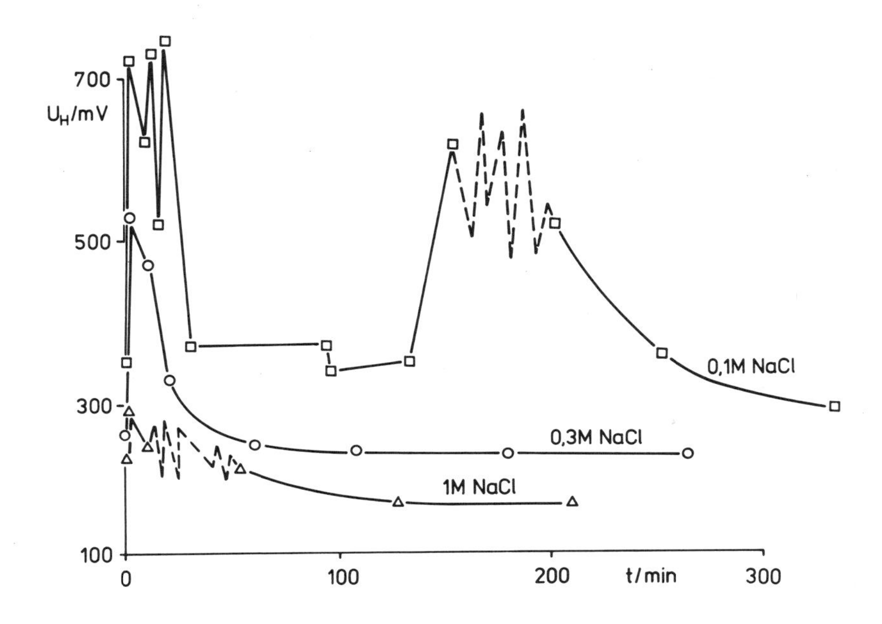

Abb. A 2.12: Einfluß der Chloridkonzentration auf die Potential-Zeit-Kurve von Werkstoff 1.4301

Aufgabe 2.4.1	Einfluß der Zusammensetzung nichtrostender Stähle auf die Spaltkorrosion in einem chloridhaltigen Medium

Die Ergebnisse sind in Tabelle A 2.2 zusammengestellt. Aus ihr wird deutlich, daß bei den untersuchten nichtrostenden Stählen ein enger Zusammenhang zwischen Spaltkorrosion und Lochkorrosion besteht, wobei die Spaltkorrosion überwiegt. Steigende Molybdän- (und Chrom-)Gehalte machen diese Werkstoffgruppe beständiger gegen beide Korrosionsarten. An Titan wird in diesem Medium weder Spalt- noch Lochkorrosion beobachtet.

Der Zusatz von $K_3Fe(CN)_6$ und $K_4Fe(CN)_6$ erhöht das Redoxpotential des Mediums, so daß es oberhalb des Spaltkorrosions- bzw. Lochfraßpotentials der molybdänfreien oder molybdänarmen Stähle liegt.

Tab. A 2.2: Ergebnisse des Spaltkorrosionsversuchs

Werkstoff	Spaltkorrosion	Lochkorrosion
1.4301	++++	+
1.4404	++	+
1.4439	-	-
1.4462	-	-
1.4510	+++++	wenig, auf Kanten
1.4523	++	+
Titan	-	-

+ . . . . . +++++ steigende Anfälligkeit

\- keine Korrosionserscheinungen

Aufgabe 2.5.1 Demonstration der Kontaktkorrosion

Metallpaarungen ohne Kontakt zeigen keine Gasentwicklung. Bei Kontaktierung bilden sich am edleren Metallpartner Gasblasen (Wasserstoff), die zunächst in Nähe der Kontaktstelle, später auch weiter entfernt entstehen. Ursache ist die ungleichförmige Stromverteilung infolge zunehmender ohmscher Elektrolytwiderstände an den auseinanderstrebenden Drahtenden. Die Intensität der Gasentwicklung ist von der Art der Metallpaarung abhängig:

Metallpaarung	Intensität der Gasentwicklung
Zn - Pt	stark
Zn - Cu	schwach
Zn - Fe	mittel
Al - Pt	mittel
Al - Cu	sehr schwach
Al - Fe	schwach

Die Reaktionsgleichungen sind:

anodisch $\quad Me \rightarrow Me^{2+} + 2e^-$

kathodisch $\quad 2H^+ + 2e^- \rightarrow H_2$

Summenreaktion $\quad Me + 2H^+ \rightarrow Me^{2+} + H_2$

Es handelt sich um Säurekorrosion, bei der die kathodische Wasserstoffentwicklung bevorzugt am edleren, die anodische Metallauflösung am unedleren Metallpartner abläuft. Der Effekt ist um so ausgeprägter, je geringer die Wasserstoffüberspannung am edleren Metall ist (z.B. an Platin).

Die Intensität der Wasserstoffentwicklung ist nur ein Maß für den Elementstrom. Die anodische Teilstromdichte der Metallauflösung ist infolge Eigenkorrosion im allgemeinen größer als die aus dem Elementstrom errechnete (vgl. Aufg. 2.5.2).

Aufgabe 2.5.2 Untersuchung der Kontaktkorrosion an Werkstoffpaarungen mit einer Magnesiumlegierung

In Tab. A 2.3 sind die Elementstrom-Zeit-Integrale, die jeweiligen Massenverluste aus Elementstrom und Wägung und der Quotient der Massenverluste aus Elementstrom und Wägung aufgeführt. Die dem Elementstrom äquivalenten Massenverluste errechnen sich aus der Beziehung

$$0{,}435 \text{ g} \approx 1 \text{ Ah}.$$

Tab. A 2.3: Auswertung der Kontaktkorrosionsversuche verschiedener Metallpaarungen mit einer Mg-Legierung

Kontaktwerkstoff zur Mg-Legierung	Strommenge mA·h	Massenverluste Mg-Leg. Δm/mg		Quotient $\frac{\text{Massenverlust aus Elementstrom}}{\text{Massenverlust aus Wägung}}$
		Elementstrom	Wägung	
unlegierter Stahl	12	5,2	11,1	0,47
18/8-CrNi-Stahl	6,2	2,7	9,6	0,28
verzinkter Stahl	2,2	0,96	8,5	0,11
freie Korrosion der Mg-Legierung			7,1	

Die durch den Elementstrom verursachten Massenverluste machen nur einen Teil der Gesamtmassenverluste aus. Sie nehmen in der Reihe der Kontaktwerkstoffe

unleg. Stahl > 18/8-CrNi-Stahl > verzinkter Stahl

ab. Dies ist eine Folge der in gleicher Reihenfolge zunehmenden Überspannung der Wasserstoffentwicklung an den Kontaktwerkstoffen. Da beispielsweise die Überspannung der Wasserstoffentwicklung an Zink stärker als an Eisen ist (vgl. Abb. A 1.3), wird die Stromdichte der Wasserstoffentwicklung und damit der Elementstrom kleiner.

Die Massenverluste der Kontaktwerkstoffe sind praktisch Null, da sie kathodisch geschützt werden.

Die Größen Gesamtkorrosion, durch Elementstrom verursachte Korrosion und Eigenkorrosion sind in Tab. A 2.4 nochmals als Stromdichten zusammengestellt. Dabei wird wiederum von dem Äquivalent 1 Ah ≈ 0,435 g ausgegangen, durch die Fläche A = 28 cm^2 dividiert und für t = 0,33 h eingesetzt, so daß sich ergibt

$$i \approx \frac{\Delta m}{0{,}435\ A\ t}$$

$$i \approx 0{,}25 \Delta m$$

Tab. A 2.4: Stromdichten der Gesamt-, Elementstrom- und Eigenkorrosion von MgAl9Zn bei Kontakt mit verschiedenen Metallen

Paarung Mg-Leg. mit	Stromdichten/mA cm^{-2} Gesamtkorrosion	Elementstromkorrosion	Eigenkorrosion
unleg. Stahl	2,7	1,3	1,4
18/8-CrNi-Stahl	2,4	0,67	1,7
verzinkter Stahl	2,1	0,24	1,9
freie Korrosion der Mg-Leg.	1,8	0	1,8

Die Stromdichte der Gesamtkorrosion nimmt mit abnehmendem Elementstrom erwartungsgemäß ab. Die Eigenkorrosion nimmt jedoch zu. Zu erwarten wäre allerdings eine Abnahme der Eigenkorrosion (sog. negativer Differenzeffekt), wie er auch bei länger dauernden Versuchen beobachtet wird (E. Heitz, Dechema-Monographien Bd. 93, S. 213 (1983)). Die Erklärung für dieses unerwartete Ergebnis liegt vermutlich darin, daß in der Anfangsphase unkontrollierte Effekte eine Rolle spielen, die wegen der kurzen Versuchszeiten das Korrosionsgeschehen bestimmen. Hinzukommt eine relativ große Streuung der Versuchsergebnisse.

Die Teilschritte der Korrosionsreaktionen sind

$$Mg \rightarrow Mg^{2+} + 2e^-$$
$$2\,H_2O + 2e^- \rightarrow H_2 + 2\,OH^-$$
$$\overline{Mg + 2\,H_2O \rightarrow Mg(OH)_2 + H_2}$$

Die Kathodenreaktion läuft an beiden Kontaktpartnern ab. Als Folge davon ist die Korrosionsstromdichte immer größer als die Elementstromdichte.

Neben der kathodischen Wasserstoffentwicklung ist auch die kathodische Sauerstoffreduktion zu berücksichtigen:

$$\frac{1}{2}\,O_2 + H_2O + 2e^- \rightarrow 2\,OH^-.$$

Bei länger dauernden Experimenten bildet sich bei Kontakt mit der unlegierten Stahlschraube eine Vertiefung im Anodenmaterial an der Kontaktstelle aus, die auf eine ungleichförmige Elementstromverteilung zurückzuführen ist.

Aufgabe 2.5.3 Die Flächenregel bei der Kontaktkorrosion

Die Auswertung der Versuchsergebnisse ist in Tab. A 2.5 vorgenommen.

Tab. A 2.5: Auswertung der Versuchsergebnisse zur Flächenregel

Kathodenfläche	gemittelte Elementstromdichten	Massenverluste aus		Massenverlust Eigenkorrosion
		Elementstrom	Wägung	
cm^2	$mA\ cm^{-2}$	$g\ m^{-2}$		$g\ m^{-2}$
2	0,6	2,4	4,8	2,4
5	1,5	6,0	8,6	2,6
10	3,0	12	14,5	2,5
20	5,2	21	23,0	2,0
30	7,2	29	31,5	2,5
	freie Korrosion des Zinks		2,3	
	Massenverlust der Kupferkathode		0	

Die flächenbezogenen Massenverluste von Zink und die durch den Elementstrom bewirkten Massenverluste in Abhängigkeit von der Kathodenfläche sind in Abb. A 2.13 dargestellt. Massenverluste und Kathodenfläche sind einander fast proportional. Damit ist für das gegebene Korrosionssystem die Flächenregel weitgehend erfüllt. Im Grenzfall einer Kathodenfläche A = O herrscht an der Zinkelektrode eine geringe Eigenkorrosion. Dadurch werden die Massenverluste aus dem Elementstrom um einen konstanten Anteil der Eigenkorrosion erhöht.

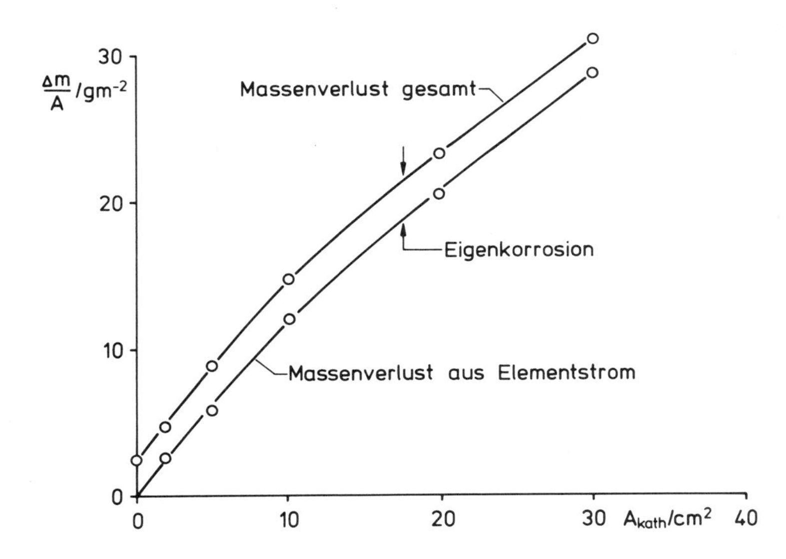

Abb. A 2.13: Gemessene flächenbezogene Massenverluste und aus dem Elementstrom errechnete Massenverluste in Abhängigkeit von der Kathodenfläche

Die angenäherte Proportionalität zwischen Massenverlust und Kathodenfläche setzt eine geschwindigkeitsbestimmende kathodische Sauerstoffreduktion voraus. Abweichungen von dieser Proportionalität bei größeren Elementstromdichten können auf eine zunehmende anodische Polarisation der Zinkelektrode zurückgeführt werden. Hierdurch wird neben der kathodischen Sauerstoffreduktion ein weiterer Prozess, nämlich die Zinkauflösung, geschwindigkeitsbeeinflussend.

Die Variation des Abstandes der Elektroden führt zu keiner Änderung des Elementstromes. Hieraus folgt, daß bei der gegebenen Geometrie weder der ohmsche Widerstand der Elektrolytlösung noch die Stromverteilung eine Rolle spielen. In vielen praktischen Fällen hat jedoch die Geometrie des Elementes und der Widerstand der Elektrolytlösung durchaus einen Einfluß. Dann gilt die Flächenregel nur noch qualitativ.

Aufgabe 2.5.4 Elementbildung durch Teilabdeckung von unlegiertem Stahl durch Beton

Die Versuchsergebnisse sind in Tab. A 2.6 zusammengestellt. Da die Meßergebnisse teilweise erheblich streuen, sind nur Streubereiche sowie Tendenzen der Freien Korrosionspotentiale und Elementströme angegeben.

Tab. A 2.6: Meßergebnisse zur Elementbildung von Stahl in Beton

Probe	voll eingetaucht		halb eingetaucht	
	Freies Korrosionspotential U_H/mV	Elementstrom I/μA	Freies Korrosionspotential U_H/mV	Elementstrom I/μA
A	-350 bis -390	-	-220 bis -180	-
B	-840	-	-660	-
C	-430	-	-430	-
A'/C'	-	10	-	400

Erklärung: A unlegierter Stahl in Beton
B schmelztauchverzinkter Stahl in Beton
C unlegierter Stahl ohne Beton

Beton ist porös und somit durchlässig für Gase (Luft) und Elektrolytlösungen, wobei der Stoffaustausch mit der Atmosphäre und dem Medium stark behindert ist. Während der mit Beton abgedeckte Stahl im voll eingetauchten Zustand ein ähnliches Freies Korrosionspotential wie der nicht abgedeckte Stahl aufweist, und der Elementstrom recht klein ist, weist die halb eingetauchte Probe ein rd. 200 mV positiveres Freies Korrosionspotential auf. Der Elementstrom ist dementsprechend größer, wobei die nicht abgedeckte Probe Anode des Korrosionselementes ist. Die Freien Korrosionspotentiale der verzinkten und mit Beton abgedeckten Proben sind stark negativ, so daß der nicht abgedeckte Stahl bei metallenem Kontakt kathodisch geschützt wird.

Das unterschiedliche Verhalten der voll und halb eingetauchten Proben ist auf Unterschiede im Sauerstoffzutritt zur abgedeckten Metalloberfläche zurückzuführen. Bei den voll eingetauchten Proben ist der Sauerstoffzutritt stark behindert. Deshalb sind die Freien Korrosionspotentiale dieser Proben negativer als die der halb eingetauchten Proben. Bei den halb eingetauchten Proben erfolgt die Sauerstoffreduktion bevorzugt an der Dreiphasengrenze Stahl/Medium/Luft im Beton.

Erhöhte Korrosionsgefährdung für nicht geschützten unlegierten Stahl besteht bei metallenem Kontakt mit Beton abgedecktem Stahl besonders dann, wenn dieser nur teilweise in Elektrolytlösungen (Erdböden, Meerwasser) eintaucht. Diese Korrosionsgefährdung durch Elementbildung kann durch Verwenden von verzinktem Stahl, z.B. für Stahlbetonfundamente, vermieden werden.

Die Größe des Elementstromes und damit die Korrosionsgefährdung ist stark vom Flächenverhältnis Kathode/Anode abhängig, vgl. Aufg. 2.5.3.

Aufgabe 2.6.1 Prüfung nichtrostender Stähle auf Beständigkeit gegen interkristalline Korrosion
Kupfersulfat-Schwefelsäure-Verfahren (Strauß-Test)

Der unstabilisierte Werkstoff 1.4301 erleidet im lösungsgegühten Zustand keine interkristalline Korrosion (IK), dagegen aber nach einer Glühung von 8 h bei 650°C.

Der mit Titan stabilisierte Werkstoff 1.4541 ist sowohl nach dem Lösungsglühen als auch nach einer Glühung von 8 h bei 650°C beständig. Wesentlich längere Glühzeiten bei 650°C würden aber auch Anfälligkeit gegen interkristalline Korrosion bewirken.

Die Stabilisierung des Werkstoffs 1.4541 mit Titan bewirkt, daß auch nach dem Schweißen keine IK-Anfälligkeit im Strauß-Test im Bereich der Schweißnaht und Wärmeeinflußzone vorliegt. Das Lösen der Titancarbide infolge der hohen Temperatur unmittelbar neben der Schweiße bewirkt jedoch nach längerer Glühung um 650°C eine IK-Anfälligkeit in einer schmalen Zone unmittelbar neben der Schweißnaht (Messerschnittkorrosion). Sie kann durch eine Wärmebehandlung von 1 bis 3 h bei 925°C beseitigt werden.

Ein Beispiel eines typischen interkristallinen Angriffs bei diesem Prüfverfahren zeigt Abb. A 2.14.

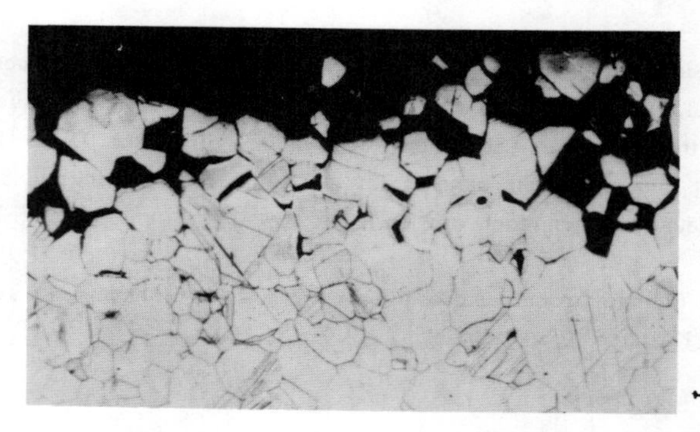

Abb. A 2.14: Interkristalliner Angriff von Werkstoff 1.4301 im Strauß-Test nach einer Sensibilisierungsglühung von 8 h bei 650°C

Aufgabe 2.6.2 Prüfung nichtrostender austenitischer Stähle auf Beständigkeit gegen örtliche Korrosion in stark oxidierenden Säuren (Prüfung nach Huey)

Den Einfluß der Wärmebehandlung und der Prüfbedingungen (2 Proben im gleichen Medium) auf die mittlere integrale flächenbezogene Massenverlustrate und ihre Zeitabhängigkeit zeigt Abb. A 2.15.

Aus dieser Abb. folgt:

- Im lösungsgeglühten Zustand ist die Massenverlustrate vergleichsweise gering (Kurve A).
- Eine Sensibilisierungsglühung von 8 h bei 650°C erhöht die Massenverlustrate erheblich (Kurve B).
- Die gleichzeitige Prüfung einer beständigen und einer weniger beständigen Probe in derselben Prüflösung bewirkt eine starke Stimulation der Korrosionsgeschwindigkeit beider Proben durch die gelösten Korrosionsprodukte (Kurven C und D). Der Vorteil einer günstigen Wärmebehandlung (Lösungsglühen) geht dadurch verloren (vgl. Kurve A).

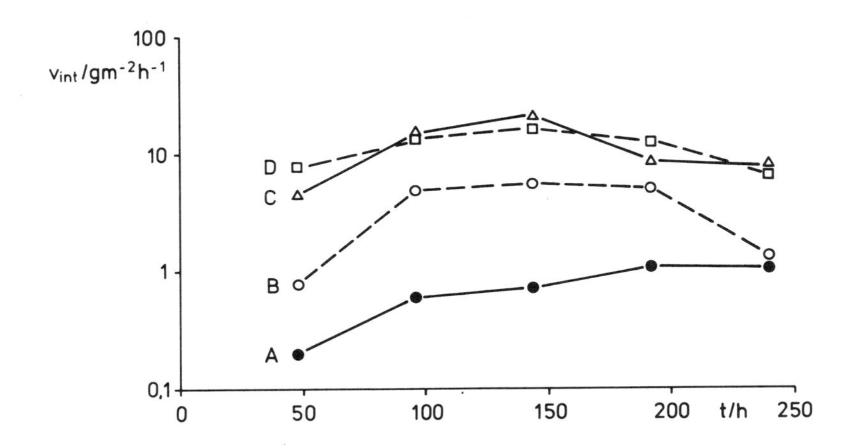

Abb. A 2.15: Integrale flächenbezogene Massenverlustrate von Werkstoff 1.4541 im Huey-Test als Funktion der Zeit

A lösungsgeglüht } geprüft in separaten Gefäßen
B lösungsgeglüht + 8 h 650°C/Luft

C wie A } gemeinsam in einem Gefäß geprüft
D wie B

Das Redoxpotential dieser Prüflösung ist nicht so stabil wie das der Kupfersulfat-Schwefelsäure-Lösung in Aufg. 2.6.1, es ist jedoch wesentlich positiver. Deshalb liefern beide Tests auch unterschiedliche Ergebnisse. Anreicherungen von Metallionen höherer Wertigkeit führen zu höheren Redoxpotentialen und damit zu höheren Massenverlustraten.

Aufgabe 2.7.1 Wasserstoffversprödung eines unlegierten Stahls

Die unterschiedlichen Kraft-Verlängerung-Diagramme für die vier Werkstoffzustände sind zusammen mit den Bildern von zwei gebrochenen Flachproben in Abb. A 2.16 a-d gezeigt.

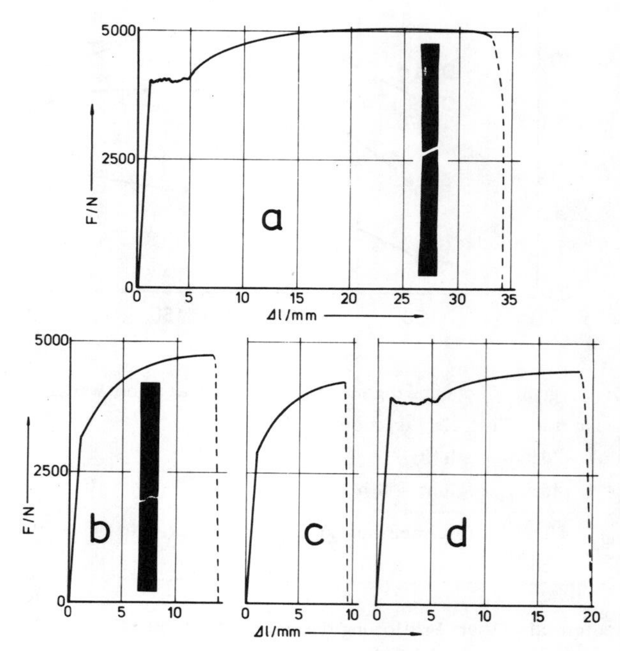

Abb. A 2.16: Kraft-Verlängerung-Diagramme bei unterschiedlicher Wasserstoffbeladung

Im Ausgangszustand weist die unlegierte Stahlprobe eine ausgeprägte obere und untere Streckgrenze sowie eine hohe plastische Verformung auf (Abb. A 2.16 a). Daraus resultiert eine hohe Arbeitsaufnahme bis zum Bruch (Fläche unter der F-ΔL-Kurve). Die gebrochene Probe zeigt deutlich eine Einschnürung über ihre gesamte Länge. Im Zentrum der Einschnürung bilden sich durch den mehrachsigen Spannungszustand Scherbänder im Winkel von etwa 45° zur Beanspruchungsrichtung, die schließlich den endgültigen Bruch verursachen (Abb. A 2.16 a).

Bereits nach einer 2-stündigen Beladung mit Wasserstoff ist keine ausgeprägte Streckgrenze mehr erkennbar, der Bereich linearer Elastizität ist verringert (Abb. A 2.16 b). Die Gesamtverlängerung sinkt um etwa 60% gegenüber dem Ausgangszustand. Die plastische Verformung der Probe konzentriert sich zunehmend auf den Bruchbereich. Der Bruch erfolgt fast ohne Scherung senkrecht zur Beanspruchungsrichtung (Abb. A 2.16 b).

Die nach 2 h Beladungszeit beschriebenen Veränderungen treten nach 4-stündiger Beladung verstärkt auf.

Die Auslagerung der über 4 h beladenen Probe während 1 h bei 200°C bewirkt ein Ausdiffundieren des Wasserstoffs. Dadurch ergibt sich wieder ein größerer Bereich linearer Elastizität, es bildet sich erneut eine Streckgrenze aus und die Gesamtverlängerung erreicht einen Wert von etwa 60% des Ausgangszustands (Abb. A 2.16 d). Die Gesamtverlängerung des Ausgangszustands wird jedoch nicht erreicht, weil einerseits der Korrosionsangriff zu einer Aufrauhung der Oberfläche führt (Kerbeinwirkung von außen) und andererseits die starke Wasserstoffbeladung innere Rißbildung (HIC) bewirkt (Kerbwirkung von innen).

Aufgabe 2.7.2 Wasserstoffpermeation durch einen unlegierten Stahl und ihre Stimulation durch Schwefelwasserstoff

Einen typischen zeitlichen Verlauf der anodischen Stromdichte in der mit NaOH gefüllten Zelle zeigt Abb. A 2.17. Ist die andere Zelle nicht mit Säure gefüllt, so fällt nach Beginn der potentiostatischen Messung der Strom ab, weil sich eine Passivschicht auf der Oberfläche des Stahlbleches ausbildet. Nach Einfüllen der Säure steigt der Strom bis zum Erreichen eines Grenzwertes an. Zugabe von K_2S zur Salzsäure läßt den Strom erneut ansteigen.

Das aus dem Permeationsstrom errechnete Wasserstoffvolumen, das pro Zeit und Flächeneinheit durch das Blech permeiert, ist ebenfalls aus Abb. A 2.17 ersichtlich (rechte Ordinate).

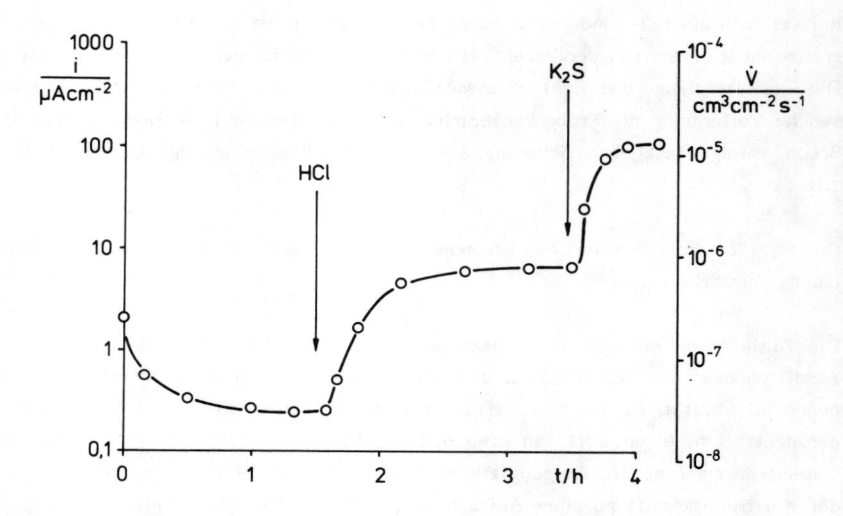

Abb. A 2.17: Permeationsstromdichte und das diesem proportionale pro Zeiteinheit permeierende Wasserstoffvolumen als Funktion der Zeit

Es ist noch nicht geklärt, ob H_2S die chemische oder elektrochemische Rekombination nach dem Tafel- oder Heyrovsky-Mechanismus hemmt oder die Entwicklung von H-Atomen nach der Volmer-Reaktion beschleunigt. In jedem Fall steigt die Konzentration der adsorbierten Wasserstoffatome. Wegen des Gleichgewichts zwischen den an der Oberfläche adsorbierten und den im Stahl gelösten H-Atomen steigt demgemäß bei Schwefelwasserstoffzugabe der Permeationsstrom an.

Aufgabe 3.1.1 Spannungsrißkorrosion nichtrostender austenitischer CrNi-Stähle in siedender $MgCl_2$-Lösung

Der austenitische Werkstoff 1.4301 erleidet Spannungsrißkorrosion mit überwiegend transkristallinem Rißverlauf, Abb. A 3.1. Der ferritische Werkstoff 1.4510 erleidet keine Spannungsrißkorrosion aber Lochkorrosion. Der austenitische Werkstoff 1.4876 (Incoloy 800) mit gegenüber 1.4301 erhöhtem Ni-Gehalt erleidet weder Spannungsriß- noch Lochkorrosion.

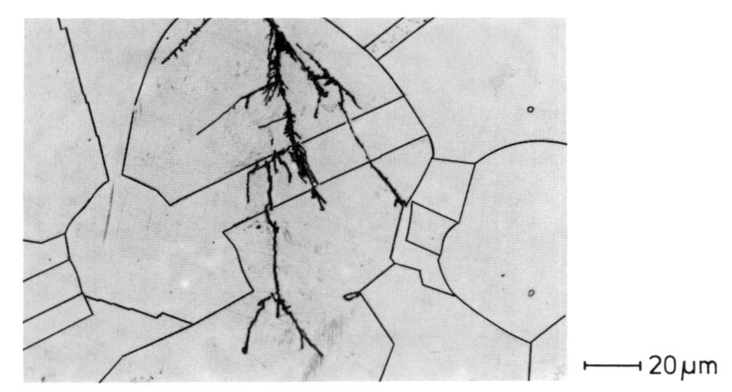

Abb. A 3.1: Transkristalliner Rißverlauf in Werkstoff 1.4301 nach Prüfung in siedender $MgCl_2$-Lösung

Aufgabe 3.1.2 Spannungsrißkorrosion eines nichtrostenden austenitischen CrNi-Stahles Versuch unter konstanter Last

Den typischen Verlauf der Strom-Zeit-Kurve gibt Abbildung A 3.2 wieder. Während des Aufheizens unter dem im kathodischen Schutzbereich liegenden Potential U_H = -245 mV fließt ein kathodischer Strom (Bereich 1). Nach dem Umschalten auf das Arbeitspotential von U_H = -90 mV stellt sich ein anodischer Strom ein, der nach etwa 15 Minuten auf einen konstanten Wert abfällt (Bereich 2).

Durch das Aufbringen der mechanischen Belastung verlängert sich die Probe. Wegen der hohen Kriechgeschwindigkeit zu Belastungsbeginn wird die intakte Passivschicht aufgerissen. Da das Arbeitspotential im Passivbereich liegt, heilen die Risse wieder aus. Diese Rißausheilung verursacht den Anstieg des anodischen Summenstroms nach Belastungsbeginn (Bereich 3). Abbildung A 3.3 zeigt die Verlängerung der Probe über der Zeit (Kriechkurve). Die Steigung der Kurve gibt die momentane Kriechgeschwindigkeit wieder.

Da im weiteren Verlauf des Versuchs die Kriechgeschwindigkeit zunächst abnimmt, wird weniger frische Oberfläche pro Zeiteinheit gebildet, die passiviert werden muß. Deshalb fällt der Summenstrom (Bereich 4 in Abb. A 3.2) ab.

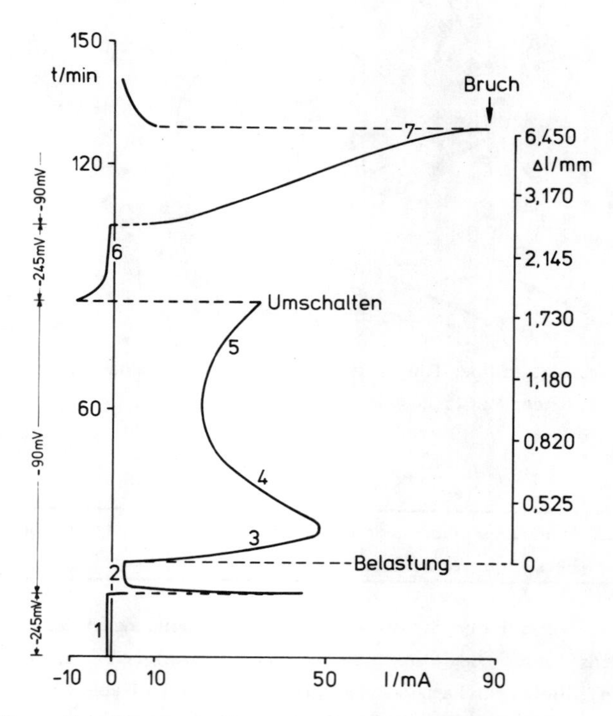

Abb. A 3.2: Strom-Zeit-Kurve mit Zuordnung der Probenverlängerung

Durch im Grundwerkstoff einsetzende Rißbildung verringert sich der Probenquerschnitt. Wegen der konstanten äußeren Belastung erhöht sich die Beanspruchung für den Restquerschnitt. Dies führt zu einem Anstieg der Kriechgeschwindigkeit, und es werden jetzt zunehmend neue Oberflächen (Rißflanken) im Grundwerkstoff gebildet. Der Summenstrom steigt folglich wieder an (Bereich 5). Wird keine Änderung der Korrosionsbedingungen vorgenommen, bricht die Probe in Kürze.

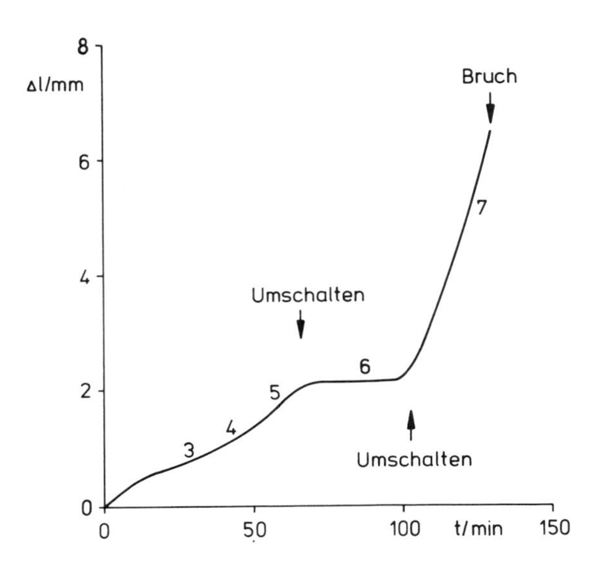

Abb. A 3.3: Probenverlängerung über der Zeit

Um dies zu vermeiden, wird das Potential auf U_H = -245 mV abgesenkt. Durch dieses im kathodischen Schutzbereich liegende Potential (kathodischer Strom, Bereich 6) werden Rißbildung und -wachstum gestoppt. Die Probe kriecht nur noch sehr langsam und würde erst nach langer Zeit brechen. Durch erneutes Umschalten auf das Arbeitspotential von U_H = -90 mV werden die oben für den Bereich 5 beschriebenen Mechanismen wieder wirksam. Die Probe verlängert sich sehr schnell unter starkem Rißfortschritt (Bereich 7) und bricht.

Die Risse in der Probe sind senkrecht zur Belastungsrichtung angeordnet. Durch einen metallographischen Schliff (axial) wird transkristalliner Rißverlauf nachgewiesen.

Aufgabe 3.1.3	Prüfung von unlegierten und niedriglegierten Stählen auf Beständigkeit gegen interkristalline Spannungsrißkorrosion

Das Verhalten des hier untersuchten Stahls St 37 ist von der Wärmebehandlung abhängig. Nach Glühen von 30 min 700°C/Luft wird keine Anfälligkeit für interkristalline Spannungsrißkorrosion beobachtet, dagegen tritt sie nach 30 min 600°C/Luft auf.

Aufgabe 3.1.4	Spannungsrißkorrosion eines ferritisch-perlitischen unlegierten Baustahls Versuch mit konstanter Dehngeschwindigkeit

Durch Vermessen der gebrochenen Proben mit der Schieblehre werden die Werte für die Bruchdehnung A und die Brucheinschnürung Z nach den Gleichungen

$$A = \frac{L_u - L_o}{L_o}$$

mit L_u Meßlänge nach dem Bruch
L_o Anfangsmeßlänge

$$Z = \frac{S_o - S_u}{S_o}$$

mit S_o Anfangsquerschnitt
S_u kleinster Querschnitt nach dem Bruch

erhalten.

Für die in Glyzerin untersuchte Probe ergibt sich:

$A = 25\%$ $\qquad Z = 58\%$

Die Werte der in der Nitratlösung untersuchten Probe sind:

$A = 5\%$ $\qquad Z = 3\%$

Den Verlauf der beiden Kraft-Zeit-Kurven zeigt Abbildung A 3.4. Aus der konstanten Abzugsgeschwindigkeit V_A und der Zeit t wird näherungsweise die jeweilige Verlängerung nach der Gleichung

$$L = V_A \cdot t$$

bestimmt und als weitere Abszisse in Abbildung A 3.4 eingezeichnet.

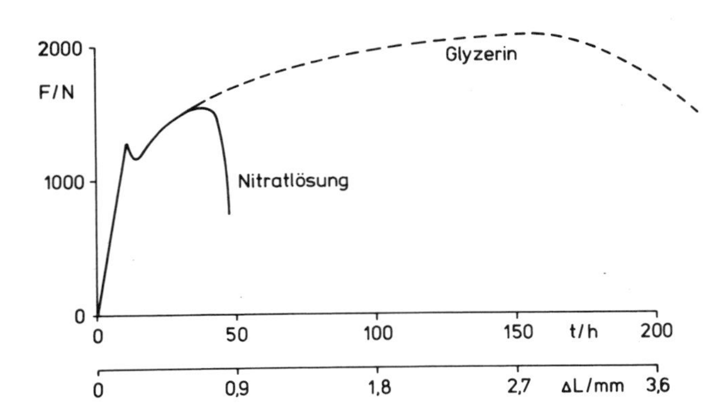

Abb. A 3.4: Kraft-Zeit- bzw. Kraft-Verlängerung-Kurven für zwei Medien

Die Verformungsarbeit W als Fläche unter der Kraft-Verlängerung-Kurve wird bestimmt nach der Gleichung

$$W = \frac{1}{S_o \cdot L_o} \cdot \int_{L_o}^{L} F \, dL$$

Das Verhältnis der Verformungsarbeiten von Kesselblech H II bei der Abzugsgeschwindigkeit $V_A = 5 \cdot 10^{-6}$ mm s^{-1} hat den Wert

$$\frac{W_{Nitratlösung}}{W_{Glyzerin}} = 0{,}15$$

Liegt der Wert nahe bei 1, ist das Werkstoff/Medium-System unempfindlich gegenüber SpRK. Das vorliegende System mit dem kleinen Quotienten ist dagegen stark SpRK-empfindlich.

Eine Wiederholung der Versuche mit höheren Abzugsgeschwindigkeiten führt zu Werten des Quotienten, die höher liegen als der hier ermittelte Wert von 0,15. Durch die kürzer werdenden Versuchszeiten können die zur SpRK führenden Vorgänge nicht mehr voll wirksam werden, und die Probe kann sich zunehmend duktil verformen.

Aufgabe 3.1.5 Interkristalline Spannungsrißkorrosion von nichtrostendem Stahl durch flüssiges Zink

Die Rißausbreitungsgeschwindigkeit ist wegen der hohen Temperatur sehr groß. Der Rißverlauf ist interkristallin.

Aufgabe 3.1.6 Prüfung von Kupferlegierungen Spannungsrißkorrosionsversuch mit Ammoniak

Sowohl die kaltverformten als auch die angelassenen Proben weisen Risse auf. Die Rißhäufigkeit ist jedoch bei den angelassenen Proben geringer, weil die Eigenspannungen zwar weitgehend aber nicht vollständig abgebaut wurden. Metallographische Schliffe zeigen einen transkristallinen Rißverlauf.

Aufgabe 3.1.7 Prüfung von Kupferlegierungen Quecksilbernitratversuch

Die kaltverformten Proben weisen starke klaffende Risse in Rohrlängsrichtung auf. Die angelassenen Proben sind frei von Rissen, weil die Eigenspannungen durch die Wärmebehandlung unter einen für dieses Medium kritischen Wert abgesenkt wurden. Der Rißverlauf ist interkristallin.

Aufgabe 3.2.1 Schwingungsrißkorrosion (Korrosionsermüdung) eines nichtrostenden austenitischen CrNi-Stahls

Die aus dem Biegewechselversuch am Werkstoff Nr. 1.4571 erhaltenen Wöhler-Kurven sind in Abb. A 3.5 dargestellt.

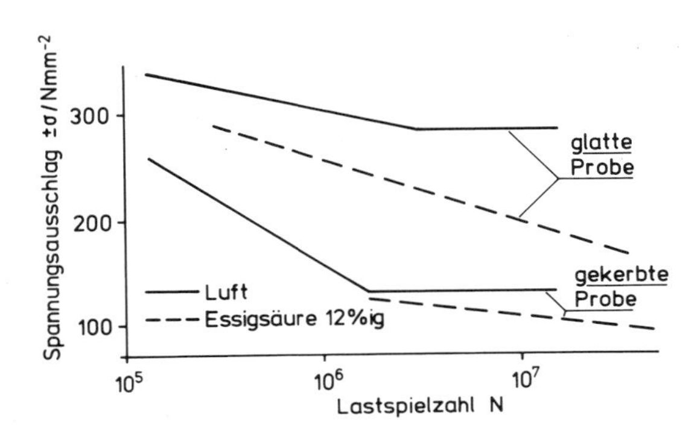

Abb. A 3.5: Wöhler-Kurven für ungekerbte und gekerbte Proben aus Werkstoff 1.4571 bei Raumtemperatur in Luft und in Essigsäure

Die in Luft geprüften Proben haben je nach Spannungsamplitude einen Zeitfestigkeits- und einen Dauerfestigkeitsbereich. Im ungekerbten Zustand beträgt der Grenzwert der Dauerfestigkeit $\pm\sigma_a = 285$ N mm^{-2}. Durch die Kerben wird ein ungleichmäßiger mehrachsiger Spannungszustand erzeugt. Dadurch sinkt der Grenzwert der Dauerfestigkeit auf $\pm\sigma_a = 130$ N mm^{-2} ab.

In Gegenwart von 12% Essigsäure gibt es keinen Dauerfestigkeitsbereich mehr. Der ertragbare Spannungsausschlag sinkt auch bei sehr hohen Lastspielzahlen in halblogarithmischer Darstellung linear ab. So beträgt beispielsweise für die gekerbte Probe die Korrosionsschwingfestigkeit (Zeitfestigkeit) nach 50 Millionen Lastspielen nur noch 80 N mm^{-2}.

Die gebrochenen Proben haben nur wenige Anrisse. Es handelt sich um Schwingungsrißkorrosion im passiven Zustand. Nach Aufreißen der Passivschicht wächst der dort entstandene Anriß im Wechselspiel zwischen Repassivierung und erneutem Aufreißen in den Werkstoff hinein und führt schließlich zum Bruch.

Aufgabe 4.1.1 Oxidation von Kupfer bei 850°C in Luft

Das Quadrat der flächenbezogenen Massenzunahme als Funktion der Zeit zeigt Abb. A 4.1.

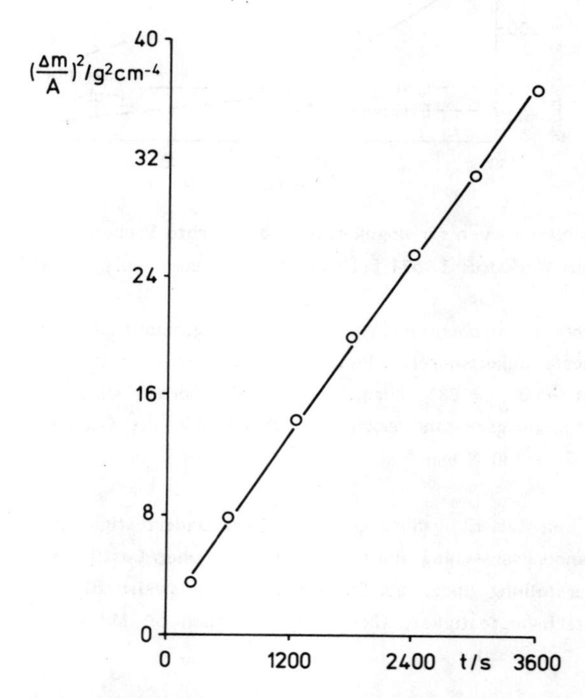

Abb. A 4.1: Quadrat der flächenbezogenen Massenzunahme als Funktion der Zeit; Oxidation von Kupfer bei 850°C in Luft

Aus dem Anstieg der Aufgleichsgeraden errechnet sich die parabolische Zunderkonstante zu

$$k'' \approx 1 \cdot 10^{-8} \quad g^2cm^{-4}s^{-1}$$

Bei der Abschätzung des Dickenverlusts des Kupfers ist zu beachten, daß bei der Bestimmung der Massenzunahme nur die aufgenommene Sauerstoffmenge gemessen wird, aber nicht das Gewicht des Kupferoxids. Die Annahme, das Korrosionsprodukt bestehe nur aus Cu_2O, entspricht weitgehend der Realität.

Die aufgenommene flächenbezogene Sauerstoffmenge $\Delta m_O/A$ zur Zeit t ergibt sich nach dem parabolischen Zeitgesetz zu

$$\left(\frac{\Delta m_O}{A}\right)^2 = k'' t \qquad (A4.1)$$

Für das Verhältnis der Massen von Sauerstoff und Kupfer im Cu_2O gilt

$$\Delta m_{Cu} = \Delta m_O \frac{2M_{Cu}}{M_O} \qquad (A4.2)$$

mit M_{Cu} = molare Masse des Kupfers und M_O = molare Masse des Sauerstoffs. Δm_{Cu} ist gleich der Masse des oxidierten Kupfers. Aus den Gl. (A4.1) und (A4.2) folgt

$$\left(\frac{\Delta m_{Cu}}{A}\right)^2 = \left(\frac{2M_{Cu}}{M_O}\right)^2 k'' t \qquad (A4.3)$$

Für die Schichtdicke X_{Cu} des oxidischen Kupfers gilt

$$X_{Cu} = \frac{\Delta m_{Cu}}{A \cdot \rho_{Cu}} \qquad (A4.4)$$

mit ρ_{Cu} = Dichte des Kupfers. Aus den Gl. (A4.3) und (A4.4) folgt schließlich

$$X_{Cu} = \frac{2M_{Cu}}{M_O \cdot \rho_{Cu}} \left(k'' t\right)^{1/2} \qquad (A4.5)$$

Mit
M_{Cu} = 63,54
M_O = 16
k'' = $1 \cdot 10^{-8}\ g^2 cm^{-4} s^{-1}$
ρ_{Cu} = $8{,}96\ g\ cm^{-3}$
1 d = 86400 s
1 Monat = 30 d = $2{,}592 \cdot 10^6$ s
1 a = 365 d = $31{,}536 \cdot 10^6$ s

folgt aus Gl. (A4.5):

$X_{Cu}(1\ d)$ = 0,026 cm
$x_{Cu}(1\ Monat)$ = 0,14 cm
$X_{Cu}(1\ a)$ = 0,50 cm

Aufgabe 4.1.2 Einfluß von Chrom auf die Oxidation von Stahl in Luft

Die Versuchsergebnisse sind in Tab. A 4.1, unterteilt nach äußerer und innerer Korrosion, zusammengestellt (während des Dechema-Kursus werden außerdem Ergebnisse metallographischer und mikroanalytischer Untersuchungen gezeigt).

Die Ergebnisse lassen sich wie folgt zusammenfassen:

- Steigender Cr-Gehalt des Stahles verbessert die Oxidationsbeständigkeit.

- Der zur Ausbildung einer schützenden Deckschicht benötigte Cr-Gehalt der Legierung ist bei 1000°C deutlich höher als bei 800°C. Während bei 800°C eine Cr_2O_3-reiche Schutzschicht bereits auf dem Stahl 1.4724 mit rd. 13% Cr gebildet wird, sind hierfür bei 1000°C etwa 18% Cr notwendig. Ein noch besseres Verhalten zeigt der Stahl 1.4762 mit rd. 24% Cr. Die Schutzschichtbildung wird durch die erhöhten Al- und Si-Gehalte der Cr-Stähle begünstigt.

- Auf dem Stahl 1.4713 mit rd. 6% Cr bilden sich bei 800°C lokal eisenreiche Zunderausblühungen (Pusteln). Sie entstehen, weil der Chromgehalt des Werkstoffs zur Aufrechterhaltung einer Schutzschicht nicht ausreicht. Diese Pusteln wachsen auch seitlich und zerstören mit der Zeit die Schutzschicht auf der gesamten Probenoberfläche.

- Durch innere Korrosion werden Al_2O_3-Teilchen in der Legierungsrandzone ausgeschieden. Die Tiefe dieser Zone ist bei 1000°C wesentlich größer als bei 800°C. Die innere Korrosion ist besonders ausgeprägt an Proben, die einen eisenreichen, wenig schützenden Zunder bilden.

- Der Stahl St37 erleidet sehr starke gleichmäßige Flächenkorrosion, die bei 1000°C zur vollständigen Oxidation der Probe von 3 mm Ausgangsdicke in weniger als 100 h führt.

Tab. A 4.1: Ergebnisse der visuellen und metallographischen Untersuchungen an den oxidierten Werkstoffen

Temperatur	Werkstoffbezeichnung ST37	1.4713	1.4724	1.4742	1.4762
800 °C	starke gleichmäßige Flächenkorrosion	Muldenkorrosion	geringe gleichmäßige Flächenkorrosion	geringe gleichmäßige Flächenkorrosion	geringe gleichmäßige Flächenkorrosion
	mehrschichtige, innen poröse Deckschicht; Fe-Oxide	dünne Cr_2O_3-reiche Deckschicht, lokal Fe-reiche Pusteln	dünne Cr_2O_3-reiche Deckschicht	dünne Cr_2O_3-reiche Deckschicht	sehr dünne Cr_2O_3-reiche Deckschicht
	keine innere Oxidation	starke innere Oxidation	geringe innere Oxidation	geringe innere Oxidation	lokal geringe innere Oxidation
1000 °C	sehr starke gleichmäßige Flächenkorrosion bis zur Metallaufzehrung	starke gleichmäßige Flächenkorrosion	gleichmäßige Flächenkorrosion	gleichmäßige Flächenkorrosion	geringe gleichmäßige Flächenkorrosion
	mehrschichtige, innen poröse Fe-Oxid-Deckschicht	dicke dreischichtige, innen poröse Fe- und Cr-reiche Deckschicht	dreischichtige, innen poröse Fe- und Cr-reiche Deckschicht	dünne mehrschichtige Cr_2O_3-reiche Deckschicht	sehr dünne Cr_2O_3-Al_2O_3-Deckschicht
	keine innere Oxidation	starke innere Oxidation	innere Oxidation über den gesamten Metallkern	schmaler Saum mit starker innerer Oxidation	lokal geringe innere Oxidation

Aufgabe 4.1.3 Katastrophale Oxidation von Kupfer in Gegenwart von V_2O_5

Während V_2O_5 bei der Versuchstemperatur von 620°C nicht schmilzt sondern nur etwas sintert, bildet sich um die Cu-Probe eine eutektische Schmelze aus V_2O_5 und den Kupferoxiden CuO und Cu_2O, die auch noch nach dem Erstarren an ihrer blauschwarzen Farbe zu erkennen ist. Wird diese Schlacke von der Probenoberfläche entfernt, so wird das starke Ausmaß der Muldenkorrosion der Kupferprobe im Bereich des Kontaktes mit V_2O_5 sichtbar. Der oberhalb des V_2O_5 befindliche Teil des Kupfers hat sich nur mit einer dünnen schwarzen Kupferoxidschicht bedeckt.

Aufgabe 5.1.1 Nachweis von Eigenspannungen in Thermoplasten Chromsäuretest

Eigenspannungsarme Proben zeigen keine Spannungsrißkorrosion sondern nur geringfügigen, gleichmäßigen Flächenabtrag. Der physikalisch-chemische Angriff durch die Chromsäure bei erhöhter Temperatur erfolgt bevorzugt an Stellen höherer innerer mechanischer Spannungen. Durch die Außenabkühlung bei der Rohrherstellung entstehen an der Innenwand sowohl tangentiale als auch axiale Zugeigenspannungen. Da die tangentialen Eigenspannungen größer sind als die axialen, treten zuerst Längsrisse an der Rohrinnenwand auf.

Von außen mechanisch wenig belastete Konstruktionsteile können dennoch durch Eigenspannungen aus der Herstellung und Weiterverarbeitung gefährdet sein. Dies gilt besonders für Schweißzonen, die beträchtliche Eigenspannungen aufweisen können.

Aufgabe 5.1.2 Spannungsrißbildung an amorphen Thermoplasten Einfluß von Werkstoffstruktur und Vorbelastung

Zu Teilaufgabe a)

Die quer zur Extrusionsrichtung entnommene Probe bricht nach etwa 15 Sekunden, die längs entnommene hat ungefähr die doppelte Standzeit.

Beim Extrudieren werden die langen Molekülketten überwiegend in Extrusionsrichtung ausgerichtet, wodurch in dieser Richtung kovalente Bindungskräfte bevorzugt wirken. Dadurch ergibt sich für eine Beanspruchung in dieser Richtung eine höhere Festigkeit. In Querrichtung wird die Festigkeit mehr durch zwischenmolekulare Bindungskräfte bestimmt. Deshalb ist hier die Festigkeit und der Widerstand gegen eindringendes Medium herabgesetzt. Folglich wachsen bei Belastung quer zur Extrusionsrichtung die Risse von der zugbeanspruchten Seite schneller in den Werkstoff hinein und sind auch größer.

Zu Teilaufgabe b)

Probe 1 weist vor dem Benetzen mit Ethanol durch die 5-tägige Biegebelastung an Luft viele sehr kleine Spannungsrisse auf. Nach dem Benetzen mit Ethanol hat sie dennoch eine Standzeit von etwa 40 Sekunden (verglichen mit etwa 30 s unter a)). Bei Probe 2 wird auch nach einstündiger Benetzung weder Rißbildung noch Bruch registriert.

Ursache für die längeren Standzeiten ist in beiden Fällen die mit der Zeit zunehmende Relaxation (Spannungsabbau) der Proben bei konstanter Biegung. Obwohl Probe 1 durch die Biegebelastung an Luft bereits vorgeschädigt ist, hat sich das Spannungsniveau so erniedrigt, daß der Bruch nach Benetzen mit Ethanol erst nach ~ 40 s eintritt. Durch die Warmlagerung über eine Stunde bei Probe 2 wird der Spannungsabbau so verstärkt, daß das verbleibende Spannungsniveau keine Schädigung mehr verursacht.

Aufgabe 5.1.3 Spannungsrißbildung an amorphen Thermoplasten
Ermittlung der Grenzspannung

Für die Medien Ethanol und 50% Essigsäure sind die mittleren rißfreien Längen L' sowie die daraus ermittelten Korrosionsgrenzspannungen σ_{bG} in Tab. A 5.1. zusammengestellt.

Tab. A 5.1: Mittlere rißfreie Längen und Korrosionsgrenzspannungen

Belastung/N	Ethanol		50% Essigsäure	
	L'/mm	σ_{bG}/N mm^{-2}	L'/mm	σ_{bG}/N mm^{-2}
20	200	-	200	-
30	184	6,61	160	5,76
40	154	7,38	111	5,32
50	124	7,43	99	5,94
60	99	7,12	vorzeit. Bruch	-

Bei einstündiger Einwirkung von Ethanol ist das untersuchte PMMA bis zu Biegespannungen von etwa 7 N mm^{-2} einsetzbar. Unter gleichen Bedingungen ist das Material in 50% Essigsäure nur bis zu Spannungen von etwa 5,6 N mm^{-2} beständig.

Die aus solchen Untersuchungen gewonnenen Grenzspannungen erlauben einen Eignungsvergleich unterschiedlicher Produkte und geben Auskunft über den begrenzt möglichen Einsatz eines Thermoplasten in Medien bei bestimmten Spannungen und Zeiten.

Aufgabe 5.1.4 Spannungsrißbildung an geschweißten und ungeschweißten Thermoplasten
Kugel- und Stifteindrückverfahren

Methode A

Die Risse sind als Aufhellungen erkennbar und verlaufen radial zur Lochachse, teilweise bis zur Probenlängskante. Die Werte der Rißbildungsgrenze beim Stifteindrückversuch sind:

ungeschweißt	0,10 mm Übermaß
heizelementstumpfgeschweißt	0,10 mm Übermaß
warmgasgeschweißt	0,08 mm Übermaß

Schweißnähte sind Schwachstellen im Gefüge mit Eigenspannungen aus dem Abkühlprozess, die zu erhöhter Spannungsrißbildung neigen. Wegen der kurzen Versuchszeit von 1 h und der groben Deformationsstufung wird für die heizelementstumpfgeschweißten Proben kein Unterschied zu den ungeschweißten Proben erkennbar. Hier wären Prüfungen von mehreren Tagen bei feinerer Abstufung notwendig oder eine Prüfung nach Methode B. Die Warmgasschweißnaht verhält sich ungünstiger als die Heizelementnaht und zeigt in der vorgegebenen Prüfzeit einen geringeren Rißbildungsgrenzwert.

Beim Stifteindrückversuch und einstündiger Lagerung in Luft tritt selbst bei 0,6 mm Übermaß keine Rißbildung auf. Die Probe in der Umgebung des Loches ist hier bereits stark plastisch verformt.

Der Rißbildungsgrenzwert der ungeschweißten Proben in Methanol ist

beim Stifteindrückversuch 0,10 mm
beim Kugeleindrückversuch 0,40 mm.

Bei den eingedrückten Stiften ist die Deformation der Probe über die ganze Bohrung gleich. Bei den eingedrückten Kugeln ist an deren Äquator die Deformation am größten. Deshalb erfordern Kugeln insbesondere bei zähen Thermoplasten ein größeres Übermaß für eine Rißbildung.

Methode B

Nach einstündiger Lagerung treten bei den kleinen Kugelübermaßen keine Risse auf. Abbildung A 5.1 zeigt jedoch eine Verringerung der Zugfestigkeiten der eingelagerten, deformierten Proben und somit eine Schädigung durch das Medium.

Bei Fehlen von sichtbaren Rissen wird entsprechend der Norm eine Schadensgrenze vereinbart, bei der sich eine Verringerung der Zugfestigkeit R_m von 5% gegenüber der Zugfestigkeit R_{m_o} der Deformationsstufe 0 ergibt. Das Kugelübermaß für diese Schadensgrenze wird aus Abb. A 5.1 ermittelt und beträgt 0,15 mm. Bei kleinen Kugelübermaßen wird der Kunststoff also durch Mikrorisse geschädigt, die mit der Lupe nicht erkennbar sind, aber bereits eine Verschlechterung der mechanischen Eigenschaften bewirken.

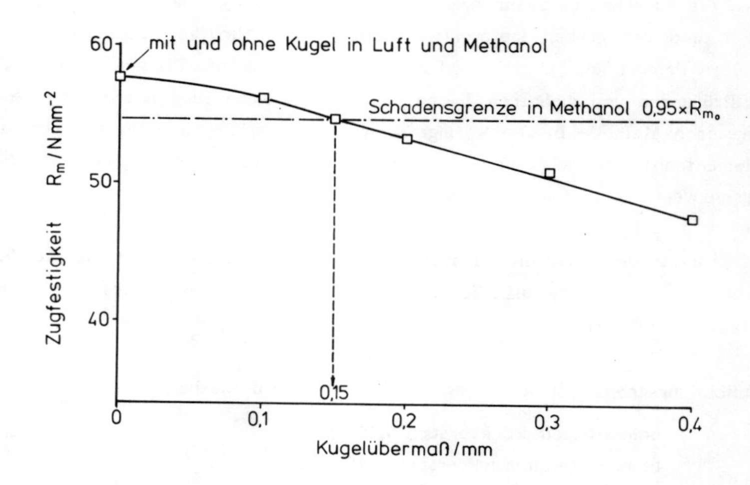

Abb. A 5.1: Abnahme der Zugfestigkeit von PVC nach Einlagerung in Methanol in Abhängigkeit vom Kugelübermaß

Aufgabe 6.1.1 Kathodischer Schutz durch galvanische Anoden

Teilaufgabe a)

Die Strom-Zeit- und Potential-Zeit-Kurven sind in Abb. A 6.1 dargestellt. Mit zunehmender Versuchszeit nimmt infolge der kathodischen Polarisation der Stahloberfläche der Strom ab. Diese zunehmende Polarisation macht sich durch eine Potentialverschiebung in kathodischer Richtung bemerkbar. Ursache der zunehmenden kathodischen Polarisation ist in erster Linie die Bildung von OH-Ionen durch Sauerstoffreduktion (Wandalkalität und deren Folgereaktionen: Bildung von $CaCO_3$ und Eisenoxiden).

Die Unterschiede in den Kurven von Zn und Mg sind auf unterschiedliche Elementspannungen zurückzuführen.

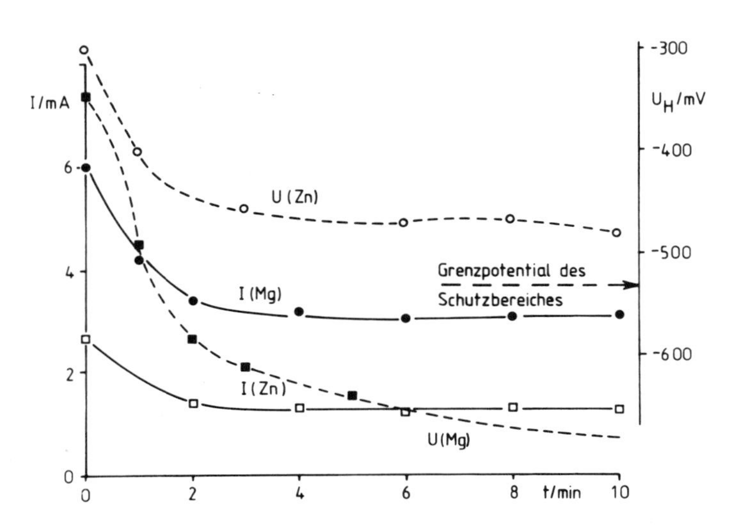

Abb. A 6.1: Strom-Zeit- und Potential-Zeit-Kurven (abgewandtes Ende) von unlegiertem Stahl bei kathodischem Schutz durch Zink und Magnesium

Bei Rührung steigt der Strom von 1,6 auf 3,6 mA (Zn-Anode) bzw. von 3,0 auf 5,0 mA (Mg-Anode) an. Ursache ist der Abbau der kathodischen Wandalkalität.

Die Potentialwerte bei offenem und geschlossenen Stromkreis (nach 10 min Laufzeit) sind wie folgt:

Stromkreis	Stahlprobe U_H/mV		Anode U_H/mV	
	zugewandtes	abgewandtes Ende	Zn	Mg
offen	-280	-280	-756	-1360
geschlossen (Zn)	-630	-480	-691	
geschlossen (Mg)	-960	-680		-1136

Die Potentialwerte bei offenem Stromkreis entsprechen den Freien Korrosionspotentialen von Fe, Zn und Mg in der chloridhaltigen Bodenlösung. Beim Schließen des

Stromkreises werden das Potential der Fe-Elektrode in negativer und die Potentiale der galvanischen Anoden in positiver Richtung verschoben. Die relative Potentialverschiebung ist abhängig vom Polarisationswiderstand der Elektroden, der in folgender Reihe abnimmt:

$$Fe > Mg > Zn$$

Die Potentialunterschiede an dem der Anode zu- und abgewandten Ende der Stahlprobe sind auf die ungleichförmige Stromverteilung längs der Probe zurückzuführen. Dabei ist bei Verwendung einer Zn-Anode das zugewandte Ende geschützt ($U_H < -530$ mV) und das abgewandte Ende ungeschützt ($U_H > -530$ mV). Im Falle der Mg-Anode ist die ganze Probe geschützt.

Teilaufgabe b)

Die Potentialverteilungen an der halbverzinkten Probe sind für zwei Elektrolytleitfähigkeiten in Abb. A 6.2 gezeigt. Bei größerem spez. Elektrolytwiderstand ist die Potentialverteilung wegen der ungünstigeren Stromverteilung ungleichförmiger. Dies hat zur Folge, daß der Schutzbereich in der Lösung mit 10.000 Ω cm kleiner (5 mm) ist als in der Lösung mit 2.000 Ω cm (45 mm).

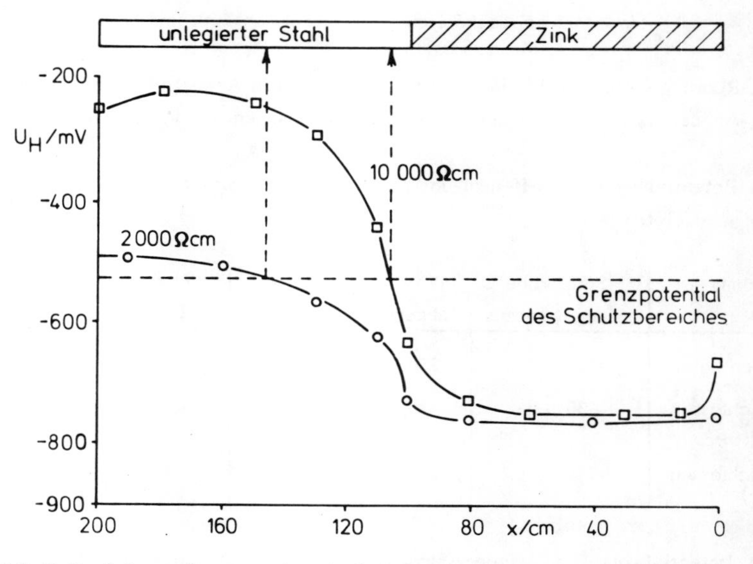

Abb. A 6.2: Potentialverteilung an einer halbverzinkten Stahlprobe bei Elektrolytwiderständen von 10.000 und 2.000 Ω cm

Die ablaufenden Reaktionen sind

an Eisen

$$Fe \longrightarrow Fe^{2+} + 2e^-$$

$$\frac{1}{2} O_2 + H_2O + 2e^- \longrightarrow 2OH^- \quad \text{(überwiegend)}$$

$$Fe^{2+} + 2OH^- \longrightarrow Fe(OH)_2$$

an Zink

$$Zn \longrightarrow Zn^{2+} + 2e^- \quad \text{(überwiegend)}$$

$$\frac{1}{2} O_2 + H_2O + 2e^- \longrightarrow 2OH^-.$$

Aufgabe 6.1.2 Kathodischer Schutz durch Fremdstrom

Teilaufgabe a)

Der Potential-Zeit-Verlauf an dem der Gegenelektrode zu- und abgewandten Probenende ist in Abb. A 6.3 dargestellt. Mit zunehmender Zeit verschiebt sich das Potential in kathodischer Richtung. Ursache ist eine zunehmende Polarisation der Elektroden infolge Bildung von OH-Ionen durch Sauerstoffreduktion (Wandalkalität). Dabei wird das Schutzpotential (U_H = -530 mV) am zugewandten Ende nach ca. 0,5 min, am abgewandten Ende nach ca. 6,5 min überschritten. Der Unterschied im Kurvenverlauf ist eine Folge der ungleichförmigen Strom- und damit Potentialverteilung.

Als Folge der starken kathodischen Polarisation an dem der Gegenelektrode zugewandten Probenende tritt Wasserstoffentwicklung auf (kathodischer Überschutz).

Die ablaufenden Reaktionen sind am der Gegenelektrode zugewandten Ende der Stahlprobe

$$H_2O + e^- \longrightarrow \frac{1}{2} H_2 + OH^- \quad \text{(überwiegend)}$$

$$\frac{1}{2} O_2 + H_2O + 2e^- \longrightarrow 2OH^-$$

am der Gegenelektrode abgewandten Ende der Stahlprobe

$$\frac{1}{2} O_2 + H_2O + 2e^- \longrightarrow 2OH^-$$

$$Fe \longrightarrow Fe^{2+} + 2e^- \quad \text{(vernachlässigbar)}$$

und an der Titananode

$$2H_2O \longrightarrow O_2 + 4H^+ + 4e^-.$$

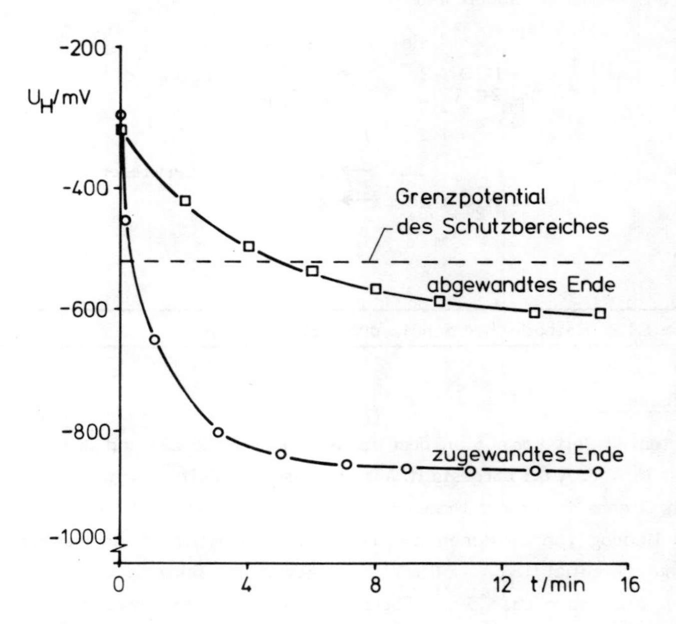

Abb. A 6.3: Potential-Zeit-Verlauf am der Gegenelektrode zu- und abgewandten Ende einer kathodisch geschützen Stahlprobe

Die Ergebnisse der Ausschaltmessungen sind in Abb. A 6.4 gezeigt. Dabei sind die Potentiale auf die Kalomelelektrode (vgl. Tab. 1.1) bezogen, da direkte Meßwerte angegeben werden. Die ohmschen Spannungsabfälle betragen bei Messung am der Gegenelektrode zugewandten Ende und einem Kapillarabstand von 40 mm ΔU = 250 mV, am der Gegenelektrode abgewandten Ende ΔU = 16 mV. Die Unterschiede sind eine Folge der ungleichförmigen Stromverteilung und der höheren Stromdichte am der Gegenelektrode zugewandten Ende der Probe. Um diese Werte sind die bei stationärem Stromfluß gemessenen Potentialwerte zu negativ.

Das hier dargestellte Meßverfahren hat in der Praxis Bedeutung bei der Potentialbestimmung von kathodisch geschützten Objekten, die einer Potentialmessung direkt an der Oberfläche nicht zugänglich sind (z.B. kathodischer Außenschutz von erdverlegten Objekten wie Rohre und Behälter).

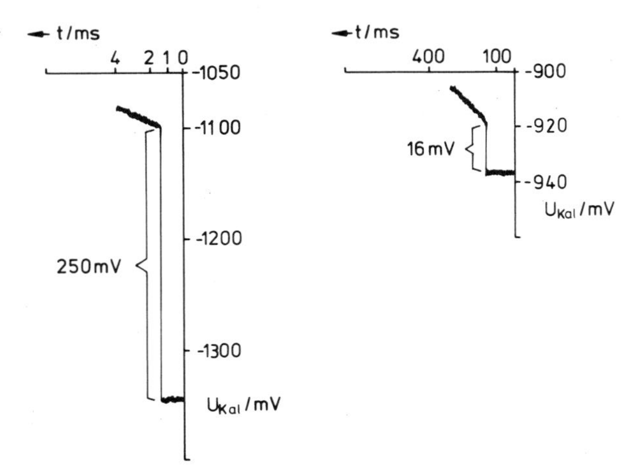

Abb. A 6.4: Potential-Zeit-Kurven bei Stromausschaltung in Abhängigkeit von der Position der Haber-Luggin-Kapillare

Teilaufgabe b)

Die Strom-Zeit- und Potential-Zeit-Kurven bei zwei verschiedenen Elektrolytwiderständen zeigt Abb. A 6.5. Strom und Potential am nahen Probenende ändern sich mit der Zeit durch Polarisation. Ursache ist die durch kathodische Sauerstoff- bzw. H_2O-Reduktion entstehende Wandalkalität (vgl. Teilaufgabe a)).

Da das Potential am der Gegenelektrode entfernten Ende der Probe konstant gehalten wird, bewirkt ein großer Elektrolytwiderstand (10.000 Ωcm) wegen der ungleichmäßigen Stromverteilung einen großen Strom am nahen Probenende. Daher ist der Gesamtstrom um ein mehrfaches größer als in der Lösung mit 1000 Ω cm. Dieser große Strom führt am nahen Probenende zu einem starken kathodischen Überschutz mit Wasserstoffentwicklung.

Würde das Schutzpotential am nahen Probenende geregelt, dann wären die Verhältnisse umgekehrt, d.h. der Gesamtstrom wäre in der Lösung mit höherem Widerstand kleiner. Am entfernten Ende läge Unterschutz vor.

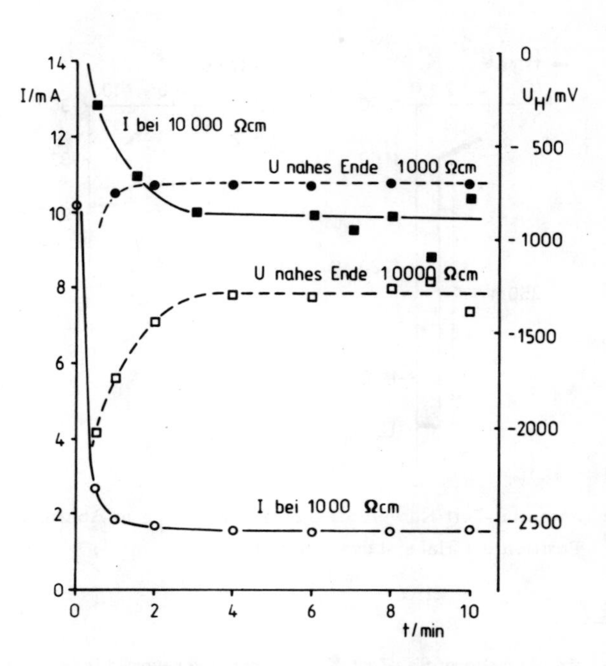

Abb. A 6.5: Strom-Zeit- und Potential-Zeit-Kurven von unlegiertem Stahl bei kathodischem Schutz durch Fremdstrom und zwei Elektrolytwiderständen

Die an den Elektroden ablaufenden elektrochemischen Reaktionen sind die gleichen wie die unter Teilaufgabe a) aufgeführten.

Durch Rührung steigt der Schutzstrom stark an. Ursache ist der Abbau der OH-Ionenanreicherung und damit der kathodischen Polarisation infolge erzwungener Konvektion.

Aufgabe 6.1.3 Anodischer Korrosionsschutz

Die Stromdichte-Potential-Kurve zeigt Abb. A 6.6. Man erkennt einen ausgeprägten Passivbereich. Als Arbeitspunkt ist ein Potential von U_H = +800 mV gewählt, da es etwa in der Mitte des Schutzbereiches (Passivbereich) liegt.

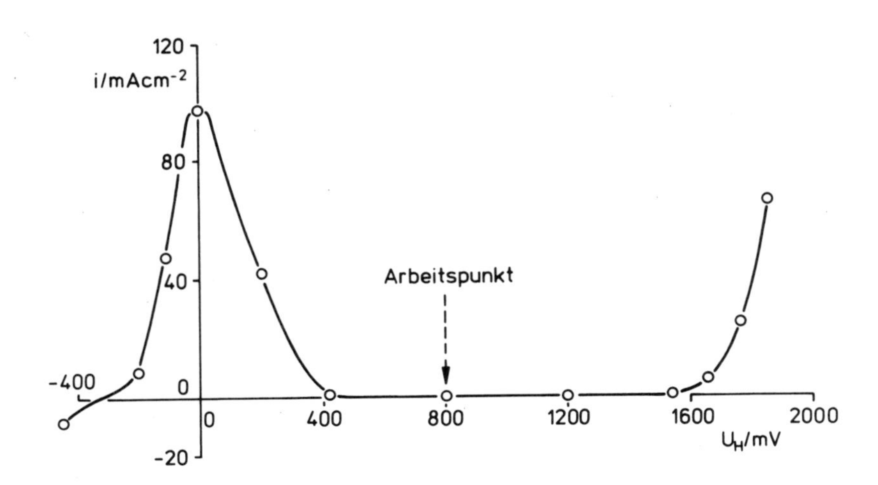

Abb. A 6.6: Stromdichte-Potential-Kurve von unlegiertem Stahl in einer schwach sauren NH_4NO_3-Lösung

Die im Arbeitspunkt aufgenommene Stromdichte-Zeit-Kurve ist in Abb. A 6.7 dargestellt. Die anodische Stromdichte fällt mit der Zeit stark ab.

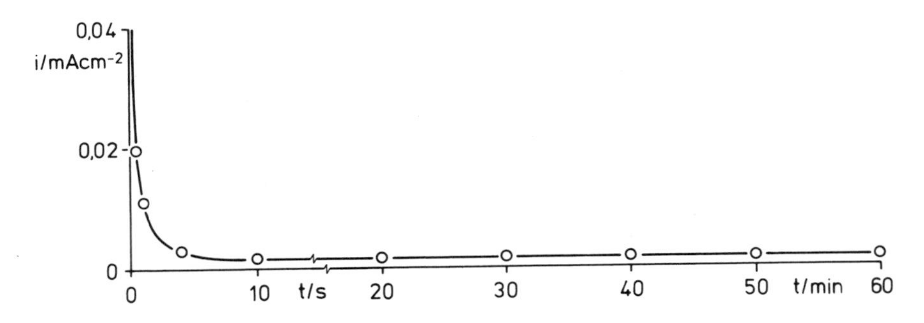

Abb. A 6.7: Stromdichte-Zeit-Kurve bei einem Arbeitspotential von U_H = +800 mV

Als Massenverluste bei 45 min Versuchszeit ergeben sich

für die anodisch geschützte Probe	0,0001 g,
für die ungeschützte Probe	0,0214 g.

Die Abtragsraten betragen

für die anodisch geschützte Proben	0,0 mm a^{-1}
für die ungeschützte Proben	21,3 mm a^{-1}.

Die relativ hohe Abtragsrate erklärt sich aus dem pH-Wert der Lösung, der zur Beschleunigung des Versuches etwas abgesenkt wurde.

Die Stromaufnahme für den Schutz des Tankwagens wäre

nach 1 min	4,0 A
nach 45 min	0,32 A

Die Stromaufnahme ist demnach für die Erzeugung des anodischen Schutz groß, für die Erhaltung dagegen klein.

Aufgabe 6.1.4 Streustromkorrosion und Streustromschutz

Zum Verständnis der folgenden Ergebnisse wird auf Abschnitt 6.1.3 verwiesen.

Der Zwischenleiterstrom in Abhängigkeit vom Außenstrom sowie das Potential des anodischen Endes des Zwischenleiters (Position A in Abb. 6.7) sind in Abb. A 6.8 eingezeichnet. Die Zwischenleiterströme sind proportional den Außenströmen, wobei an Al ein Zwischenleiterstrom erst nach Überschreiten eines bestimmten Außenstromes gemessen wird. Ursache ist die gegenüber Fe wesentlich größere anodische Polarisierbarkeit des Al, die auf einen ausgeprägten Passivitätsbereich des Al in dieser Lösung zurückzuführen ist. Ein Zwischenleiterstrom kann an Al erst auftreten, wenn ein Grenzwert des Spannungsabfalls in der Elektrolytlösung, bezogen auf die Länge des Zwischenleiters, überschritten wird. Dieser Spannungsabfall ergibt sich aus dem Verlauf der Strom-Potential-Kurve des Al in der Lösung und muß etwas größer als die Breite des Passivbereiches sein.

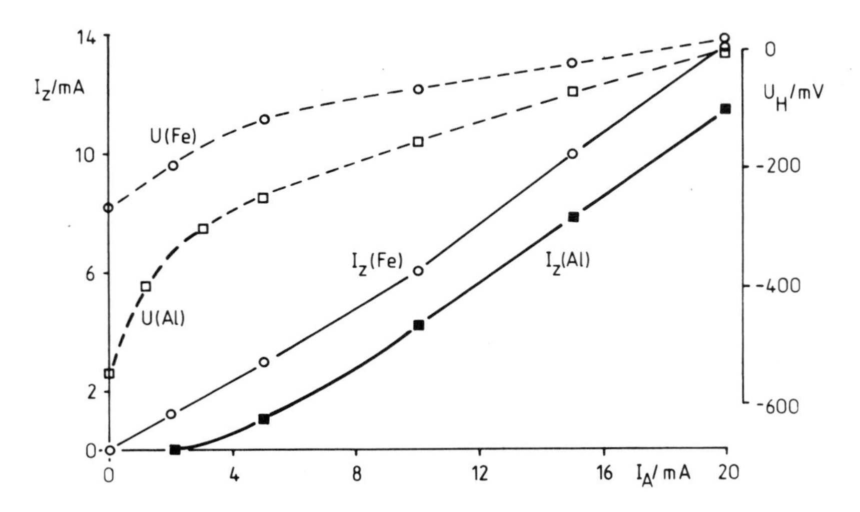

Abb. A 6.8: Zwischenleiterstrom und Potential des anodischen Endes von Zwischenleitern aus Fe und Al in Abhängigkeit vom Außenstrom

Die Proportionalität zwischen Zwischenleiterstrom und Außenstrom läßt sich auf das Ohmsche Gesetz zurückführen: mit steigendem Außenstrom und damit steigendem ohmschem Spannungsabfall in der Elektrolytlösung längs des Zwischenleiters nimmt der Zwischenleiterstrom zu. Das Potential bei Position A des Zwischenleiters steigt mit zunehmendem Zwischenleiterstrom.

Eine zunehmende Elektrolytleitfähigkeit bei konstantem ΔU bedeutet eine Zunahme des Zwischenleiterstromes, kleine Elektrolytleitfähigkeiten eine Abnahme.

Der Einfluß der Polarisierbarkeit des Zwischenleiterwerkstoffes auf die Größe des Zwischenleiterstromes wurde am Beispiel des Fe und Al bereits diskutiert. Allgemein gilt, daß mit zunehmender Polarisierbarkeit der Zwischenleiterstrom abnimmt.

Die bei einem Außenstrom von 5 mA in den verschiedenen Positionen gemessenen Potentiale U_H sind:

Position	Al	Fe
	U_H/mV	
A	-255	-155
B	-735	-375
C	-785	-425
D	-1355	-935

Das anodische Ende A und das kathodische Ende D zeigen erwartungsgemäß große Potentialunterschiede gegenüber der Elektrolytlösung. Die Potentiale bei Position B und C unterscheiden sich wenig.

Die Messung der Winkelabhängigkeit ergibt je nach Meßfolge (Pfeilrichtung) folgende unterschiedliche Werte:

Winkel φ zur Stromrichtung	cos φ	Zwischenleiterstrom mA (↓)	Zwischenleiterstrom mA (↑)
0°	1,00	0,80	0,70
30°	0,87	0,68	0,65
45°	0,70	0,55	0,60
60°	0,50	0,50	0,50
90°	0,00	0,30	0,10

Mit zunehmendem Winkel φ zwischen Zwischenleiter und Feldlinien wird der Spannungsabfall über dem Zwischenleiter kleiner (proportional cos φ).

Die im Zwischenleiter fließenden Ströme sollten deshalb proportional dem cos dieses Winkels sein. Dies ist für die Meßfolge beginnend bei 90° zur Stromrichtung befriedigend erfüllt. Bei der Meßfolge beginnend mit 0° geht der Zwischenleiterstrom nicht auf Null zurück. Vermutlich bleibt eine Restpolarisation vom anfänglich starken Zwischenleiterstrom zurück.

Das Ergebnis des Experiments zur Streustromableitung zeigt Abb. A 6.9. Mit zunehmendem Strom in der Ableitung nimmt das Potential bei Position A ab und erreicht bei I_{St} = 2,25 mA das Schutzpotential von U_H = -530 mV. Gleichzeitig steigt auch der Zwischenleiterstrom I_Z, da mit sinkendem Widerstand R der Streustromableitung eine direkte Stromverbindung zwischen Position A und der Aussenstromkathode hergestellt wird. Damit wird der gesamte Zwischenleiter zur Kathode.

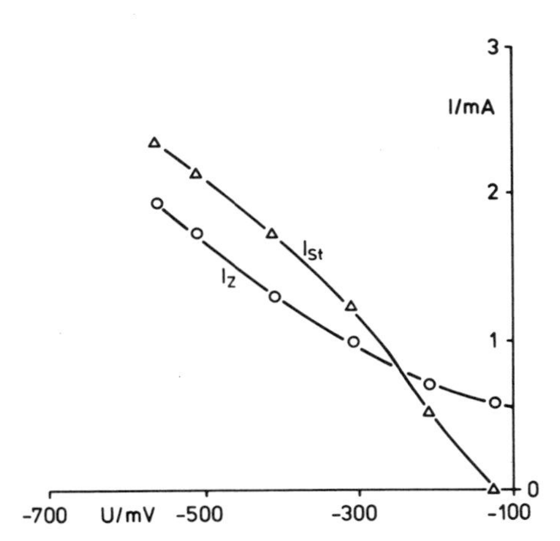

Abb. A 6.9: Zwischenleiterstrom und Streustrom in der Ableitung als Funktion des Potentials bei Position A des Zwischenleiters

Da Aluminium nicht kathodisch geschützt werden kann (kathodische Korrosion durch gebildete OH-Ionen), bei Streustromableitung aber eine starke Potentialabsenkung möglich ist, muß dies bei Objekten aus Aluminium berücksichtigt werden.

Die Massenverlustmessungen ergeben die in der Tab. A 6.1 zusammengestellten Werte.

Tab. A 6.1: Ergebnis der Massenverlustmessungen

Probe	Belastung	Massenänderung mg cm^{-2}	Massenäquivalent aus I_Z mg cm^{-2}
AB	Zwischenleiter-anode	-0,61	-0,62
CD	Zwischenleiter-kathode	-0,07	
AB	Streustrom-ableitung	+0,02	
CD	Streustrom-ableitung	-0,06	
AB bzw. CD	freie Korrosion	-0,025 bzw. -0,1	

Die Massenverlustmessungen bestätigen die elektrochemischen Ergebnisse. Das Faradaysche Gesetz ist gut erfüllt.

Aufgabe 6.2.1 Potentiodynamische Untersuchung der Wirksamkeit von Inhibitoren

Medium A: Den Verlauf der Summenstromdichte-Potential-Kurven ohne und mit Inhibitor zeigt Abb. A 6.10. Die Substanz inhibiert die anodische Teilreaktion (Deckschichtbildung) und stimuliert die kathodischen Teilreaktionen.

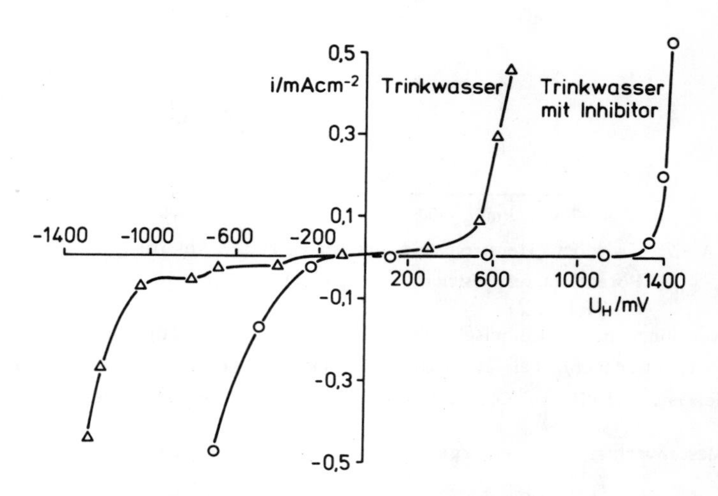

Abb. A 6.10: Einfluß des Inhibitors A auf den Verlauf der Summenstromdichte-Potential Kurve von unlegiertem Stahl in Trinkwasser; $v = 1{,}2\ V\ h^{-1}$

Medium B: Den Verlauf der Summenstromdichte-Potential-Kurven ohne und mit Inhibitor zeigt Abb. A 6.11. Die Substanz inhibiert beide Teilreaktionen, bei höherer Konzentration jedoch die kathodische Teilreaktion stärker als die anodische.

Der Inhibitor in Medium A ist bei Unterdosierung gefährlicher als der Inhibitor in B. Es besteht dann die Gefahr von lokaler Korrosion wie Loch- und Spaltkorrosion.

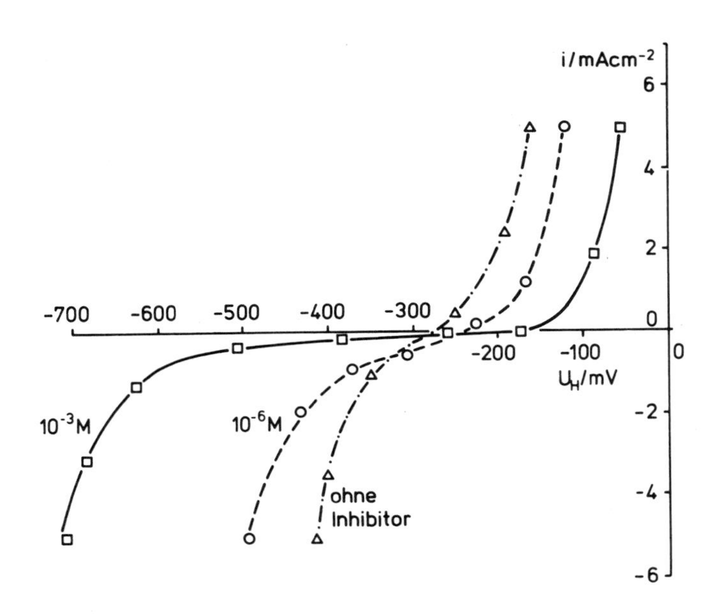

Abb. A 6.11: Einfluß des Inhibitors B auf den Verlauf der Summenstromdichte-Potential-Kurve von unlegiertem Stahl in 1 M HCl; $v = 1{,}2\ V\ h^{-1}$

Aufgabe 6.2.2 Inhibition der Wasserstoffpermeation durch einen unlegierten Stahl

Einen typischen zeitlichen Verlauf des Permeationsstromes nach Zugabe von HCl, K_2S und der Inhibitoren zeigt Abb. A 6.12.

Der Inhibitor B hebt die Stimulation der H-Permeation durch H_2S etwa auf. Die Wirkung der Inhibition schwankt und ist abhängig von der Schwefelwasserstoff- und Inhibitorkonzentration in der Salzsäure. Beide lassen sich bei dieser einfachen Versuchsführung nur schwer reproduzierbar einstellen. Die Wirksamkeit des Inhibitors A ist deutlich geringer als die des Inhibitors B.

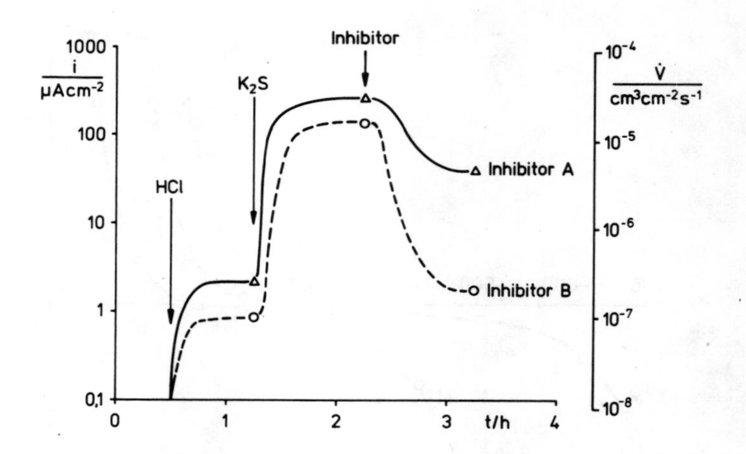

Abb. A 6.12: Einfluß von Inhibitoren auf die Permeationsstromdichte und das permeierende Wasserstoffvolumen durch unlegierten Stahl

Aufgabe 6.3.1 Haftfestigkeitsverlust von organischen Dickbeschichtungen auf Stahl (Disbonding-Test)

Die Ergebnisse sind qualitativ in Tab. A 6.2 zusammengestellt.

Bei freier Korrosion werden leichte Korrosionserscheinungen des Stahls im Bereich der Verletzung in der NaCl- und $CaCl_2$-Lösung beobachtet. Kontakt mit Kupfer verstärkt die Korrosion in der NaCl-Lösung, da sich ein Korrosionselement mit Stahl als Anode ausbildet. In der Na_2CrO_4-Lösung erfolgt Passivierung, so daß hier keine Korrosionserscheinung festgestellt wird. Kontakt mit der Mg-Anode bewirkt einen kathodischen Schutz, so daß ebenfalls keine Rostbildung erfolgt.

Deutlich anders sieht es beim Haftverlust aus, der eine Folge der Bildung alkalischer Medien ist. OH-Ionen entstehen im Bereich der Verletzung bei freier Korrosion als Folge der Sauerstoffreduktion nach (vgl. Ergebnisse der Aufg. 1.2.2)

$$\frac{1}{2} O_2 + H_2O + 2e^- \longrightarrow 2\ OH^-$$

Tab. A 6.2: Ausmaß von Korrosion und Haftverlust (qualitativ)

Versuchs-bedingung	0,1 M NaCl		0,1 M $CaCl_2$		0,1 M Na_2CrO_4	
	Korrosion	Haftverlust	Korrosion	Haftverlust	Korrosion	Haftverlust
Freie Korrosion	+	+	+	-	-	-
Kontakt mit Mg	-	++	(+)	-	-	++
Kontakt mit Cu	++	-				

Erläuterung:
- \- keine Korrosion bzw. kein Haftverlust
- \+ schwache Korrosion bzw. schwacher Haftverlust
- ++ starke Korrosion bzw. starker Haftverlust

Dies ist der Grund für eine geringe Enthaftung in der NaCl-Lösung. Das Ausbleiben jeglicher Enthaftung in der $CaCl_2$-Lösung (auch bei kathodischem Schutz) ist eine Folge der geringen Löslichkeit von $Ca(OH)_2$. Dadurch kann der pH-Wert in dieser Lösung im Bereich der Verletzung nicht so stark ansteigen wie in der NaCl-Lösung. In der Na_2CrO_4-Lösung erfolgt bei freier Korrosion wegen der Passivierung praktisch keine Sauerstoffreduktion, so daß auch keine Enthaftung auftreten kann.

Ein kathodischer Schutz verstärkt die OH-Ionenbildung. Im Falle der galvanischen Mg-Anode kann auch noch eine H_2-Entwicklung nach (vgl. Ergebnisse der Aufg. 1.2.2)

$$2\ H_2O + 2e^- \longrightarrow H_2 + 2\ OH^-$$

erfolgen, bei der gleichfalls OH-Ionen gebildet werden. Die Folge ist eine starke Zunahme der Tiefe der enthafteten Zone in der NaCl-Lösung. Auch in der Na_2CrO_4-Lösung erfolgt Enthaftung, da jetzt OH-Ionen durch die Elementbildung entstehen.

Die geringe Löslichkeit von $Ca(OH)_2$ verhindert einen starken pH-Anstieg und damit die Enthaftung.

In dem Korrosionselement Stahl/Kupfer erfolgt die O_2-Reduktion bevorzugt am Kupfer. Dadurch wird zwar die Korrosion des Stahls beschleunigt, aber die Enthaftung unterbleibt weitgehend.

Der Haftverlust ist also stark von der Zusammensetzung und den Eigenschaften des Mediums sowie einer eventuellen Elementbildung abhängig.

Aufgabe 6.3.2 Bildung osmotischer Blasen als Folge einer Beschichtung salzbehafteter Stahloberflächen

Die Beschichtungen der beiden in destilliertem Wasser gelagerten Proben erscheinen trüb. Sie lassen sich über weite Flächenbereiche leicht von der Stahloberfläche abheben, haben also weitgehend die Haftung verloren. Zwischen den Proben mit "sauberer" und salzverunreinigter Oberfläche bestehen keine prinzipiellen sondern nur graduelle Unterschiede derart, daß die mit Salz verunreinigten Proben stärker zur Blasen- und Rostbildung neigen als die "sauberen" Proben.

Die in der gesättigten NaCl-Lösung gelagerten Proben sehen praktisch unverändert aus. Die von der Beschichtung überdeckten weißen Salzkristalle sind noch erkennbar. Blasenbildung und Unterrostung ist praktisch nicht eingetreten. Im Bereich der Salzkristalle ist das Haftvermögen der Beschichtung jedoch vermindert.

Das unterschiedliche Verhalten der Beschichtung in den beiden Medien ist auf unterschiedliche osmotische Drucke zwischen den Verunreinigungen auf der Metalloberfläche und dem Medium zurückzuführen. Organische Beschichtungen sind durchlässig für Wasserdampf. Befindet sich auf der Stahloberfläche ein Salzkristall oder eine andere wasserlösliche Verbindung, so entsteht zunächst eine gesättigte Lösung. Der osmotische Druck zwischen dieser gesättigten Lösung und destilliertem Wasser ist sehr groß. Die gesättigte Salzlösung hat also das Bestreben sich zu verdünnen. Dadurch wächst das Wasservolumen. Es entsteht eine Blase, die mit der Salzlösung gefüllt ist. Da auch Sauerstoff durch die Beschichtung permeiert, sind alle Voraussetzungen für eine Unterrostung gegeben.

Anders ist es, wenn eine gesättigte Salzlösung auf die Beschichtung einwirkt. Sind die Salze unter der Beschichtung und in der gesättigten Lösung gleich, so besteht zwischen beiden kein osmotischer Druck. Liegen dagegen unterschiedliche Salze innen und außen vor, so kann die Richtung des osmotischen Drucks sogar zu einer "Entwässerung" der Grenzfläche Stahl/Beschichtung führen. In jedem Fall ist aber der osmotische Druck kleiner als bei Einwirkung von destilliertem Wasser.

In der Praxis ist die Gefahr der Bildung osmotischer Blasen also in See- oder Salzwasser geringer als in Süßwasser.

Aufgabe 6.3.3 Blasenbildung bei organischen Beschichtungen als Folge einer Temperaturdifferenz zwischen Grundwerkstoff und Medium

Die Richtung des Wärmedurchganges ist maßgebend für die Blasenbildung. Auf keiner der Heizflächen tritt Blasenbildung auf. Dagegen erfolgt sie auf den Kühlflächen, wobei das Ausmaß mit steigender Temperaturdifferenz zunimmt.

Die Blasenbildung auf der Kühlfläche ist eine Folge der Temperaturabhängigkeit des Dampfdrucks von Wasser. Ist die Temperatur des Wassers höher als die des Metalls, so kommt es an der Metalloberfläche zu einer stetigen Kondensation von Wasserdampf. Der Grad der Übersättigung nimmt mit steigender Temperaturdifferenz zu. Günstiger verhalten sich hochkonzentrierte Salzlösungen, da ihr Dampfdruck kleiner ist als der von reinem Wasser. Hier kann es erst zur Wasserdampfkondensation kommen, wenn eine bestimmte Temperaturdifferenz überschritten wird, die der Dampfdruckdifferenz zwischen der Salzlösung und reinem Wasser (Blaseninhalt) entspricht.

Da an Heizflächen der maximal mögliche Wasserdampfdruck stets größer ist als der des kälteren Mediums, unterbleibt dort eine Blasenbildung.

Aufgabe 6.3.4 Bildung kathodischer Blasen unter Dünnbeschichtungen

Die Ergebnisse sind in Tab. A 6.3 zusammengestellt.

Tab. A 6.3: Ergebnisse der Versuche zur Bildung kathodischer Blasen

	NaCl	$CaCl_2$	Na-Acetat	Zn-Acetat
Versuchsdauer	1 d	10 d	10 d	10 d
Blasen auf Kathode	+++	-	+	-
pH-Wert vom Blaseninhalt	10-12	-	10-12	-
Rostbildung	-(bis +)	-	-	-
Blasen der Vergleichsprobe ohne Strombelastung	-	-	-	-

+++ sehr starke Blasen- bzw. Rostbildung

\+ schwache Blasen- bzw. Rostbildung

\- keine Blasen- bzw. Rostbildung

Aus den Versuchsergebnissen ist zu folgern:

- Kathodische Blasen entstehen nur in bestimmten Lösungen, in diesem Fall nur in Na-Ionen enthaltenen Lösungen
- Bei Vorliegen der gleichen Art von Kationen (Na-Ionen) hat auch die Art des Anions einen Einfluß auf die Geschwindigkeit der Blasenbildung. Sie erfolgt z.B. in der NaCl-Lösung wesentlich schneller als in der Na-Acetat-Lösung.
- Der Inhalt kathodischer Blasen reagiert stark alkalisch.
- Unter kathodischen Blasen erfolgt wegen des hohen pH-Wertes des Blaseninhalts keine Korrosion des Stahls, es sei denn, die Blase reißt auf, so daß aggressive Komponenten des Mediums in die Blase eindringen können. Das kann bei großen Blasen auch ohne äußere mechanische Einwirkung geschehen, wie z.B. bei dem Versuch in der NaCl-Lösung.

Da Sauerstoff und Wasserdampf durch organische Beschichtungen permeieren, bilden sich bei kathodischer Belastung an der Stahloberfläche OH-Ionen nach

$$\frac{1}{2} O_2 + H_2O + 2e^- = 2 OH^-$$

Diese Reaktion kann jedoch nur ablaufen, wenn gleichzeitig Kationen durch die Schicht wandern (Elektroneutralität). Aus den Versuchsergebnissen folgt, daß Ca- und Zn-Ionen im Gegensatz zu Na-Ionen nicht durch die Beschichtung wandern, auch nicht bei Vorliegen eines elektrischen Feldes (Migration). Deshalb unterbleibt die Bildung kathodischer Blasen in den Lösungen von $CaCl_2$ und Zn-Acetat. Die Bildung der OH-Ionen bedingt den hohen pH-Wert des Blaseninhalts, der gleichzeitig eine Passivierung des Stahls bewirkt, so daß keine meßbare Korrosion erfolgt. Dies gilt jedoch nur, so lange die Beschichtung über der Blase unversehrt bleibt und das aggressive Medium von der Stahloberfläche fernhält.

Es ist bemerkenswert, daß keine der als Anode geschalteten Proben Blasen aufweist, obgleich dies in chloridhaltigen Medien grundsätzlich möglich ist. Hieraus ist zu folgern, daß anodische Blasen nicht so leicht entstehen wie kathodische Blasen. Ihre Bildung erfordert wesentlich längere Zeiten.

Bei anodischer Belastung erfolgt überwiegend anodische Auflösung des Stahls nach

$$Fe = Fe^{2+} + 2e^-$$

Diese Reaktion kann nur ablaufen, wenn gleichzeitig Anionen die Beschichtung durchdringen. Das trifft für Cl-Ionen zu, nicht aber für Acetat-Ionen. Deshalb würde die Bildung anodischer Blasen in den beiden Acetat-Lösungen auch über längere Zeiten unterbleiben.

A2 Umrechnung der Korrosionsstromdichte in flächenbezogene Massenverlustrate und Abtragsrate

Korrosions-reaktion	Korrosionsstrom-dichte i/mA cm^{-2}	Flächenbezogene Massenverlustrate v/mg $cm^{-2}h^{-1}$	v/g $m^{-2}d^{-1}$	Abtrags-rate w/mm a^{-1}
$Al \rightarrow Al^{3+}$	1,0	0,336	80,6	10,9
$Zn \rightarrow Zn^{2+}$	"	1,218	292	14,9
$Fe \rightarrow Fe^{2+}$	"	1,04	250	11,6
$Sn \rightarrow Sn^{2+}$	"	2,21	530	26,6
$Ti \rightarrow Ti^{4+}$	"	0,448	107	8,7
$Ni \rightarrow Ni^{2+}$	"	1,095	263	10,7
$Cu \rightarrow Cu^{2+}$	"	1,188	285	11,6
$Cu \rightarrow Cu^{+}$	"	2,375	570	23,2
$Ag \rightarrow Ag^{+}$	"	4,03	967	37,0

A3 Werkstoffbezeichnungen und Richtanalysen

I. Stähle

Bezeichnung nach DIN 17007	17006	%C	%Si	%Mn	%Cr	%Ni	%Mo	%Fe	Sonstige in %
1.0425	Kesselblech H II	≤ 0,20	≤ 0,35	≤ 0,5					P, S: 0,050
1.4301	X5 CrNi 18 9	≤ 0,07	≤ 1,0	≤ 2,0	17/20	8,5/10			
1.4401	X5 CrNiMo 18 10	≤ 0,07	≤ 1,0	≤ 2,0	16,5/18,5	10,5/13,5	2,0/2,5		
1.4404	X2 CrNiMo 18 10	≤ 0,03	≤ 1,0	≤ 2,0	16,5/18,5	11/14	2,0/2,5		
1.4439	X3 CrNiMoN 17 13 5	≤ 0,04	≤ 1,0	≤ 2,0	16,5/18,5	12,5/14,5	4,0/5,0		
1.4462	X2 CrNiMoN 22 5	≤ 0,03	≤ 1,0	≤ 2,0	21/23	4,5/6,5	2,5/3,5		
1.4510	X8 CrTi 17	≤ 0,10	≤ 1,0	≤ 1,0	16/18				Ti 7x%C
1.4523	X8 CrMoTi 17	≤ 0,10	≤ 1,0	≤ 1,0	16,5/18,5	1,5/2,0			Ti ≥ 7x%C
1.4541	X10 CrNiTi 18 9	≤ 0,10	≤ 1,0	≤ 2,0	17/19	9/11,5			Ti ≥ 5x%C
1.4571	X10 CrNiMoTi 18 10	≤ 0,10	≤ 1,0	≤ 2,0	16,5/18,5	10,5/13,5	2,0/2,5		Ti ≥ 5x%C
1.4713	X10 CrAl 7	≤ 0,12	≤ 0,5/1,0	≤ 1,0	6/8				Al: 0,5/1,0
1.4724	X10 CrAl 13	≤ 0,12	≤ 0,7/1,2	≤ 1,0	12/14				Al: 0,7/1,2
1.4742	X10 CrAl 18	≤ 0,12	≤ 1,0/1,5	≤ 1,0	17/18				Al: 0,7/1,2
1.4762	X10 CrAl 24	≤ 0,12	≤ 1,0/1,5	≤ 1,0	23/25				Al: 1,2/1,7
1.4861	X10 NiCr 32 20	≤ 0,12	≤ 1,0	-	19/22	30/34	-	Rest	Cu:0,75; Al:0,15/0,60; Ti:0,15/0,60

II. Sonstige Metalle

Bezeichnung	Richtanalyse
Ms 58 S	Cu: 57 - 59,5 %
	Pb: 1 - 3 %
	Zn: Rest
Mg Al 9 Zn	Mg: 90 %
	Al: 9 %
	Zn: 1 %

III. Kunststoffe

ABS	Acryl-Butadien-Styrol
PA	Polyamid
PC	Polycarbonat
PE	Polyethylen
PMMA	Polymethylmethacrylat
PP	Polypropylen
PS	Polystyrol
PVC	Poly-Vinyl-Chlorid
SAN	Styrol-Acryl-Nitril
SB	Styrol-Butadien

Sachregister

U

V

W

Z